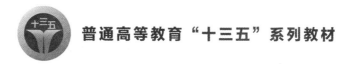 普通高等教育"十三五"系列教材

# 建筑构造与识图

主　编　张衍林　唐　洁
副主编　雷丽莎　刁明月　李翔宇　卢　槐
主　审　闵志华

中国水利水电出版社
www.waterpub.com.cn
·北京·

## 内 容 提 要

本书为普通高等教育"十三五"系列教材。本书按照国家颁布的最新建筑标准和规范编写，反映了我国近年来在建筑科技方面的新成就，并在内容上推陈出新。本书共分为 12 个项目：绪论，民用建筑概述，基础与地下室，墙体，楼地层，楼梯，屋顶，门和窗，变形缝，建筑防火与安全疏散，建筑施工图识图和结构施工图及平法钢筋图识读。

本书可作为高职高专建筑工程技术、工程监理、工程造价、建筑装饰技术、房地产经营与管理、工程管理、物业管理等相关专业教学用书以及水利水电专业的知识拓展教学用书，也可作为成人教育及中等专业学校土建类相关专业的教学用书，还可作为相关专业工程技术人员及企业管理人员的业务培训用书。

## 图书在版编目（ＣＩＰ）数据

建筑构造与识图 / 张衍林，唐洁主编. -- 北京：
中国水利水电出版社，2017.5（2019.8重印）
  普通高等教育"十三五"系列教材
  ISBN 978-7-5170-5444-3

  Ⅰ. ①建… Ⅱ. ①张… ②唐… Ⅲ. ①建筑构造－高
等学校－教材②建筑制图－识别－高等学校－教材 Ⅳ.
①TU22②TU204

中国版本图书馆CIP数据核字(2017)第118834号

| 书　　名 | 普通高等教育"十三五"系列教材<br>**建筑构造与识图**<br>JIANZHU GOUZAO YU SHITU |
|---|---|
| 作　　者 | 主编　张衍林　唐洁<br>副主编　雷丽莎　刁明月　李翔宇　卢槐<br>主审　闵志华 |
| 出版发行 | 中国水利水电出版社<br>（北京市海淀区玉渊潭南路1号D座　100038）<br>网址：www.waterpub.com.cn<br>E-mail：sales@waterpub.com.cn<br>电话：（010）68367658（营销中心） |
| 经　　售 | 北京科水图书销售中心（零售）<br>电话：（010）88383994、63202643、68545874<br>全国各地新华书店和相关出版物销售网点 |
| 排　　版 | 中国水利水电出版社微机排版中心 |
| 印　　刷 | 清淞永业（天津）印刷有限公司 |
| 规　　格 | 184mm×260mm　16开本　15印张　378千字　6插页 |
| 版　　次 | 2017年5月第1版　2019年8月第2次印刷 |
| 印　　数 | 2001—4500 册 |
| 定　　价 | **44.00**元 |

本书根据《教育部、财政部关于实施国家示范性高等职业院校建设计划，加快高等职业教育改革与发展的意见》（教高〔2006〕14号）、《教育部关于全面提高高等职业教育教学质量的若干意见》（教高〔2006〕16号）等文件精神，针对高职高专学生的特点，为满足教学需要，在总结多年教学经验的基础上，采用项目化教学的方法编写了本书。本书以学生能力培养为主线，突出实用性、实践性和创新性的教材特色。

本书根据建筑构造的特点和教学要求，突出以培养能力为本位的高等职业教育特色，认真贯彻"必须和够用"的原则，按照新的规范编写而成。本书以培养学生整体掌握建筑构造系统知识，全面提高建筑设计素养为目标构建知识体系，融新材料、新技术、新工艺、新成果于一体，突出了"建筑构造与识图"课程的先进性、科学性和实用性。在继承传统构造体系的基础上，书中增加建筑材料和建筑节能构造方面的内容；增加了大量的构造实例和构造详图以及实际工程图纸，内容所依据的规范和标准图均为最新版本的现行规范和图集，以保证教学与实践很好地接轨。通过学习，学生可以掌握建筑构造的基本原理、内容、方法和步骤，熟悉国家有关规范、标准，并对建筑构造技术、材料、做法有清楚的认识，对基本的建筑施工图和结构施工图有很好的认识，从而建立比较系统的建筑构造技术观念。

本书内容涉及面广，知识新，应用性突出，可作为高职高专建筑工程技术、工程监理、工程造价、建筑装饰技术、房地产经营与管理、工程管理、物业管理等相关专业教学用书以及水利水电专业知识拓展的教学用书，也可作为成人教育及中等专业学校土建类相关专业的教学用书，同时，本书还可作为相关专业工程技术人员及企业管理人员的业务培训用书。

本书由重庆水利电力职业技术学院张衍林、唐洁任主编，重庆水利电力职业技术学院雷丽莎、刁明月、李翔宇和贵州广播电视大学（贵州职业技术学院）卢槐任副主编，重庆水利电力职业技术学院副教授闵志华任主审，重庆水利电力职业技术学院张晓阳、黄薇、付小凤、傅巧玲以及重庆工贸职业技术学院沈存莉参编，全书由张衍林负责统稿。

本书在编写过程中参考了许多专业书籍和规范，同时也得到了有关专家和同行的支持。在此，编者向有关人员表示感谢。

由于编者水平有限，书中不足之处敬请有关人员和使用本书的师生与读者批评指正。

编 者

2016 年 11 月

# 目 录

# 项目 1　绪　　论

## 任务 1.1　建筑的起源和历史沿革

- **任务的提出**

　　（1）了解建筑的发展史。

　　（2）了解在建筑的发展过程中，外国和中国在每个历史时期的代表建筑有哪些。

- **任务解析**

　　（1）根据历史年代认识每个时期的代表性建筑。

　　（2）根据中国建筑的发展历程，了解古代建筑和现代建筑的特点。

- **任务的实施**

### 1.1.1　外国建筑的历史沿革

#### 1.1.1.1　原始社会

　　原始社会生产力低下，建筑非常简单。人们为了躲避风雨雷电的袭击和猛兽的伤害，经常利用天然石洞居住，或者利用树枝、石块构筑巢穴，供避身之用，由此产生了原始社会的建筑，如图 1.1、图 1.2 所示。

图 1.1　天然石洞

图 1.2　石块构筑的巢穴

#### 1.1.1.2　奴隶社会

　　随着生产力的发展，奴隶社会取代了原始社会。在奴隶社会里奴隶主利用奴隶们无偿的劳动力建造了大规模的建筑物，推动了社会文明的发展，也促进了建筑技术的发展。这其中有代表性的国家为古埃及、古希腊和古罗马。

　　1. 古埃及

　　金字塔是古埃及最具有代表性的建筑，被誉为"世界七大奇迹之一"。胡夫金字塔是其中最大者。形体呈立方锥形，四面正向方位。塔原高 149m，现为 137m，底边各长

1

230m，占地 5.3hm²，用 230 余万块平均约为 2.5t 的石块干砌而成。塔身斜度呈 51°52′，表面原有一层磨光的石灰岩贴面，今已剥落，入口在北面距地 17m 高处，通过长通道与上、中、下三墓室相连，处于皇后墓室与法老墓室之间的通道高 8.5m，宽 2.1m，法老墓室有两条通向塔外的管道，室内摆放着盛有木乃伊的石棺，地下墓室可能是存放殉葬品之处。这座灰白色的人工大山，以蔚蓝天空为背景，屹立在一望无际的黄色沙漠上，是千百万奴隶在极其原始的条件下的劳动与智慧的结晶。据希罗多德《历史》记载，为建造该座规模巨大的陵墓，法老胡夫征召了 30 余万民工和军工，先后用了 33 年才完成。

图 1.3　埃及金字塔和狮身人面像

吉萨金字塔群中的狮身人面像，人们称它为斯芬克斯，第四王朝法老哈夫拉命令工匠仿照自己的面目琢造了这座长 45.7m、高 19.8m、仅面部就宽 4.1m、口大 2.6m 的巨型狮身人面像。该巨型石像建成后，被埃及人尊为神，历代都进行维修，如图 1.3 所示。

### 2. 古希腊

古希腊是欧洲文化的发源地，古希腊建筑开欧洲建筑的先河。古希腊的发展时期大致为公元前 8 至公元前 1 世纪，直到希腊被罗马兼并为止。古希腊建筑的结构属梁柱体系，早期主要建筑都用石料。如以帕提农神庙（图 1.4）为主题的雅典卫城是最杰出的古希腊建筑。雅典卫城位于今天希腊首都雅典市区南部一个陡峭的山头上，这里原来是古代雅典城邦的宗教圣地和公共活动中心，那时候，雅典人每四年一次的祭祀雅典保护神——雅典娜的大典就在这里举行。它高出周围的城市地面大约有 100m，公元前 480 年波斯侵略希腊时，这里遭到了破坏。伯利克里当政时，在这里大兴土木，重建起一组建筑群，以帕特农神庙为中心。帕特农神庙呈长方形，由白色大理石筑成，周围有 46 根大柱，立在三层基座上，基座的最上层宽约 31m，长约 70m。柱廊檐壁的平板上饰有浮雕，描绘神与巨人战斗、人与怪物战斗等场面。殿内装修精细，供奉着雅典娜女神。5 世纪时，神庙曾改为基督教堂，后来土耳其人又用为清真寺。两千多年来，神庙遭受过炮火轰击，又历经风雨，已严重损毁，许多雕刻被移至他处，但其基本结构仍旧保存下来，如图 1.4 所示的建筑即其遗迹。现存的主要遗迹有山门、帕特农神庙、伊瑞克仙神殿和雅典娜·尼凯神殿。最瞩目的建筑物遗迹是帕特农神庙，它大约建于公元前 447 年至公元前 432 年，是雅典卫城的主体建筑，祭奉雅典娜的是一个典型的希腊陶立克柱式神殿，被称为"雅典的王冠"。主要建筑师是伊克琴诺和卡里克拉特，雕刻家是菲底亚斯。这座神庙其实不太大，但建筑师采用了大量十多米高的石柱，使神庙显得雄伟、突出。从帕特农神庙的遗迹上，人们还发现了大量的雕刻作品，这些雕刻作品反映了当时雅典人祭祀活动和当时人的神话传说。山门是雅典卫城的入口处，由中央主体部分和两个不对称的侧翼组成，立面也采用了陶立克柱式。山门的建筑师是姆内西克雷斯。完成于公元前 407 年的伊瑞克仙神殿是一个不算太大的神殿，祭奉有雅典娜、波赛顿和雅典王伊瑞克琴，它的立面由三个大小不等的爱奥尼式柱廊、一个女像柱廊和部分实墙构成。山门的南翼之前是雅典娜·尼凯神殿，它建于公元前 5 世纪末，是一个不大的爱奥尼柱式神殿。古代希腊人喜欢在建筑中用柱式，常用的柱式主要有陶立克式和爱奥尼式，前者的特点是构造简洁、比例粗壮，表现宏伟和力量；后者的特点是细部华美、比例轻快，表现亲切活泼。雅典卫城建筑中对两种柱式都有大量完美的表现。

图 1.4　希腊帕提农神庙

### 3. 古罗马

古罗马建筑是建筑艺术宝库中的一颗明珠，它承载了古希腊文明中的建筑风格，凸显地中海地区特色，同时又是古希腊建筑的一种发展。古罗马在公元前 2 世纪成为地中海地区强国，与此同时罗马人也开始了罗马的建设工程。到公元 1 世纪罗马帝国建立时，罗马城已成为与东方长安城齐名的世界性城市。其城市基础设施建设已经相对完善，城市逐步向艺术化方向发展。罗马建筑与其雕塑艺术大相径庭，以建筑的对称、宏伟而闻名世界。

古罗马斗兽场是遵循对称的典范，充分体现了帝国的强大国力。斗兽场呈椭圆形，长直径 188m，短直径 156m，总高 48.5m，可容纳 4.8 万～8 万名观众（图 1.5）。从外围看，整个建筑分为四层，底部三层为连拱式建筑，每个拱门两侧有石柱支撑。第四层有壁柱装饰，正对着四个半径处有四扇大拱门，是登上斗兽场内部看台回廊的入口。该建筑是供奴隶主阶级凶残血腥的娱乐场所，也是现代体育场的雏形，代表着古罗马建筑杰出的成就。

图 1.5　意大利古罗马斗兽场

#### 1.1.1.3　封建社会

欧洲各国大约在 5—6 世纪先后进入封建社会，这个时期的建筑技术与艺术比奴隶社会有了更大的发展，建筑形象丰富多彩，建筑装饰精致、华丽，并且彼此相互影响。在当时出现了几种有代表性的建筑形式。

### 1. 哥特式建筑

哥特式建筑的特点是尖塔高耸、尖形拱门、大窗户及绘有圣经故事的花窗玻璃。在设计中利用尖肋拱顶、飞扶壁、修长的束柱，营造出轻盈修长的飞天感。新的框架结构可以增加支撑顶部的力量，整个建筑线条直升、外观雄伟，教堂内空间空阔，再结合镶着彩色玻璃的长窗，使教堂内产生一种浓厚的宗教气氛。其中比较有代表性的建筑是米兰大教堂，如图 1.6 所示。教堂的平面仍基本为拉丁十字形，但其西端门的两侧增加一对高塔。

米兰大教堂是世界上最大的哥特式教堂，坐落于米兰市中心的大教堂广场，教堂长 158m，最宽处 93m。塔尖最高处达 108.5m。总面积 11700m²，可容纳 35000 人。它是仅次于罗马的圣彼得教堂和西班牙的塞维利亚教堂的欧洲第三大教堂。

米兰大教堂由米兰的第一位公爵（Galeazzo Visconti Ⅲ）于 1386 年开始兴建，各国工程师纷纷设计方案，整个教堂都是以哥特式的建筑方法来兴建。1500 年完成拱顶，并于 1577 年完成了初步的建筑，开始供信奉天主教人士参拜。1774 年中央塔上的镀金圣母玛丽亚雕像就位。1897 年最后完工，历时 5 个世纪。教堂不仅是米兰的象征，也是米兰的中心。拿破仑曾于 1805 年在米兰大教堂举行加冕仪式。

**2. 柱式建筑**

欧洲古代石质梁柱结构的几种规范化的艺术形式。柱式包括柱、柱上檐部和柱下基座的艺术形式。成熟的柱式从整体构图到线脚、凹槽、雕饰等细节处理都基本定型，各部分的比例也大致稳定，特点鲜明，决定着建筑物风格。柱式形成于希腊，而在罗马得到发展。其中有代表性的建筑是英国的圣保罗大教堂（图 1.7）。

图 1.6　意大利米兰大教堂　　　　　　　图 1.7　英国圣保罗大教堂

圣保罗大教堂是世界著名的宗教圣地，世界第五大教堂，英国第一大教堂。该教堂也是世界第三大圆顶教堂，位列世界五大教堂之列。圣保罗大教堂最早在 604 年建立，后经多次毁坏、重建，由英国著名设计大师和建筑家克托弗·雷恩爵士（Sir Christopher Wren）在 17 世纪末完成这伦敦最伟大的教堂设计，整整花了 45 年的心血。圣保罗大教堂另一个建筑特色，是设计、建筑仅由一人完成，这种情况在其他建筑上是很少见的。

**3. 园林式建筑**

园林建筑是建造在园林和城市绿化地段内供人们游憩或观赏用的建筑物，常见的有亭、榭、廊、阁、轩、楼、台、舫、厅堂等建筑物。园林建筑在园林中主要起到以下几方面的作用：一是造景，即园林建筑本身就是被观赏的景观或景观的一部分；二是为游览者提供观景的视点和场所；三是提供休憩及活动的空间；四是提供简单的使用功能，诸如小卖、售票、摄影等；五是作为主体建筑的必要补充或联系过渡。其中被称为世界上最大的皇家园林的凡尔赛宫及其园林（图 1.8）最具代表性。

凡尔赛宫园林几乎是世界上最大的宫廷园林，其奢华几乎可以与凡尔赛宫相媲美，由勒诺特尔设计。花园占地 6.7hm²，纵轴长 3km。园内道路、树木、水池、亭台、花圃、喷泉等均呈几何图形，有统一的主轴、次轴、对景，构筑整齐划一，透溢出浓厚的人工修凿的痕迹，也体现出路易十四对君主政权和秩序的追求和规范。园中道路宽敞，绿树成荫，草坪树木都修剪得整整齐齐；喷泉随处可见，雕塑比比皆是，且多为美丽的神话或传说的描写。

图 1.8　法国凡尔赛宫及其园林

长、宽分别为 1650m 和 62m、1070m 和 80m 呈十字形交叉的大、小运河，为人文色彩多、自然气息少的皇家花园增添了许多天然氛围。凡尔赛宫花园堪称是法国古典园林的杰出代表。

#### 1.1.1.4　资本主义社会

19 世纪为了适应资产阶级政治、经济和文化的需要，出现了许多新建筑类型。为了摆脱旧建筑形式的束缚，现代建筑的先驱者相继掀起了"新建筑"运动，20 世纪初出现了一大批具有时代精神的著名建筑。

1. 现代主义建筑

（1）德国包豪斯校舍。1926 年在德国德绍建成的一座建筑工艺学校新校舍（图 1.9）。设计者为包豪斯学校校长、德国建筑师格罗皮乌斯。校舍总建筑面积近万平方米，主要由教学楼、生活用房和学生宿舍三部分组成。设计者创造性地运用现代建筑设计手法，从建筑物的实用功能出发，按各部分的实用要求及其相互关系定出各自的位置和体型。利用钢筋、钢筋混凝土和玻璃等新材料以突出材料的本色美。在建筑结构上充分运用窗与墙、混凝土与玻璃、竖向与横向、光与影的对比手法，使空间形象显得清新活泼、生动多样。尤其通过简洁的平屋顶、大片玻璃窗和长而连续的白色墙面产生的不同的视觉效果，更给人以独特的印象。该校舍以崭新的形式，与复古主义设计思想划清了界限，被认为是现代建筑中具有里程碑意义的典范作品。

图 1.9　德国包豪斯校舍

格罗皮乌斯的包豪斯学校及校舍，令 20 世纪的建筑设计挣脱了过去各种主义和流派的束缚。它遵从时代的发展、科学的进步与民众的要求，适应大规模的工业化生产，开创了一种新的建筑美学与建筑风格。

（2）日本代代木体育馆。日本建筑大师丹下健三设计的代代木体育馆（图 1.10）是 20 世纪 60 年代的技术进步的象征，它脱离了传统的结构和造型，被誉为划时代的作品。

代代木体育馆的整体构成、内部空间以及结构形式，展示出丹下健三杰出的创造力、想象力和对日本文化的独到理解。它是由奥林匹克运动会游泳比赛馆、室内球技馆及其他设施组成的大型综合体育设施。

代代木体育馆采用高张力缆索为主体的悬索屋顶结构，创造出带有紧张感、动感的大型内部空间。特异的外部形状加之装饰性的表现，似乎可以追溯到作为日本古代原型的神社形式和竖穴式住居，具有原始的想象力。这可以说是丹下健三结构表现主义时期的顶峰之作，他最大限度地发挥出材料、功能、结构、比例，直至历史观高度统一的杰出才能。该建筑是丹下健三，也是日本现代建筑发展的一个顶点，日本现代建筑甚至以此作品为界，划分为之前与之后两个历史时期。

（3）澳大利亚悉尼歌剧院。悉尼歌剧院（图 1.11）的外形犹如即将乘风出海的白色风帆，与周围景色相映成趣。悉尼歌剧院是从 20 世纪 50 年代开始构思兴建，1955 年起公开征求世界各地的设计作品，至 1956 年共有 32 个国家 233 个作品参选，后来丹麦建筑师约恩·伍重的设计雀屏中选，共耗时 16 年、斥资 1 亿零 200 万澳元完成建造。为了筹措经费，除了募集基金外，澳大利亚政府还曾于 1959 年发行悉尼歌剧院彩券。悉尼歌剧院位于澳大利亚悉尼，是 20 世纪最具特色的建筑之一，也是世界著名的表演艺术中心，已成为悉尼市的标志性建筑。

图 1.10 日本代代木体育馆　　　　　　　　图 1.11 澳大利亚悉尼歌剧院

2. 高层建筑

为了节约城市土地，改善环境面貌，高层建筑在 20 世纪 30 年代蓬勃发展起来，到了 20 世纪后期亚洲已经成为高层建筑发展最快的建筑。

（1）阿拉伯联合酋长国迪拜塔。截至 2010 年，世界上最高的建筑是位于迪拜的哈利法塔（Burj Khalifa Tower），原名迪拜塔（Burj Dubai），有 160 层，总高 828m，总耗资约 800 亿美元，2004 年 9 月 21 日开始动工，2010 年 1 月 4 日竣工启用，同时正式更名为哈利法塔，如图 1.12 所示。

（2）中国台北国际 101 金融大厦。台北 101（Taipei 101），又称台北 101 大楼（图 1.13），在规划阶段初期原名台北国际金融中心（Taipei Financial Center），是目前世界第二高楼（2010 年）。该建筑位于我国台湾省台北市信义区，由建筑师李祖原设计，KTRT 团队建造，保持了中国世界纪录协会多项世界纪录。台北 101 曾是世界第一高楼，以实际建筑物高度来计算已在 2007 年 7 月 21 日被当时兴建到 141 楼的迪拜塔（阿联酋迪拜）所超越，2010 年 1 月 4 日迪拜塔的建成（828m）使得台北 101 退居世界第二高楼。

图 1.12　阿拉伯联合酋长国迪拜塔

图 1.13　中国台北国际 101 金融大厦

### 1.1.2　中国建筑的历史沿革简介

中国建筑具有悠久的历史和鲜明的特色，在世界建筑史上占有重要的地位。中国在漫长的封建社会的岁月中，逐步发展形成独特的建筑体系，在建筑技术与艺术方面均取得了辉煌的成就。下面就从几个典型的中国古代和现代建筑来了解一下中国建筑的发展。

#### 1.1.2.1　古代建筑

1. 古代建筑的代表

（1）万里长城。长城是古代中国在不同时期为抵御塞北游牧部落侵袭而修筑的规模浩大的军事工程的统称。长城东西绵延上万华里（1 华里＝500m），因此又称作万里长城。现存的长城遗迹主要为始建于 14 世纪的明长城，西起嘉峪关，东至辽东虎山，全长 8851.8km、平均高 6～7m、宽 4～5m。长城是我国古代劳动人民创造的伟大的奇迹，是中国悠久历史的见证。它与天安门、兵马俑一起被世人视为中国的象征，如图 1.14 所示。

图 1.14　万里长城

（2）天津独乐寺观音阁。独乐寺位于燕山南麓天津市蓟县城西门内。寺之得名，一说是安禄山在此起兵叛唐，思独乐而不与民同乐，故名；一说是寺西北有独乐水，故名。相传创建于唐贞观十年（636 年）由尉迟恭监修，后毁。辽统和二年（984 年），秦王耶律奴瓜重建。其后，又多次进行修缮和扩建，特别是在明万历、清顺治、乾隆、光绪时期和 1949 年后，工程规模都比较大。乾隆十八年（1753 年），在寺前曾砌照壁，并在寺侧兴建行宫。为全国重点文物保护单位。因寺内有观世音菩萨的大塑像，故又称"大佛寺"。

观音阁（图 1.15），是一座三层木结构的楼阁，因为第二层是暗室，且上无檐与第三层分隔，所以在外观上像是两层建筑。阁高 23m，中间腰檐和平坐栏杆环绕，上为单檐歇山顶，飞檐深远，美丽壮观。阁内中央的须弥座上，耸立着两尊高 16m 的泥塑观音菩萨站像，头部直抵三层的楼顶。这座木结构阁楼经受了 28 次地震（其中包括 1976 年的唐山大地震）的考验，验证了其结构的可靠性。

（3）北京故宫。故宫位于北京市中心，旧称紫禁城（图 1.16）。于明代永乐十八年（1420 年）建成，是明、清两代的皇宫，它是无与伦比的古代建筑杰作，世界现存最大、最完整的木质结构的古建筑群。

图 1.15　天津独乐寺观音阁　　　　　　　　图 1.16　北京故宫

故宫位于北京市中心，也称"紫禁城"，现辟为"故宫博物院"。这里曾居住过 24 个皇帝，是明清两朝（1368—1912 年）的皇宫，是世界现存最大的皇家园林。

2. 中国古代建筑的特点

（1）以木构架为主的结构方式。中国古代建筑惯用木构架作房屋的承重结构。斗拱是中国木构架建筑中最特殊的构件。斗是斗形垫木块，拱是弓形短木，它们逐层纵横交错叠加成一组上大下小的托架，安置在柱头上用以承托梁架的荷载和向外挑出的屋檐。到了唐、宋，斗拱发展到高峰，从简单的垫托和挑檐构件发展成为联系梁枋置于柱网之上的一圈"井"字格形复合梁。它除了向外挑檐，向内承托天花板以外，主要功能是保持木构架的整体性，成为大型建筑不可缺的部分。宋代以后木构架开间加大，柱身加高，木构架结点上所用的斗拱逐渐减少。到了元、明、清，柱头间使用了额枋和随梁枋等，构架整体性加强，斗拱的形体变小，不再起结构作用了，排列也较唐宋更为丛密，装饰性作用越发加强了，形成显示等级差别的饰物。

木构架的优点是：第一，承重结构与维护结构分开，建筑物的重量全由木构架承托，墙壁只起维护和分隔空间的作用；第二，便于适应不同的气候条件，可以因地区寒暖之不同，随意处理房屋的高度、墙壁的厚薄、选取何种材料，以及确定门窗的位置和大小；第三，由于木材的特有性质与构造节点有伸缩余地，即使墙倒而屋不塌，有利于减少地震损害；第四，便于就地取材和加工制作。古代黄河中游森林茂密，木材较之砖石便于加工制作。

（2）独特的单体造型。中国古代建筑的单体，大致可以分为屋基、屋身、屋顶三个部分。凡是重要建筑物都建在基座台基之上，一般台基为一层，大的殿堂如北京明清故宫太和殿，建在高大的三重台基之上。单体建筑的平面形式多为长方形、正方形、六角形、八角形、圆形。这些不同的平面形式，对构成建筑物单体的立面形象起着重要作用。由于采用木构架结构，屋身的处理可以十分灵活，门窗柱墙往往依据用材与部位的不同而加以处置与装饰，极大地丰富了屋身的形象。

中国古代建筑的屋顶形式丰富多彩。早在汉代已有庑殿、歇山、悬山、囤顶、攒尖几种基本形式，并有了重檐顶。以后又出现了勾连搭、单坡顶、十字坡顶、盂顶、拱券顶、穹隆顶等许多形式。为了保护木构架，屋顶往往采用较大的出檐。但出檐有碍采光，以及屋顶雨水下泄易冲毁台基，因此后来采用反曲屋面或屋面举拆、屋角起翘，于是屋顶和屋角显得更为轻盈活泼。

（3）中轴对称、方正严整的群体组合与布局。中国古代建筑群的布置总要以一条主要的纵轴线为主，将主要建筑物布置在主轴线上，次要建筑物则布置在主要建筑物前的两侧，东西对峙，组成一个方形或长方形院落。这种院落布局既满足了安全与向阳防风寒的生活需要，也符合中国古代社会宗法和礼教的制度。当一组庭院不能满足需要时，可在主要建筑前后延伸布置多进院落，在主轴线两侧布置跨院（辅助轴线）。曲阜孔庙在主轴线上布置了十进院落，又在主轴线两侧布置了多进跨院。它在奎文阁前为一条轴线，奎文阁以后则为并列的三条轴线。至于坛庙、陵墓等礼制建筑布局，就更加严整了。这种严整的布局并不呆板僵直，而是将多进、多院落空间，布置成为变化的颇具个性的空间系列。像北京的四合院住宅，它的四进院落各不相同。第一进为横长倒座院，第二进为长方形三合院，第三进为正方形四合院，第四进为横长罩房院。四进院落的平面各异，配以建筑物的不同立面，在院中莳花植树，置山石盆景，使空间环境清新活泼，宁静宜人。

（4）变化多样的装修与装饰。中国古代建筑对于装修、装饰特为讲究，凡一切建筑部位或构件，都要美化，所选用的形象、色彩因部位与构件性质不同而有别。

于建筑物上施彩绘是中国古代建筑的一个重要特征，是建筑物不可缺少的一项装饰艺术。它原是施之于梁、柱、门、窗等木构件之上用以防腐、防蠹的油漆，后来逐渐发展演化而为彩画。古代在建筑物上施用彩画，有严格的等级区分。庶民房舍不准绘彩画，就是在紫禁城内，不同性质的建筑物绘制彩画也有严格的区分。其中和玺彩画属最高的一级，内容以龙为主题，施用于外朝、内廷的主要殿堂，格调华贵。旋子彩画是图案化彩画，画面布局素雅灵活，富于变化，常用于次要宫殿及配殿、门庑等建筑上。另一种是苏式彩画，以山水、人物、草虫、花卉为内容，多用于园苑中的亭台楼阁之上。

（5）写意的山水园景。在中国古典园林中，景的意境大体分为：治世境界、神仙境界、自然境界。儒学讲求实际，有高度的社会责任感，关心社会生活与人际关系，重视道德伦理价值和治理国家的政治意义，这种思想反映到园林造景上就是治世境界。老庄思想讲求自然恬淡和炼养身心，以静观、直觉为务，以浪漫主义为审美观，艺术上表现为自然境界。佛、道两教追求涅槃与幻想成仙，园林造景上反映为神仙境界。治世境界多见于皇家苑囿，如圆明园四十景中约有一半属于治世境界，几乎包含了儒学的哲学、政治、经济、道德、伦理的全部内容。自然境界大半反映在文人园林之中，如宋代苏舜钦的沧浪亭、司马光的独乐园。神仙境界则反映在皇家园林与寺庙园林中，如圆明园中的蓬岛瑶台、方壶胜境、青城山古常道观的会仙桥、武当山南岩宫的飞升岩。

3. 中国古代建筑艺术的精神内涵特征

（1）审美价值与政治伦理价值的统一。艺术价值高的建筑，也同时发挥着维系、加强社会政治伦理制度和思想意识的作用。

（2）植根于深厚的传统文化，表现出鲜明的人文主义精神。

（3）总体性、综合性强。往往动用一切因素和手法综合成一个整体形象，从空间组合到色彩装饰都是整体的有机组成部分，抽掉其中任何一项都会影响建筑的整体效果。

### 1.1.2.2　现代建筑

鸦片战争后，中国沦为半殖民地半封建社会，中国建筑发展非常缓慢。新中国成立后从第一个五年计划开始到现在，才有了较为迅速的发展。今天在中国的土地上也出现了大量新奇的建筑和高层建筑。

1. 现代建筑的代表

（1）鸟巢。鸟巢，又称国家体育场，位于北京奥林匹克公园中心区南部，为 2008 年第 29 届奥林匹克运动会的主体育场。工程总占地面积 21hm²，建筑面积 258000m²。场内观众坐席约为 91000 个，其中临时坐席约 11000 个。曾举行奥运会、残奥会开闭幕式、田径比赛及足球比赛决赛。奥运会后它成为北京市民广泛参与体育活动及享受体育娱乐的大型专业场所，并成为具有地标性的体育建筑和奥运遗产，如图 1.17 所示。

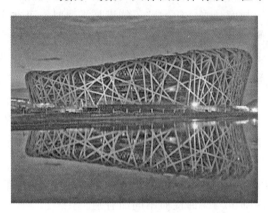

图 1.17　北京鸟巢——国家体育场

（2）上海环球金融中心。上海环球金融中心（图 1.18）是位于中国上海陆家嘴的一栋摩天大楼，2008 年 8 月 29 日竣工，当时成为中国第二高楼、世界第三高楼、世界最高的平顶式大楼，楼高 492m，地上 101 层，开发商为上海环球金融中心公司，由日本森大楼公司主导兴建。

图 1.18　上海环球金融中心

图 1.19　香港会议展览中心

（3）香港会议展览中心。香港会议展览中心（图 1.19）坐落在面积为 6.5hm² 的填海人工岛上。有三个大型展览馆，提供超过 $28000m^2$ 的展览面积，可容纳 2211 个标准展台；又有不同大小的会议厅房共占地 $3000m^2$，以及一个面积 $4300m^2$ 的会议大堂。在此大堂举行会议可容纳 4300 人，用来举行宴会则可招待 3600 名宾客，是全球最大的宴会厅之一。

2．中国现代建筑的发展方向

（1）采用和开拓先进的技术。从建筑历史长河中，我们发现材料和技术对建筑发展起着关键作用，所以要大力的开拓新材料、新技术，使得建筑更适应经济社会的发展和需要。

（2）保护和改善必要的生态环境；适应和促进新型的生活方式。

（3）创造和发展多样的建筑文化。

同时亟待解决两个存在的基本问题：克服"低标准、高消耗、低效益"的状况，注重提高建筑物的综合效益；注重历史文脉，增强建筑作品的文化内涵。这样就可以创作出更多、更新、更美的建筑。

# 任务 1.2　21世纪建筑发展的趋势

**· 任务的提出**

（1）21世纪建筑的发展趋势是什么？

（2）21世纪建筑的发展受到哪些因素的影响？

**· 任务解析**

21世纪建筑的发展受到经济、环境、城市规划、材料、技术和文化艺术等因素的影响，同时建筑的发展也对环境、城市建设、科学技术和文化艺术等产生影响。

**· 任务的实施**

### 1.2.1　建筑与环境

20世纪50—60年代出现一系列的环境污染事件，人们开始从"大自然的报复"中觉醒。

1998年7月18日联合国环境规划署负责人克劳斯·托普弗指出："十大环境祸患威胁人类"。其中：

——土壤遭到破坏。110个国家，承载10亿人口的可耕地的肥沃程度在降低……

——能源浪费。除发达国家外，发展中国家能源消费仍在继续增加。1990—2001年亚洲和太平洋地区的能源消费增加1倍，拉丁美洲能源消费将增加 $30\% \sim 77\%$。

——森林面积减少。在过去数百年中，温带国家和地区失去了大部分的森林，1980—1990年世界上1.5亿 $hm^2$ 森林（占全球森林总面积的 $12\%$）消失。

——淡水资源受到威胁。据估计21世纪初开始，世界上将有1/4的地方长期缺水。

——沿海地带被污染。沿海地区受到了巨大的人口压力，全世界有 $60\%$ 的人口拥挤在沿海 $100km^2$ 内的地带，生态失去平衡。

图 1.20　流水别墅

以上看似是与建筑环境直接相关的问题，但却对建筑业的发展产生重要影响。现代建筑的设计必须要与环境紧密结合起来，充分利用环境，创造环境，使建筑成为环境的有机组成部分。

如图 1.20 所示的现代居民楼，其建筑设计就充分利用了自然条件和生态环境，利用室内外绿色植物的相互呼应创造了优美舒适的居住环境，建筑与环境恰如其分地融合为一体。

### 1.2.2　建筑与城市

人类在几千年的历史发展中，为了生存下来，不仅要制作工具打猎以获取食物，盖房子以栖身，还要进行剩余物品的交易，自然而然就会聚居在一起，谋求生活和生产活动。因此，随着聚集人口增多，必然要修房建市，经营和发展聚居地。从穴居野处到大小部落、村镇以至城市，城市化进程日益加快，城市化是人类文明发展过程中的必然之路。人口集中产生"聚集效应"，能源、资源、生产资料、生产力、信息和科学文化等都不断向城市集中。未来的科学、技术、信息与文化将因城市的发展而快速发展，但另一方面城市的快速发展又带来诸多难题和困扰。工业革命后，现代城市逐渐兴起，20 世纪中叶，城市问题日益困扰人们的生活，以至于严重到人们不得不惊呼"我们的城市能否持续发展和存在？"又有半个世纪过去了，城市问题变得更为严峻。

联合国环境规划署负责人把"混乱的城市化"，即人口爆炸、农用土地退化、贫穷等，也列为威胁人类的十大环境祸患之一，所有这些因素促使第三世界数以百万计的农民离开农村，聚集于大城市的贫民窟里。目前，城市在扩大，但生存条件逐步恶化，拥挤、水污染、卫生条件差、无安全感等。这些成为城市发展的瓶颈。

城市化急剧发展，已经带来了太多的问题。作为现代的建筑设计师，在建筑设计时就不能只考虑建筑自身，而需要站在城市规划、环境规划的高度，用人、建筑与环境协调发展的理念来从事建筑活动。即强调城市规划和建筑综合，从单个建筑到建筑群的规划建设，到城市与乡村规划的结合、融合，以至区域的协调发展。探索适应新的社会组织方式的城市与乡村的建筑形态，将是 21 世纪最引人瞩目的课题。

### 1.2.3　建筑与科学技术

科学技术进步是推动经济发展和社会进步的积极因素，也是建筑发展的动力、达到建筑实用目的的主要手段和创造新的活跃因素。正因为建筑技术上的提高，才使人类祖先由天然的穴居，得以伐木垒土，营建宫室……直到现代建筑。今天以计算机为代表的新兴技术直接、间接地对建筑发展产生影响，人类正在向信息社会、生物遗传、外太空探索等诸多新领域发展，这些科学技术上的变革，都将深刻地影响到人类的生活方式、社会组织结构和思想价值观念，同时也必将带来建筑技术和艺术形式上的深刻变革。例如香港的上海汇丰银行就采用高超的结构技术展现了建筑的独特造型，被世人称为"重技派"手法。该大楼由三个不同高度的塔组成，五个吊杆各自承受几个楼面的荷载，铝质墙面和玻璃幕墙的立面装修，不拘一格的屋顶处理，加上外露的结构的衬托，丰富了建筑体型，使立面显得超凡脱俗，如图 1.21 所示。

### 1.2.4　建筑与文化艺术

建筑是人类智慧和力量的表现形式，同时也是人类文化艺术成就的综合表现形式。例如中国传统建筑也存在着与不同历史时期的社会文化相适应的艺术风格。

文化是经济和技术进步的真正量度；文化是科学和技术发展的方向；文化是历史的积淀，存留于城市和建筑中，融会在每个人的生活之中。文化对城市的建造、市民的观念和行为起着无形的巨大作用，决定着生活的各个层面，是建筑之魂。21 世纪将是文化的世纪；只有文化的发展，才能进一步带

图 1.21　香港的上海汇丰银行

动经济的发展和社会的进步。人文精神的复萌应当被看作是当代建筑发展的主要趋势之一。

进入 21 世纪，现代的科学技术将全人类推向了资讯时代，世界文明正以前所未有的广阔领域和越来越快的速度互相交流与融合，建筑领域也同样进行着日新月异的变革。所以要求未来的建筑师更加放眼世界，从更广阔的知识领域和视野去了解人类文明的发生与发展，建设好我们的家园。

# 任务 1.3　建筑的含义及构成要素

**·任务的提出**

（1）什么叫建筑？

（2）建筑的构成要素是什么？

**·任务解析**

（1）建筑是建筑物和构筑物总称。

（2）建筑的三要素：建筑功能，物质技术条件，建筑形象。

**·任务的实施**

自从有了人类，便有了建筑，人类的发展史就是建筑的发展史。从建筑的简单防御和居住功能发展到建筑文化，经历了千万年的变迁，建筑已经不再是原来的建筑，而是人类生活方式和社会发展痕迹的体现。

有许多著名的格言可以帮助我们加深对建筑的认识，如："建筑是石头的史书""建筑是一切艺术之母""建筑是凝固的音乐""建筑是住人的机器""建筑是城市经济制度和社会制度的自传""建筑是城市的重要标志"，等等。在今天的信息时代，则以"语言""符号"来剖析建筑的构成，许多不同的认识形成了建筑的各种流派，长期以来进行着热烈的讨论。一般是将铁路、水坝等称为"土木工程"，只有"建造适用和美好的住宅、公共建

筑和城市艺术"才称为"建筑学"。

### 1.3.1 建筑的含义

通常认为建筑是建筑物和构筑物的总称。建筑本质上是人工创造的空间环境，是人们劳动创造的物质财富。其中供人们生产、生活或进行其他活动的房屋或场所都称为"建筑物"，如住宅、学校、办公楼、影剧院、体育馆、工厂的车间等，人们习惯上也将建筑物称为建筑。而人们不在其中生产、生活的建筑，则称为"构筑物"，如水坝、水塔、蓄水池、烟囱等。建筑具有双重价值：一是它的实用价值，属于社会的物质产品；二是它的审美价值，反映了特定的历史时期社会的思想意识，建筑同时也是具备艺术性的精神产品。

自从人类最初以遮风避雨，防禽御兽为目的寻找和创造自己的生活环境——因崖成室、构木成巢、挖土为穴、搭棚为舍、垒石为屋、烧砖砌房，建筑就产生了。

### 1.3.2 建筑的构成要素

构成建筑的基本要素是指在不同历史条件下的建筑功能、建筑的物质技术条件和建筑形象。

建筑三要素是相互联系、约束，又不可分割的。在一定功能和技术条件下，充分发挥设计者的主观作用，可以使建筑形象更加美观。历史上优秀的建筑作品，这三要素都是辩证统一的。

#### 1.3.2.1 建筑功能

建筑物首先要满足人体尺度和人体活动所需的空间尺度，必要的高度、宽度和长度是建筑设计中必须考虑的问题。其次满足人的生理要求，要求建筑应具有良好的朝向、保温、隔声、防潮、防水、采光及通风的性能，这也是人们进行生产和生活活动所必须的条件。第三，不同建筑应按不同使用特点来进行设计。例如火车站要求人流、货流畅通；影剧院要求听得清、看得见和疏散快；工业厂房要求符合产品的生产工艺流程；某些实验室对温度、湿度的要求等，都直接影响着建筑物的使用功能。

满足功能要求也是建筑的主要目的，在构成的要素中起主导作用。

#### 1.3.2.2 物质技术条件

建筑的物质技术条件是指建造房屋的手段。包括建筑材料及制品技术、结构技术、施工技术和设备技术等，所以建筑是多门技术科学的综合产物，是建筑发展的重要因素。

#### 1.3.2.3 建筑形象

构成建筑形象的因素有建筑的体型、立面形式、细部与重点的处理、材料的色彩和质感、光影和装饰处理等，建筑形象是功能和技术的综合反映。建筑形象处理得当，就能产生良好的艺术效果，给人以美的享受。有些建筑使人感受到庄严雄伟、朴素大方、简洁明朗等，这就是建筑艺术形象的魅力。不同社会和时代、不同地域和民族的建筑都有不同的建筑形象，它反映了时代的生产水平、文化传统、民族风格等特点。

### 1.3.3 建筑方针

适用、安全、经济、美观这一建筑方针是我国建筑工作者进行工作的指导方针，又是评价建筑优劣的基本准则。

# 课 后 自 测 题

1. 建筑的含义是什么？什么是建筑物和构筑物？

2. 中外建筑在发展过程的各个时期有哪些重大成就？有哪些代表性建筑？

3. 21世纪建筑的发展将受到哪些因素的影响？应遵循哪些原则？

4. 构成建筑的三要素是什么？如何正确认识三者的关系？

5. 建筑方针所包含的具体内容是什么？

# 项目2 民用建筑概述

建筑构造是一门研究建筑物的构成，以及各组成部分的组合原理和构造方法的科学。

建筑构造组合原理是研究如何使建筑物的构件或配件最大限度地满足使用功能的要求，并根据使用要求进行构造方案设计的理论。构造方法则是在理论指导下，如何运用不同的建筑材料去有机地组成各种构配件，以及使构配件之间牢固结合的具体办法。

建筑构造具有很强的实践性和综合性，它涉及建筑材料、建筑结构、建筑设备、建筑物理、建筑施工等多方面知识。因此，在进行构造设计时，只有综合考虑外力、自然气候（风、雨、雪、太阳辐射、冰冻等）和各种人为因素（噪声、撞击、火灾等）的影响，全面、综合地运用有关技术知识，才有可能提出理想的构造方案和可行的构造措施，以满足适用、安全、经济、美观的要求。

## 任务2.1　建筑的分类与等级划分

**• 任务的提出**

平面图、剖面图和立面图如附图所示。①确定该建筑的类别；②确定该建筑的耐久性和耐火性。

**• 任务解析**

（1）根据建筑的分类标准和分类方式确定建筑的类别。

（2）根据 GB 50016—2014《建筑设计防火规范》的要求确定建筑的耐火性。

**• 任务的实施**

### 2.1.1　建筑的分类

#### 2.1.1.1　按建筑物使用性质分类

1. 民用建筑

民用建筑指供人们工作、学习、生活、居住用的建筑物。

（1）居住建筑。如住宅、宿舍、公寓等。

（2）公共建筑。按性质不同又可分为15类之多，包括：①文教建筑；②托幼建筑；③医疗卫生建筑；④观演性建筑；⑤体育建筑；⑥展览建筑；⑦旅馆建筑；⑧商业建筑；⑨电信、广播电视建筑；⑩交通建筑；⑪行政办公建筑；⑫金融建筑；⑬饮食建筑；⑭园林建筑；⑮纪念建筑。

2. 工业建筑

工业建筑指为工业生产服务的生产车间及为生产服务的辅助车间、动力用房、仓储等。

3. 农业建筑

农业建筑指供农（牧）业生产和加工用的建筑，如种子库、温室、畜禽饲养场、农副产品加工厂、农机修理厂（站）等。

#### 2.1.1.2　按建筑规模和数量分类

（1）大量性建筑。大量性建筑指数量多，常见的建筑。比如住宅、商店、学校、医院等。

（2）大型性建筑。大型性建筑指规模大、功能复杂、艺术性强、投资高的建筑。如大型体育馆、飞机场、大型工厂等。

#### 2.1.1.3　按建筑物（住宅）的层数分类

（1）低层建筑：1～3 层。

（2）多层建筑：4～6 层。

（3）中高层建筑：7～9 层。

（4）高层建筑：10 层及以上。

除住宅建筑之外的民用建筑高度不大于 24m 的建筑为单层建筑，大于 24m 的建筑为高层建筑（不包括建筑高度大于 24m 的单层公共建筑）；建筑高度大于 100m 的民用建筑为超高层建筑。建筑高度为建筑物从室外地面至女儿墙顶部或檐口的高度。

#### 2.1.1.4　按建筑结构分类

建筑结构是指建筑物中由承重构件（基础、墙体、柱、梁、楼板、屋架等）组成的体系。

（1）砖木结构。主要承重构件是用砖、木做成。竖向承重构件的墙体和柱采用砖砌，水平承重构件的楼板、屋架采用木材。

（2）砖混结构。竖向承重构件采用砖墙或砖柱，水平承重构件采用钢筋混凝土楼板、屋顶板，其中也包括少量的屋顶采用木屋架。

（3）钢筋混凝土结构。承重构件如梁、板、柱、墙（剪力墙）、屋架等，是由钢筋和混凝土两大材料构成。其围护构件如外墙、隔墙等，是由轻质砖或其他砌体做成。

（4）钢结构。主要承重构件均是用钢材制成。其特点为：建造成本较高，多用于高层公共建筑和跨度大的工业建筑，如体育馆、影剧院、跨度大的工业厂房等。

#### 2.1.1.5　按建筑施工方法分类

（1）现浇、现砌式建筑。这种建筑物的主要承重构件均是在施工现场浇筑和砌筑而成。

（2）预制、装配式建筑。这种建筑物的主要承重构件均是在加工厂制成预制构件，在施工现场进行装配而成。

（3）部分现浇现砌、部分装配式建筑。这种建筑物的一部分构件（如墙体）是在施工现场浇筑或砌筑而成，一部分构件（如楼板、楼梯）是采用在加工厂制成的预制构件。

### 2.1.2　建筑的等级划分

建筑物的等级一般按耐久性和耐火性进行划分。

#### 2.1.2.1　按耐久性能分等级

建筑物的耐久等级主要根据建筑物的重要性和规模大小划分，作为基建投资和建筑设计的重要依据。GB 50352—2005《民用建筑设计通则》中规定：以主体结构确定的建筑耐久年限分为下列四级，见表 2.1。

表 2.1　　　　　　　　　　　　建 筑 物 耐 久 等 级 表

| 耐久等级 | 耐久年限 | 适 用 范 围 |
|---|---|---|
| 一级 | 100 年以上 | 适用于重要的建筑和高层建筑，如纪念馆、博物馆、国家会堂等 |
| 二级 | 50～100 年 | 适用于一般性建筑，如城市火车站、宾馆、大型体育馆、大剧院等 |
| 三级 | 25～50 年 | 适用于次要的建筑，如文教、交通、居住建筑及厂房等 |
| 四级 | 15 年以下 | 适用于简易建筑和临时性建筑 |

### 2.1.2.2　按耐火性能分等级

所谓耐火等级，是衡量建筑物耐火程度的标准，它是由组成建筑物的构件的燃烧性能和耐火极限的最低值所决定的。划分建筑物耐火等级的目的在于根据建筑物的不同用途提出不同的耐火等级要求，做到既有利于安全，又有利于节约基本建设投资。现行 GB 50016—2014《建筑设计防火规范》将建筑物的耐火等级划分为四级，见表 2.2。

表 2.2　　　　　　　　　　　　建 筑 物 耐 火 等 级 表

| 构件名称 | 燃烧性能和耐火极限/h　耐火等级 | 一级 | 二级 | 三级 | 四级 |
|---|---|---|---|---|---|
| 墙柱 | 防火墙 | 非燃烧体 4.00 | 非燃烧体 4.00 | 非燃烧体 4.00 | 非燃烧体 4.00 |
| | 承重墙、楼梯间、电梯井墙 | 非燃烧体 3.00 | 非燃烧体 2.50 | 非燃烧体 2.50 | 难燃烧体 0.50 |
| | 非承重外墙、疏散走道两侧的隔墙 | 非燃烧体 1.00 | 非燃烧体 1.00 | 非燃烧体 0.50 | 难燃烧体 0.25 |
| | 房间隔墙 | 非燃烧体 0.75 | 非燃烧体 0.50 | 难燃烧体 2.50 | 难燃烧体 0.25 |
| | 支承多层的柱 | 非燃烧体 3.00 | 非燃烧体 2.50 | 非燃烧体 2.00 | 难燃烧体 1.50 |
| | 支承单层的柱 | 非燃烧体 2.50 | 非燃烧体 2.00 | 非燃烧体 2.00 | 燃烧体 |
| 梁 | | 非燃烧体 2.00 | 非燃烧体 1.50 | 非燃烧体 1.00 | 难燃烧体 0.50 |
| 楼板 | | 非燃烧体 1.50 | 非燃烧体 1.00 | 非燃烧体 0.50 | 难燃烧体 0.25 |
| 屋顶承重构件 | | 非燃烧体 1.50 | 非燃烧体 0.50 | 燃烧体 | 燃烧体 |
| 疏散楼梯 | | 非燃烧体 1.50 | 非燃烧体 1.00 | 非燃烧体 1.00 | 燃烧体 |
| 吊顶（包括吊顶搁栅） | | 非燃烧体 0.25 | 难燃烧体 0.25 | 难燃烧体 0.15 | 燃烧体 |

注　1. 以木柱承重且以非燃烧材料作为墙体的建筑物，其耐火等级应按四级确定。
　　2. 二级耐火等级的建筑物吊顶，如采用非燃烧体时，其耐火极限不限。

1. 建筑构件的燃烧性能分类

（1）非燃烧体。非燃烧体指用非燃烧材料做成的建筑构件，如天然石材、人工石材、金属材料等。

（2）燃烧体。燃烧体指用容易燃烧的材料做成的建筑构件，如木材、纸板、胶合板等。

（3）难燃烧体。难燃烧体指用不易燃烧的材料做成的建筑构件，或者用燃烧材料做成，但用非燃烧材料作为保护层的构件，如沥青混凝土构件、木板条抹灰等。

2. 建筑构件的耐火极限

所谓耐火极限，是指任一建筑构件在规定的耐火试验条件下，从受到火的作用时起，到失去支持能力或完整性被破坏或失去隔火作用时为止的这段时间，用小时表示。只要以下三个条件中任一个条件出现，就可以确定建筑构件达到耐火极限。

（1）失去支持能力。失去支持能力指构件在受到火焰或高温作用下，由于构件材质性能的变化，使承载能力和刚度降低，承受不了原设计的荷载而被破坏。例如受火作用后的钢筋混凝土梁失去支承能力，钢柱失稳破坏；非承重构件自身解体或垮塌等，均属失去支持能力。

（2）完整性被破坏。完整性被破坏指薄壁分隔构件在火中高温作用下，发生爆裂或局部塌落，形成穿透裂缝或孔洞，火焰穿过构件，使其背面可燃物燃烧起火。例如受火作用后的板条抹灰墙，内部可燃板条先行自燃，一定时间后，背火面的抹灰层龟裂脱落，引起燃烧起火；预应力钢筋混凝土楼板使钢筋失去预应力，发生炸裂，出现孔洞，使火苗蹿到上层房间。在实际中这类火灾相当多。

（3）失去隔火作用。失去隔火作用指具有分隔作用的构件，背火面任一点的温度达到220℃时，构件失去隔火作用。例如一些燃点较低的可燃物（纤维系列的棉花、纸张、化纤品等）烤焦后以致起火。

# 任务 2.2  建筑模数协调统一标准

- **任务的提出**

    试分析附图中的尺寸标准运用哪些建筑模数。
- **任务分析**

    建筑模数是选定的尺寸单位，作为尺度协调中的增值单位。
- **任务的实施**

    为了实现工业化大规模生产，使用不同材料、不同形式和不同制造方法的建筑构配件、组合件具有一定的通用性和互换性，在建筑业中必须共同遵守 GB/T 5002—2013《建筑模数协调标准》，以下简称《标准》。

## 2.2.1  建筑模数的概念

建筑模数是选定的尺寸单位，作为尺度协调中的增值单位，也是建筑设计、建筑施工、建筑材料与制品、建筑设备、建筑组合件等各部门进行尺寸协调的基础。

## 2.2.2  建筑模数的内容

### 2.2.2.1  基本模数

选定的标准尺寸单位，用 M 表示，1M＝100mm。整个建筑物和建筑物的一部分以及建筑组合件的模数化尺寸，应是基本模数的倍数。

### 2.2.2.2  导出模数

1. 扩大模数

扩大模数指基本模数的整数倍。

（1）水平扩大模数。基数为 3M、6M、12M、15M、30M、60M 等六个。相应的尺寸分别为 300mm、600mm、1200mm、1500mm、3000mm、6000mm。

（2）竖向扩大模数。基数为 3M 和 6M。其相应的尺寸为 300mm 和 600mm。

2. 分模数

分模数是基本模数的分数值。其基数为 1/10M、1/5M、1/2M，其相应的尺寸为

10mm、20mm、50mm。

3. 模数数列

模数数列是指由基本模数、扩大模数、分模数为基础扩展成的一系列尺寸。模数数列应按表2.3采用。

模数数列的适用范围如下:

(1) 水平基本模数1M至20M的数列,应主要用于门窗洞口和构配件截面等处。

(2) 竖向基本模数1M至36M的数列,应主要用于建筑物的层高、门窗洞口和构配件截面等处。

(3) 水平扩大模数3M、6M、12M、15M、30M、60M的数列,应主要用于建筑物的开间或柱距、进深或跨度、构配件尺寸和门窗洞口等处。

(4) 竖向扩大模数3M数列,应主要用于建筑物的高度、层高和门窗洞口等处。

(5) 分模数1/10M、1/5M、1/2M的数列,应主用于缝隙、构造节点、构配件截面等处。

表 2.3　　　　　　　　　　　　　　模　数　数　列　　　　　　　　　　　　单位:mm

| 基本模数 | 扩 大 模 数 | | | | | | 分 模 数 | | |
|---|---|---|---|---|---|---|---|---|---|
| 1M | 3M | 6M | 12M | 15M | 30M | 60M | 1/10M | 1/5M | 1/2M |
| 100 | 300 | 600 | 1200 | 1500 | 3000 | 6000 | 10 | 20 | 50 |
| 100 | 300 | | | | | | 10 | | |
| 200 | 600 | 600 | | | | | 20 | 20 | |
| 300 | 900 | | | | | | 30 | | |
| 400 | 1200 | 1200 | 1200 | | | | 40 | 40 | |
| 500 | 1500 | | | 1500 | | | 50 | | 50 |
| 600 | 1800 | 1800 | | | | | 60 | 60 | |
| 700 | 2100 | | | | | | 70 | | |
| 800 | 2400 | 2400 | 2400 | | | | 80 | 80 | |
| 900 | 2700 | | | | | | 90 | | |
| 1000 | 3000 | 3000 | | 3000 | 3000 | | 100 | 100 | 100 |
| 1100 | 3300 | | | | | | 110 | | |
| 1200 | 3600 | 3600 | 3600 | | | | 120 | 120 | |
| 1300 | 3900 | | | | | | 130 | | |
| 1400 | 4200 | 4200 | | | | | 140 | 140 | |
| 1500 | 4500 | | | 4500 | | | 150 | | 150 |
| 1600 | 4800 | 4800 | 4800 | | | | 160 | 160 | |
| 1700 | 5100 | | | | | | 170 | | |
| 1800 | 5400 | 5400 | | | | | 180 | 180 | |
| 1900 | 5700 | | | | | | 190 | | |
| 2000 | 6000 | 6000 | 6000 | 6000 | 6000 | 6000 | 200 | 200 | 200 |

续表

| 基本模数 | 扩 大 模 数 | | | | | | 分 模 数 | | |
|---|---|---|---|---|---|---|---|---|---|
| 1M | 3M | 6M | 12M | 15M | 30M | 60M | 1/10M | 1/5M | 1/2M |
| 2100 | 6300 | | | | | | | 220 | |
| 2200 | 6600 | 6600 | | | | | | 240 | |
| 2300 | 6900 | | | | | | | | 250 |
| 2400 | 7200 | 7200 | | | | | | 260 | |
| 2500 | 7500 | | 7200 | | | | | 280 | |
| 2600 | | 7800 | | 7500 | | | | 300 | 300 |
| 2700 | | 8400 | 8400 | | | | | 320 | |
| 2800 | | 9000 | | 9000 | 9000 | | | 340 | |
| 2900 | | 9600 | 9600 | | | | | | 350 |
| 3000 | | | | 10500 | | | | 360 | |
| 3100 | | | 10800 | | | | | 380 | |
| 3200 | | | 12000 | 12000 | 12000 | 12000 | | 400 | 400 |
| 3300 | | | | 15000 | | | | | 450 |
| 3400 | | | | 18000 | 18000 | | | | 500 |
| 3500 | | | | 21000 | | | | | 550 |
| 3600 | | | | 24000 | 24000 | | | | 600 |
| | | | | 27000 | | | | | 650 |
| | | | | 30000 | 30000 | | | | 700 |
| | | | | 33000 | | | | | 750 |
| | | | | 36000 | 36000 | | | | 800 |
| | | | | | | | | | 850 |
| | | | | | | | | | 900 |
| | | | | | | | | | 950 |
| | | | | | | | | | 1000 |

# 任务 2.3　建筑的定位轴线及编号

**· 任务的提出**

　　试分析附图中的定位轴线的编号，找出规律性。

**· 任务解析**

　　根据定位轴线的划分原则和建筑制图标准，对照附图找出规律性。

**· 任务的实施**

　　定位轴线是定位轴面在水平面或垂直面的投影线，用来确定建筑物主要结构构件位置及其标志尺寸的基准线，同时也是施工放线的基线。用于平面时称平面定位轴线；用于竖向时称为竖向定位轴线。

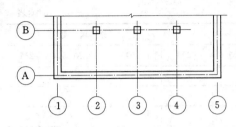

图 2.1 定位轴线的编号顺序

### 2.3.1 平面定位轴线

#### 2.3.1.1 平面定位轴线及编号

平面定位轴线应设横向定位轴线和纵向定位轴线。横向定位轴线的编号用阿拉伯数字从左至右顺序编写；纵向定位轴线的编号用大写的拉丁字母从下至上顺序编写（图2.1）。定位轴线也可分区编号，注写形式为"分区号—该区轴线号"（图2.2）。当平面为圆形或折线形时，轴线的编写分别按图示方法进行（图2.3、图2.4）。

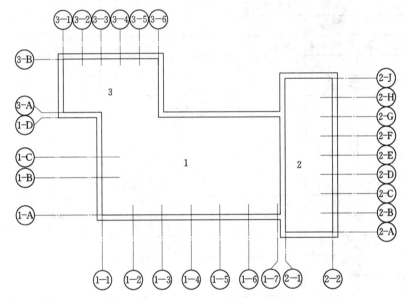

图 2.2 定位轴线的分区编号

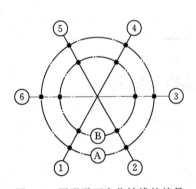

图 2.3 圆形平面定位轴线的编号

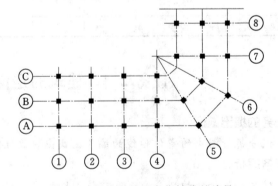

图 2.4 折线形平面定位轴线的编号

#### 2.3.1.2 平面定位轴线的标定

1.混合结构建筑

（1）砖墙的平面定位轴线。承重外墙顶层墙身内缘与定位轴线的距离应为120mm，如图 2.5（a）所示；承重内墙顶层墙身中心线应与定位轴线相重合，如图 2.5（b）所示。

（2）变形缝处定位轴线。为了满足变形缝两侧结构处理的要求，变形缝处通常设置双轴线。

1）当变形缝处一侧为墙体，另一侧为墙垛时，墙垛的外缘应与平面定位轴线重合。当墙体是外承重墙时，平面定位轴线距顶层墙内缘 120mm；当墙体是非承重墙时，平面定位轴线应与顶层墙内缘重合，如图 2.6 所示。

2）当变形缝两侧均为墙体时，如两侧墙体均为承重墙时，平面定位轴线应分别设在距顶层墙内缘 120mm 处；当两侧墙体均按非承重墙处理时，平面定位轴线应分别与顶层墙体内缘重合，如图 2.7 所示。

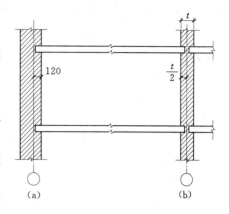

图 2.5　混合结构墙体定位轴线

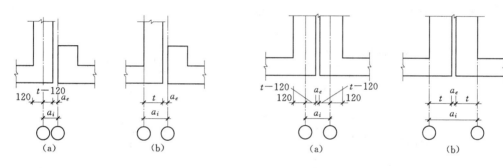

图 2.6　变形缝定位轴线（变形缝一侧有墙体）　　图 2.7　变形缝定位轴线（变形缝两侧有墙体）

### 2.　框架结构建筑

中柱定位轴线一般与顶层柱截面中心线相重合，如图 2.8（a）所示。边柱定位轴线一般与顶层柱截面中心线相重合或距柱外缘 250mm 处，如图 2.8（b）所示。

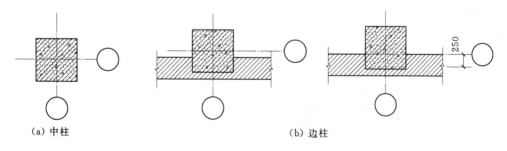

（a）中柱　　　　　　　　　　　　　　　　　　（b）边柱

图 2.8　框架结构柱定位轴线

## 2.3.2　标高及构件的竖向定位

### 2.3.2.1　标高的种类及关系

1. 绝对标高

绝对标高又称绝对高程或海拔高度，我国的绝对标高是以青岛港验潮站历年纪录的黄海平均海平面为基准,并在青岛市一个山洞建立了水准原点,其绝对标高为72.260m,于1987年5月正式通告启用,并定名为"1985国家高程基准"。全国各地的绝对标高都以它为基准测算。

**2. 相对标高**

根据工程需要而自行选定的基准面,即为相对标高或假定标高。一般将建筑物底层地面定为相对标高零点,用±0.000表示。相对标高所对应的绝对标高减去室外地面的绝对标高即为建筑物的室内外高差。

**3. 建筑标高**

上下各层楼地面标高之间的竖向距离(也称层高)。

**4. 结构标高**

楼地层结构表面的标高。建筑标高减去楼地面面层厚度即为结构标高。

### 2.3.2.2 建筑构件的竖向定位

**1. 楼地面的竖向定位**

楼地面的竖向定位应与楼地面的上表面重合,即用建筑标高标注,如图2.9所示。

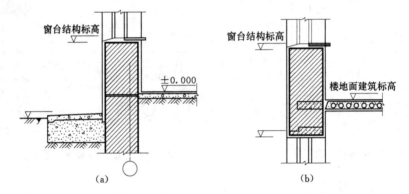

图2.9 楼地面、门窗洞口的竖向定位

**2. 屋面的竖向定位**

屋面的竖向定位应为屋面结构层的上表面与距墙内缘120mm处或与墙内缘重合处的外墙定位轴线的相交处,即用结构标高标注,如图2.10所示。

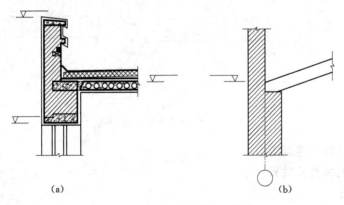

图2.10 屋面、檐口的竖向定位

3. 门窗洞口的竖向定位

门窗洞口的竖向定位与洞口结构层表面重合，为结构标高，如图 2.9 所示。

### 2.3.3　几种尺寸及其相互关系

#### 2.3.3.1　标志尺寸

用以标注建筑物定位轴线之间的距离（跨度、柱距、层高等）以及建筑制品、建筑构配件、组合件、有关设备位置界限之间的尺寸，如图 2.11 所示。

#### 2.3.3.2　构造尺寸

构造尺寸是生产、制造建筑构配件、建筑组合件、建筑制品等的设计尺寸，一般情况下，构造尺寸为标志尺寸减去缝隙或加上支承尺寸，如图 2.11 所示。

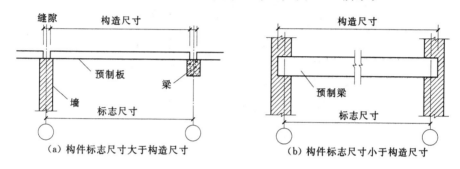

图 2.11　几种尺寸间的相互关系

#### 2.3.3.3　实际尺寸

实际尺寸是建筑构配件、建筑组合件、建筑制品等生产制作后的实有尺寸，实际尺寸与构造尺寸之间的差数应符合建筑公差的规定。

# 任务 2.4　建筑的构造组成及其作用

- **任务的提出**

根据附图指出该建筑的基本构造及每个部分的作用。

- **任务解析**

根据已经具备的基本知识和附图写出一栋民用建筑的构造组成及每个部分的作用。

- **任务的实施**

一幢建筑，一般是由基础、墙或柱、楼板层、楼梯、屋顶和门窗等六大部分所组成，如图 2.12 所示。

1. 基础

基础是房屋底部与地基接触的承重结构，它的作用是把房屋上部的荷载传给地基。

2. 墙

墙是建筑物的承重结构和围护构件。

3. 楼板层

楼板层是水平方向的承重结构，并用来分隔楼层之间的空间。

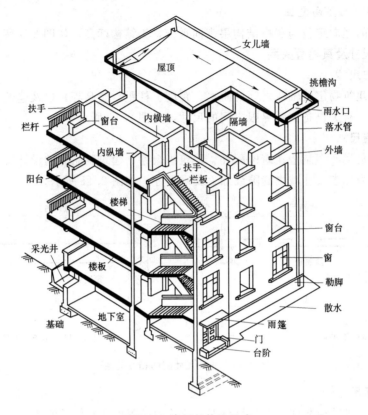

图 2.12　房屋的构造组成

4. 楼梯

楼梯是房屋的垂直交通工具，作为人们上下楼层和发生紧急事故时疏散人流之用。

5. 屋顶

屋顶是房屋顶部的围护构件，抵抗风、雨、雪的侵袭和太阳辐射热的影响。屋顶又是房屋的承重结构，承受风、雪和施工期间的各种荷载。

6. 门窗

门窗属于非承重构件，是建筑必要的维护构件。门主要是用于水平交通、分割房间、兼有通风采光等功能。窗主要用于采光和通风。

建筑除上述六大基本组成部分以外，对不同使用功能的建筑物，还有许多特有的构件和配件，如阳台、雨篷、台阶、散水、排烟道等。这些构件为建筑物提供了更多的设计空间，更方便了人们对建筑物的使用。

## 任务 2.5　影响建筑构造的因素及设计原则

• 任务的提出

影响建筑构造的因素以及建筑的设计原则是什么？

**·任务解析**

建筑构造因素包括外界环境、建筑技术条件、建筑标准等，设计原则要符合我国的建筑方针。

**·任务的实施**

### 2.5.1 影响建筑构造的因素

#### 2.5.1.1 外界环境的影响

1. 外界作用力的影响

作用在建筑物上的各种外力统称为荷载。荷载可分为恒荷载（如结构自重）和活荷载（如人群、家具、风雪及地震荷载）两类。荷载的大小是建筑结构设计的主要依据。也是结构选型及构造设计的重要基础，起着决定构件尺度、用料多少的重要作用。

2. 气候条件的影响

太阳的辐射热，自然界的风、雨、雪、霜、地下水等构成了影响建筑物的多种因素。故在构造上对各有关构、配件及部位采取必要的防护措施，如防潮、防寒、隔热、防温度变形等。

3. 各种人为因素的影响

人为因素如噪声、振动、化学辐射、爆炸、火灾等。应通过在房屋相应的部位采取可靠的构造措施提高房屋的生存能力。

#### 2.5.1.2 建筑技术条件的影响

建筑技术条件指建筑材料技术、结构技术和施工技术等。随着这些技术的不断发展和变化，建筑构造技术也在改变着。如砖混结构构造不可能和钢筋混凝土构造相同。所以建筑的构造做法不能脱离一定的建筑技术条件而存在。

#### 2.5.1.3 建筑标准的影响

建筑标准所包含的内容较多，与建筑构造关系密切的主要有建筑的造价标准、建筑装修标准和建筑设备标准。标准高的建筑，其装修质量好，设备齐全且档次高，自然建筑的造价也较高；反之，则较低。

### 2.5.2 建筑构造的设计原则

"适用、经济、在可能的条件下注意美观"是中国建筑设计的总方针，在构造设计中必须遵守。在建筑构造设计中，设计者要全面考虑影响建筑构造的各个因素。对交织在一起的错综复杂的矛盾，要分清主次，权衡利弊而求得妥善处理。通常设计应遵循"坚固适用、技术先进、经济合理、生态环保与美观大方"的原则。

1. 坚固适用

在构造方案上，首先应考虑房屋的整体刚度，保证安全可靠，经久耐用。即在满足功能要求、考虑材料供应和结构类型以及施工技术条件的情况下，合理地确定构造方案，在构造上保证房屋构件之间连接可靠，使房屋整体刚度强、结构安全稳定。

2. 技术先进

在建筑构造设计中，应该从材料、结构、施工三个方面引入先进技术，但同时必须注意因地制宜，不能脱离实际。即在进行构造设计时，结合当地当时的实际条件，积极推广先进的结构和施工技术，选择各种高效能的建筑材料。

### 3. 经济合理

在建筑构造设计时，处处都应考虑经济合理。即在材料选用和构造处理上，要因地制宜，就地取材，注意节约钢材、水泥、木材这三大材料，并在保证质量的前提下尽可能降低造价。

### 4. 生态环保

建筑构造设计是初步设计的继续和深入，必须通过技术手段来控制污染、保护环境，从而设计出既坚固适用、技术先进，又经济合理；既美观大方，又有利于环境保护的新型建筑。

### 5. 美观大方

建筑构造设计不仅要创造出坚固适用的室内外空间环境，还要考虑人们对建筑物美观方面的要求，即在处理建筑的细部构造时，要做到坚固适用、美观大方，丰富建筑的艺术效果，让建筑给人以良好的精神享受。

## 课 后 自 测 题

1. 民用建筑有哪些部分组成？各组成部分的作用是什么？
2. 建筑构造设计应遵循的原则有哪些？
3. 建筑物按耐火等级分几级？是根据什么确定的？
4. 什么叫燃烧性能和耐火极限？
5. 什么叫建筑模数？建筑模数适用的范围是什么？
6. 砖墙的定位轴线如何定位？定位轴线如何编号？
7. 什么叫标志尺寸和构造尺寸？它们有何关系？

# 项目 3　基　础　与　地　下　室

## 任务 3.1　地基和基础的基本概念

**·任务的提出**

　　基础和地基是一个概念吗？地基也是建筑物的一部分吗？

**·任务解析**

　　基础和地基名称不同，作用也不同，但是大多数人把这两个概念弄混淆，应给予区分。

**·任务的实施**

　　基础是建筑物最下部的承重构件，是建筑物的组成部分；而地基是支承建筑物的土层，并不是建筑物的组成部分，这是两者最本质的区别。

### 3.1.1　基础与地基的概念

1. 基础

　　基础是建筑物重要组成部分。基础是建筑地面以下的承重构件，是建筑的下部结构。它承受建筑物上部结构传下来的全部荷载，并把这些荷载连同本身的重量一起传到地基上。全部荷载是通过基础的底面传给地基的。

2. 地基

　　地基不是建筑物组成部分。地基是承受由基础传下的荷载的土层（含各种岩石层）。地基承受建筑物荷载而产生的应力和应变随着土层深度的增加而减小，在达到一定深度后就可忽略不计。直接承受建筑荷载的土层为持力层。持力层以下的土层为下卧层。地基容许承载力指地基每平方米所能承受的最大压力。主要根据地基本身土的特性确定，同时也与建筑物的结构构造和使用要求等因素有一定关系，如图 3.1 所示。

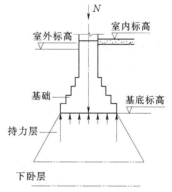

图 3.1　基础与地基

### 3.1.2　地基的分类

1. 天然地基

　　具有足够承载力的天然土层可以直接在天然土层上建造基础。岩石、碎石、砂石等可作为天然地基。

2. 人工地基

　　天然土层的承载力不能满足荷载要求，必须对土层进行人工加固，进行加固的地基称为人工地基。常用的方法有：压实法、换土法、化学加固法、打桩法等，人工地基费料费工,造价高。

### 3.1.3 地基与基础的设计要求

**1. 地基承载能力和均匀程度的要求**

建筑物的建造地址尽可能选在地基土的地耐力较高且分布均匀的地段,如岩石类、碎石类等。若地基土质不均匀,会给基础设计增加困难。若处理不当将会使建筑物发生不均匀沉降,而引起墙身开裂,甚至影响建筑物的使用。

**2. 基础强度和耐久性的要求**

基础是建筑物的重要承重构件,它对整个建筑的安全起着保证作用。因此,基础所用的材料必须具有足够的强度,才能保证基础能够承担建筑物的荷载并传递给地基。

基础是埋在地下的隐蔽工程,由于它在土中经常受潮,而且建成后检查和加固也很困难,所以在选择基础的材料和构造形式等问题时,应与上部结构的耐久性相适应。

**3. 基础工程应注意经济问题**

基础工程约占建筑总造价的 10%～40%,降低基础工程的投资是降低工程总投资的重要一环。因此,在设计中应选择较好的土质地段,对需要特殊处理的地基和基础,尽量使用地方材料,并采用恰当的形式及构造方法,从而节省工程投资。

## 任务3.2 基础的埋置深度及影响因素

- **任务的提出**

  附图中的基础深度是多少?基础埋置深度的取值与哪些因素有关?

- **任务解析**

  确定基础的埋置深度应考虑从室外地面算起还是室内地面,基础应深埋还是浅埋,自身受荷大小、外界环境以及经济等条件分析。

- **任务的实施**

  基础的埋深应从室外地坪算至基础底面,且在保证安全使用的前提下,应优先选用浅基础,可降低工程造价。

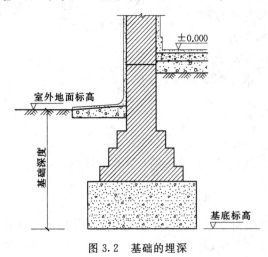

图 3.2 基础的埋深

### 3.2.1 基础埋置深度的定义

基础埋深是从室外地坪算起的。室外地坪分自然地坪和设计地坪,自然地坪是指施工地段的现有地坪,而设计地坪是指按设计要求工程竣工后室外场地经垫起或开挖后的地坪。基础埋置深度是指设计室外地坪到基础底面的距离(图3.2)。根据基础埋置深度的不同,基础分为浅基础和深基础。一般情况下,基础埋置深度不大于 5m 称为浅基础;超过 5m 称为深基础。在确定基础的埋深时,应优先选用浅基础。它的特点是:构造简单,施工方便,造价低廉且不需要特殊施工设备。只有在表层土质极弱或总荷载较大或其他特殊情况下，才选用深基础。但基础的埋深也不能过小，至少不能小于 0.5m。因为地基受到建筑荷载作用后可能将四周土挤走，使基础失稳；或地面受到雨水冲刷、机械破坏而导致基础暴露，影响建筑的安全。

### 3.2.2 影响基础埋置深度的因素

#### 3.2.2.1 地基土层构造影响

房屋必须建造在坚实的地基上。依地基土层分布不同，通常有以下几种情况：

（1）土质均匀的良好土，基础宜浅埋，但不得低于 500mm。

（2）上层软土不超过 2m，下层为好土，基础宜埋在好土内。

（3）上层软土在 2.5～5m 之间，下层为好土，对于低层、轻型建筑可埋在软土内；总荷载较大的建筑宜埋在好土内。

（4）上层软土大于 5m，下层为好土，低层、轻型建筑可埋在软土内；总荷载较大的建筑宜埋在好土内或采用人工地基。

（5）上层为好土，下层为软土，应把基础埋在好土内，适当提高基础底面，并验算下卧层顶面处压力。

（6）地基由好土与软土交替组成，总荷载大的基础可采用人工地基或将基础埋深至好土中。

#### 3.2.2.2 地下水位的影响

土壤含水量的大小对其承载力影响很大。如黏性土遇水后，体积膨胀，使土的承载力降低。因此为避免地下水的变化影响地基承载力，并防止地下水对基础施工带来麻烦，一般尽量争取将基础底面埋在最高水位以上位置。

当地下水位较高时，基础底面不能埋在最高水位以上，为减少地下水位的升降变化对基础和地基承载力的影响，宜将基础底面埋置到最低地下水位 200mm 以下位置。此时基础应采用耐水材料。

#### 3.2.2.3 土冻结深度的影响

地面以下的冻结土与非冻结土的分界线称为冰冻线。如果基础底面以下的土层发生冻胀，会使基础隆起；如果融陷，会使基础下沉，因此基础埋深最好设在当地冰冻线以下。其中岩石及砂砾、粗砂、中砂类的土质对冰冻的影响不大。由于各地区气温不同，冻结深度也不同。温暖和炎热地区冻结深度较小，如上海仅为 0.12～0.2m；严寒地区冻结深度较大，如哈尔滨达 1.9～2m。

#### 3.2.2.4 其他因素对基础埋深的影响

1. 建筑物的特点和性质

建筑物的特点是指有无地下室、设备基础和地下设施；是多层建筑还是高层建筑。若为高层建筑，其基础埋深应为地上建筑物总高的 1/10。对于不同性质的建筑物如工业建筑、民用建筑等应满足其各自的安全性和适用性。

2. 建筑物的荷载大小和性质

建筑物作用在地基上的荷载，应根据其大小和性质的不同，选择基础的类型、面积和埋深。一般的，在满足结构安全、构造合理的情况下，基础的埋深尽量浅一些，以降低基础的造价。

3. 相邻建筑物对基础埋深的影响

当存在相邻建筑物时，新建筑物的基础埋深不宜大于原有建筑基础。如果新建筑基础埋深大于原有建筑，两基础间应保持一定净距，其数值应根据荷载大小、土质情况而定，一般取相邻基础底面高差的1～2倍。若其间距不满足时，也可采用加固原有建筑物地基或分段施工、设临时加固支撑等措施。

# 任务 3.3　基础的类型与构造

**· 任务的提出**

基础按照不同的特点，有很多种不同的分法。附图中包含哪些基础类型？

**· 任务解析**

研究基础的类型是为了经济合理地选择基础的形式和材料，确定其构造。基础的分类首先可考虑按材料分，不同材料的受力特性不同。再者可以按构造形式的不同来分，以便与《建筑结构》相关知识结合起来。

**· 任务的实施**

按基础所用材料及受力特点分，有刚性基础和柔性基础；按构造形式分有条形基础、独立基础、筏形基础、井格基础、箱形基础和桩基础等。

## 3.3.1　按材料及受力特点分类

1. 刚性基础

由刚性材料制作的基础称为刚性基础。一般指抗压强度高，而抗拉、抗剪强度较低的材料。常用的有砖、灰土、混凝土、三合土、毛石等。为满足地基容许承载力的要求，基底宽 $B$ 一般大于上部墙宽，为了保证基础不被拉力、剪力而破坏，基础必须具有相应的高度。通常按刚性材料的受力状况，基础在传力时只能在材料的容许范围内控制，这个控制范围的夹角称为刚性角，用 $\alpha$ 表示。刚性基础的宽度大小应能使所产生的基础截面弯曲拉应力和剪应力不超过基础圬工材料（砖、石、素混凝土等）的强度限值。满足了这个要求，就得到墩台身边缘处的垂线与基底边缘的连线间的最大夹角 $\alpha_{max}$，即称为刚性角。砖、石基础的刚性角控制在 $(1:1.25) \sim (1:1.50)$ $(26°～33°)$ 以内，混凝土基础刚性角控制在 $1:1$ $(45°)$ 以内，如图 3.3 所示。

2. 非刚性基础

当建筑物的荷载较大而地基承载能力较小时，基础底面 $B$ 必须加宽，如果仍采用砖、石、混凝土材料做基础，势必加大基础的深度，这样很不经济。如果在混凝土基础的底部配以钢筋，利用钢筋来承受拉应力，使基础底部能够承受较大的弯矩，这时，基础宽度不受刚性角的限制，故称钢筋混凝土基础为非刚性基础或柔性基础，如图 3.4 所示。

阶梯形基础每阶高度一般为 300～500mm，当基础高度大于 600mm 而小于 900mm 时，阶梯形基础分为二级；当基础高度大于 900mm 时，则分为三级。每级伸出宽度不应大于 2.5 倍。当采用锥形基础时，其顶部每边应沿柱边放出 50mm。由于阶梯形基础

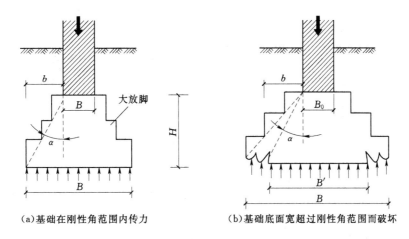

(a)基础在刚性角范围内传力　　　　　　(b)基础底面宽超过刚性角范围而破坏

图 3.3　刚性基础的受力、传力特点

的施工质量较易保证，宜优先考虑采用。钢筋混凝土基础的受力钢筋应双向布置，如图 3.4 所示。上部结构柱或墙等的纵向钢筋应插入至基础受力钢筋网上部，并按要求进行直锚。

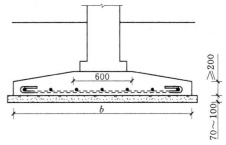

图 3.4　柔性基础

### 3.3.2　按构造形式分类

#### 1. 条形基础

当建筑物上部结构采用墙承重时，基础沿墙身设置，多做成长条形，这类基础称为条形基础或带形基础，是墙承式建筑基础的基本形式，如图 3.5 所示。

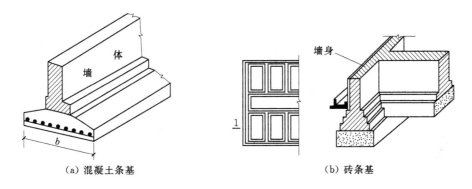

（a）混凝土条基　　　　　　　　　　（b）砖条基

图 3.5　条形基础

#### 2. 独立式基础

当建筑物上部结构采用框架结构或单层排架结构承重时，基础常采用独立式基础，独立式基础是柱下基础的基本形式。当柱采用预制构件时，则基础做成杯口形，然后将柱子插入并嵌固在杯口内，故称杯形基础，如图 3.6 所示。

  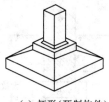

（a）阶梯形　　　　　　　　（b）锥形　　　　　　　（c）杯形（预制构件）

图 3.6　独立式基础

**3. 井格式基础**

当地基条件较差，为了提高建筑物的整体性，防止柱子之间产生不均匀沉降，常将柱下基础沿纵横两个方向扩展连接起来，做成十字交叉的井格基础，如图 3.7 所示。

**4. 片筏式基础**

当建筑物上部荷载大，而地基又较弱，这时采用简单的条形基础或井格基础已不能适应地基变形的需要，通常将墙或柱下基础连成一片，使建筑物的荷载承受在一块整板上成为片筏基础。片筏基础有平板式和梁板式两种，梁板片筏式基础如图 3.8 所示。

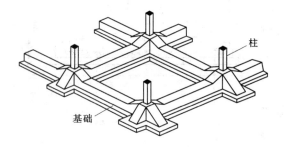 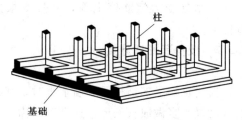

图 3.7　井格式基础　　　　　　　　　图 3.8　梁板片筏式基础

**5. 箱形基础**

当板式基础做得很深时，常将基础改做成箱形基础。箱形基础是由钢筋混凝土底板、

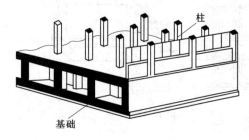

图 3.9　箱形基础

顶板和若干纵、横隔墙组成的整体结构，基础的中空部分可用作地下室（单层或多层的）或地下停车库。箱形基础整体空间刚度大，整体性强，能抵抗地基的不均匀沉降，较适用于高层建筑或在软弱地基上建造的重型建筑物，如图 3.9 所示。

**6. 桩基础**

当建筑物荷载较大，地基的软弱土层厚度在 5m 以上，基础不能埋在软弱土层，或对软弱土层进行人工处理不经济时，常采用桩基础，如图 3.10 所示。

桩基础能节约材料，减少挖填土石方工程量；并能承受较大荷载，减少建筑物不均匀沉降；作用时对地基有挤密作用，经常有较好的抗震性能。

（a）墙下桩基础　　　　（b）柱下桩基础

图 3.10　桩基础

### 3.3.3　基础类型的综合运用

各种基础类型，不仅能单独使用，而且会根据具体建筑物所在地、结构形式、受力情况等综合考虑，多种基础形式同时运用，以满足具体的要求，如图 3.11 所示。

（a）刚性基础与柔性基础　　　　（b）条形基础与独立基础

图 3.11　基础的使用

# 任务 3.4　地下室防水、防潮及采光的构造

**· 任务的提出**

什么是地下室？地下室的作用是什么？地下室的防潮防水构造有什么特点？

**· 任务解析**

为了在有限的占地面积内争取到更多的使用空间，满足更多的使用要求而出现了地下室这一构造。由于地下室处在地下，直接接触湿润的土壤甚至地下水，所以在防潮防水方面应特别注意。

**· 任务的实施**

地下室是建筑物底层下面的房间，可作安装设备、储藏存放、商场、餐厅、车库及战备防空等多种用途。当高层建筑的基础埋深很深时，利用这一深度建造一层或多层地下室，并不需要增加太多的投资，比较经济。地下室的外墙和底板在使用过程中受到地下潮气、地下水的侵蚀。若处理不当，轻则室内潮湿，地面及墙面出现霉变、脱落，影响人体健康；重则地下室进水，不能使用从而影响建筑物的耐久性。

### 3.4.1 地下室的构造组成

建筑物下部的地下使用空间称为地下室。地下室一般由墙身、底板、顶板、门窗、楼梯等部分组成，如图 3.12 所示。

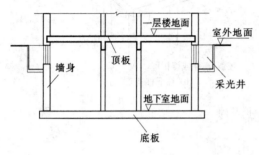

图 3.12 地下室的组成

**1. 墙体**

地下室的外墙应按挡土墙设计，如用钢筋混凝土或素混凝土墙，应按计算确定，其最小厚度除应满足结构要求外，还应满足抗渗厚度的要求。其最小厚度不低于 300mm，外墙应作防潮或防水处理，如用砖墙（现在较少采用）其厚度不小于 490mm。

**2. 顶板**

可用预制板、现浇板，或者在预制板上做现浇层（装配整体式楼板）。如为防空地下室，必须采用现浇板，并按有关规定决定厚度和混凝土强度等级，在无采暖的地下室顶板上，即首层地板处应设置保温层，以利首层房间的使用舒适。

**3. 底板**

底板处于最高地下水位以上，并且无压力作用的可能时，可按一般地面工程处理，即垫层上现浇混凝土 60～80mm 厚，再做面层；如底板处于最高地下水位以下时，底板不仅承受上部垂直荷载，还承受地下水的浮力荷载，因此应采用钢筋混凝土底板，并双层配筋，底板下垫层上还应设置防水层，以防渗漏。

**4. 门窗**

普通地下室的门窗与地上房间门窗相同，地下室外窗如在室外地坪以下时，应设置采光井和防护蓖，以利室内采光、通风和室外行走安全。防空地下室一般不允许设窗，如需开窗，应设置战时堵严措施。防空地下室的外门应按防空等级要求，设置相应的防护构造。

**5. 楼梯**

可与地面上房间结合设置，层高小或用作辅助房间的地下室，可设置单跑楼梯，有防空要求的地下室至少要设置两部楼梯通向地面的安全出口，并且必须有一个是独立的安全出口。这个安全出口周围不得有较高建筑物，以防空袭倒塌堵塞出口影响疏散。

### 3.4.2 地下室的分类

**1. 按埋入地下深度的不同分类**

（1）全地下室。全地下室是指地下室地面低于室外地坪的高度超过该房间净高的 1/2。

（2）半地下室。半地下室是指地下室地面低于室外地坪的高度为该房间净高的 1/3～1/2。

**2. 按使用功能的不同分类**

（1）普通地下室。一般用作高层建筑的地下停车库、设备用房；根据用途及结构需要可做成一层、二层、三层、多层地下室，如图 3.13 所示。

（2）人防地下室。结合人防要求设置的地下空间，用以应付战时情况下人员的隐蔽和疏散，并有具备保障人身安全的各项技术措施。

### 3.4.3　地下室的采光

地下室通常利用采光井采光。采光井亦称"窗井"，如图 3.14 所示。

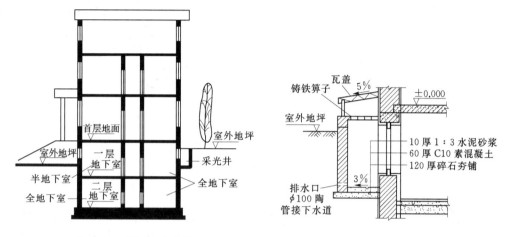

图 3.13　地下室的分类　　　　图 3.14　采光井的构造

1. 建筑物外部

地下室外及半地下室两侧外墙采光口外设的井式结构物主要解决建筑内个别房间采光不好的问题。同时采光井还兼具通风和景观的作用。

2. 建筑物内部

大型公共建筑采用四面围合，中间呈井的形式，内部建造内天井，将光线不足的房间布置于内天井四周，通过天井来解决采光、通风不足的问题。一般多用于商场、酒店、政府办公楼，采光井构造如图 3.14 所示。

### 3.4.4　地下室的防潮与防水

地下室由于经常受到下渗地表水、土壤中的潮气和地下水的侵蚀。因此，防潮、防水问题便成了地下室设计中所要解决的一个重要问题。由于忽视防潮、防水工作或处理不当，会导致内墙面生霉，抹灰脱落，甚至危及地下室使用和建筑物的耐久性。因此应妥善处理地下室的防潮和防水构造。

#### 3.4.4.1　地下室的防潮

当最高地下水位低于地下室地坪且无滞水可能时，地下水不会直接浸入地下室。地下室外墙和底板只受到土层中潮气的影响时，一般只做防潮处理。

地下室的防潮是在地下室外墙外面设置防潮层。具体做法是：在外墙外侧先抹 20mm 厚 1∶2.5 水泥砂浆（高出散水 300mm 以上），然后涂冷底子油一道和热沥青两道（至散水底），最后在其外侧回填隔水层。北方常用 2∶8 灰土，南方常用炉渣，其宽度不少于 500mm。

地下室顶板和底板中间位置（墙体等）应设置水平防潮层，使整个地下室防潮层连成整体，以达到防潮目的，如图 3.15 所示。

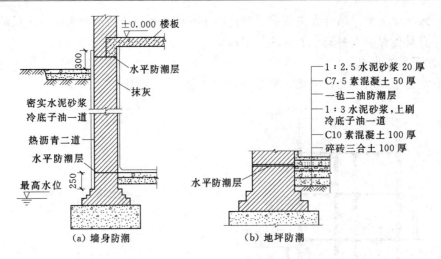

图 3.15　地下室防潮处理

### 3.4.4.2　地下室的防水

当最高地下水位高于地下室地坪时，地下水不仅可以浸入地下室，而且地下室外墙和底板还分别受到地下水的侧压力和浮力。水压力大小与地下水高出地下室地坪高度有关，高差越大，压力越大。这时，对地下室必须采取防水处理。

常用的地下室防水措施有以下三种。

**1. 沥青卷材防水**

卷材防水是以沥青胶为胶结材料的一层或多层防水层。根据卷材与墙体的关系，可分为内防水和外防水。

卷材铺贴在地下室外墙外表面的做法称为外防水（又称外包防水）。此外，还有将防水卷材铺贴在地下室外墙内表面的内防水做法（又称内包防水）。这种防水方案对防水不太有利，但施工简便，易于维修，多用于修缮工程。

地下室水平防水层的做法，先是在垫层上作水泥砂浆找平层，找平层上涂冷底子油，底面防水层就铺贴在找平层上。最后做好基坑回填隔水层（黏土或灰土）和滤水层（砂），并分层夯实，如图 3.16 所示。

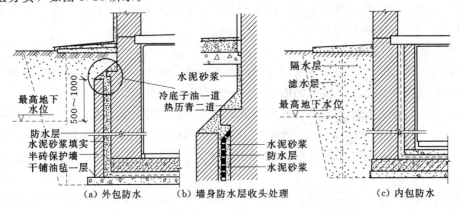

图 3.16　地下室卷材防水构造

## 2. 防水混凝土防水

混凝土防水结构是由防水混凝土依靠其材料本身的憎水性和密实性来达到防水目的。分为普通混凝土和掺外加剂防水混凝土两类，如图 3.17 所示。

## 3. 弹性材料防水

我国目前采用的弹性防水材料有：①三元乙丙橡胶卷材；②聚氨酯涂膜防水材料。地下室防水作为隐蔽工程，应先验收，后回填，并加强施工现场的管理，以保证防水层的质量，避免后期补救工作给使用带来的不便，如图 3.18 所示。

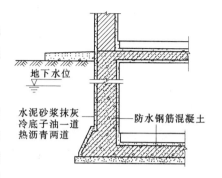

图 3.17 混凝土构件自防水

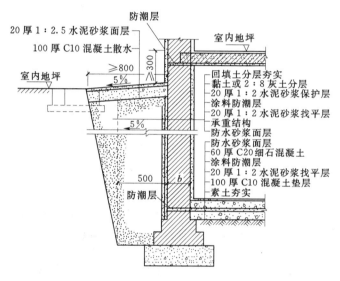

图 3.18 涂膜防水

# 课 后 自 测 题

1. 什么叫基础的埋深？影响它的因素有哪些？

2. 常见的基础类型有哪些？各有何特点？

3. 地下室防潮的构造要点有哪些？

4. 地下室在什么情况下要防水？其内外防水有何区别？

5. 抄绘地下室防水和防潮的构造图。

# 项目 4 墙 体

墙体是建筑物中不可缺少的重要组成部分。在工程设计中，合理地选择墙体材料、结构方案及构造做法将改善整个建筑物的整体性，也可起到节能环保，降低造价的作用。

## 任务 4.1 墙体的类型、作用及设计要求

• **任务的提出**

平面图、剖面图和立面图如附图所示。①确定该建筑的墙体的类型；②确定该建筑的墙体的设计要求。

• **任务解析**

根据墙体在建筑物中的位置、受力情况、材料选用、构造施工方法的不同，可将墙体分为不同的类型；根据附图，分析该建筑物墙体的作用和设计要求。

• **任务的实施**

### 4.1.1 墙体的类型

墙体的分类多种多样（图 4.1），其常见的墙体类型按如下要求分类。

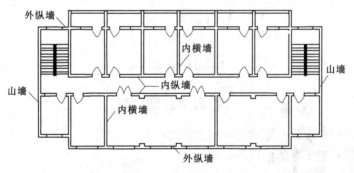

图 4.1 墙体的类型

1. 墙体按所处位置及布置方向分类

（1）按所处位置可以分为外墙和内墙。外墙位于房屋的四周，也称为外围护墙；内墙位于房屋内部，主要起分隔内部空间的作用。

（2）按布置方向分类可以分为纵墙和横墙。纵墙是沿建筑物长轴方向布置的墙，其中外纵墙又称为檐墙；横墙是沿建筑物短轴方向布置的墙，其中外横墙又称山墙。屋顶上部的房屋四周的墙称女儿墙。

2. 根据墙体与门窗的位置关系分类

平面上窗洞口之间的墙体可以称为窗间墙，立面上窗洞口之间的墙体可以称为窗

下墙。

3. 按墙体的材料分类

可分为砖墙、加气混凝土砌块墙、石材墙、板材墙、承重混凝土空心砌块墙。

4. 按墙体的受力特点分类

（1）承重墙。直接承受楼板、屋顶等上部结构传来的垂直荷载和风力、地震作用等水平荷载及自重的墙。

（2）非承重墙。不直接承受上述这些外来荷载作用的墙体。可分为以下几种：

1）自承重墙，不承受外来荷载，仅承受自身重量并将其传至基础的墙。

2）隔墙，仅起分隔房间的作用，不承受外来荷载，并把自身重量传给梁或楼板。

3）填充墙，在框架结构中，填充在柱子之间的墙。

4）幕墙，悬挂在建筑物外部的轻质墙称为幕墙，如金属幕墙、玻璃幕墙等。

5. 按墙的构造形式分类

按墙的构造形式分类：可分为实体墙、空体墙、组合墙，如图 4.2 所示。

实体墙是指砌筑材料和砌筑方式为实心无孔洞的墙体，如普通砖墙、灰砂砖墙、毛石墙等；空体墙是指砌筑材料或砌筑方式为空心的墙体，如空心砖墙、空斗墙等；组合墙是指由两种或两种以上的材料组合而成的墙体。

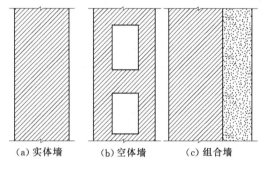

(a) 实体墙　　(b) 空体墙　　(c) 组合墙

图 4.2　墙的构造形式

6. 按施工方法分类

（1）块材墙。用砂浆等胶结材料将砖、石、砌块等组砌而成。

（2）板筑墙。在施工时，直接在墙体位置现场立模板，在模板内夯筑黏土或浇筑混凝土振捣密实而成。

（3）装配式板材墙。预先在工厂制成墙板，再运至施工现场进行安装、拼接而成。

## 4.1.2 墙体的作用

墙体既可作为围护构件，又可作为承重构件，是建筑物的重要组成部分。它对空间限定、建筑节能起着重要作用，此外墙体还具有装饰的作用。

1. 承重作用

墙体承受屋顶、楼板传给它的荷载及自重荷载、风荷载和地震荷载等。

2. 分隔作用

墙体分隔房屋内部空间，划分为若干个房间和使用空间，以适应人的使用要求。

3. 围护作用

墙体挡住了自然界的风、雨、雪、太阳辐射、噪声等对建筑物室内空间的干扰，起到保温、隔热、隔声、防风、防水等作用。

4. 装饰作用

墙面装饰是建筑装饰的重要部分，墙面装饰对整个建筑物的装饰效果作用很大。

### 4.1.3 墙体的设计要求

根据墙体所处的位置和功能不同，墙体设计应满足以下要求。

**1. 具有足够的强度和稳定性**

墙体的强度是指墙体承受荷载的能力，它与墙体所用的材料、厚度、构造及施工方式有关。墙体的稳定性则与墙体的长度、高度和宽度有关，一般通过控制墙体的高厚比来保证墙体的稳定性，同时可以通过加设壁柱、圈梁、构造柱及拉结筋等措施增加其稳定性。

**2. 具有保温隔热性能**

要求建筑的外墙应具有良好的保温能力，在采暖期尽量减少热量损失，降低能耗，保证室内温度不致过低，不出现墙体内表面产生冷凝水的现象。通常采取的保温措施如下：

（1）适当增加墙体厚度，提高墙体的热阻。

（2）选择导热系数小的墙体材料。如采用泡沫混凝土、陶粒混凝土、膨胀珍珠岩、泡沫塑料、矿棉和玻璃棉等。但保温材料一般承载能力较差，故常采用轻质高效的保温材料与砖、混凝土或钢筋混凝土组成复合保温墙体，并将保温材料放在靠低温一侧以利保温。同时在保温层靠高温一侧采用沥青、卷材、隔蒸汽涂料等设置隔汽层，以防产生冷凝水。此外，还应考虑将建筑物建在避风、向阳的地段，严寒、寒冷地区不设置开敞的楼梯间和外廊，且出入口宜设门斗；由各种接缝和混凝土嵌入体构成的热桥部位应作保温处理，外墙、屋顶和不采暖楼梯间隔墙等应进行热工验算，保证不低于所在地区要求的最小总热阻值。

**3. 满足隔音要求**

为了保证建筑的室内有一个良好的声学环境，墙体必须具有一定的隔音能力。声音传播途径有两个：一是空气传声，即声音通过空气、透过墙体再传入耳朵；二是固体传声，直接撞击墙体发出声音再传入耳朵。对于墙体主要考虑空气传声，通过选用密度大的材料、加大墙体厚度、在墙体中设空气间层等措施来提高墙体的隔音能力。

**4. 满足防火要求**

墙体的燃烧性能和耐火极限应符合防火的有关规定。当建筑的占地面积或长度较大时，还应按防火规范要求设置防火分区和防火墙，以防止火灾蔓延。

**5. 满足防水、防潮要求**

厨房、卫生间、浴室等用水房间的墙体及地下室的墙体应满足防水防潮的要求。通过选用良好的防水材料和恰当的构造做法，保证墙体的防水防潮要求，使室内有良好的卫生环境。

**6. 满足建筑工业化要求**

墙体作为建筑物的主体工程之一，工程量占着相当的比重。建筑节能和建筑工业化的发展要求改革以普通黏土砖为主的墙体材料，发展和应用新型的轻质高强砌墙材料、装配式墙体材料与构造方案，减轻墙体自重，提高施工效率，降低劳动强度，降低工程造价，为生产工厂化、施工机械化创造条件。

### 4.1.4 墙体的承重方案

墙体承重方案指的是承重墙体的布置方式，大量民用建筑中一般采用以下几种方案，如图 4.3 所示。

**1. 横墙承重体系**

承重墙体主要由垂直于建筑物长度方向的横墙组成。楼面荷载依次通过楼板、横墙、

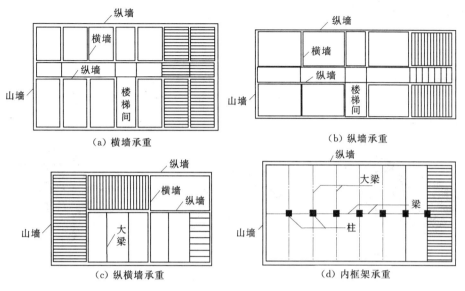

图 4.3 墙体承重方案

基础传递给地基。适用于房间的使用面积不大，墙体位置比较固定的建筑，如住宅、宿舍、旅馆等。

2. 纵墙承重体系

承重墙体主要由平行于建筑物长度方向的纵墙组成。把梁或楼板搁置在内、外纵墙上，楼面荷载依次通过楼板、梁、纵墙、基础传递给地基。适用于对空间的使用上要求有较大空间以及划分较灵活的建筑。

3. 纵横墙承重体系

承重墙体由纵横两个方向的墙体混合组成。此方案建筑组合灵活，空间刚度较好，墙体材料用量较多，适用于开间、进深变化较多的建筑。

4. 内框架承重体系

当建筑需要大空间时，采用内部框架承重，四周为墙承重。此种方案房屋的刚度由框架保证，但水泥、钢材用量较多，这种做法适用于室内需要较大空间的建筑，如大型商店、综合楼等。

# 任务 4.2　砖墙的材料、尺寸、组砌方式及构造

- **任务的提出**

    分析附图中的砖墙的材料、尺寸及细部构造。

- **任务解析**

    砖墙包括砖和砂浆两种材料，砂浆作为胶结材料，将砖块砌筑成为砌体。

- **任务的实施**

## 4.2.1　砖墙的材料

常用的砖的类型有黏土砖、多孔砖、页岩砖、煤矸石砖等，砂浆有水泥砂浆、混合砂

浆、石灰砂浆三种。

#### 4.2.1.1 砖

##### 1. 烧结黏土砖

烧结黏土砖是指以黏土、页岩、煤矸石或粉煤灰等为主要原料,经成型、焙烧而成的实心或孔隙率不大于15%的砖,如图4.4(a)所示。烧结黏土砖的标准尺寸是240mm×115mm×53mm。

(a)烧结黏土砖     (b)烧结多孔砖     (c)页岩砖

图4.4 砖的类型

烧结黏土砖强度较高、耐久性好、原料广泛、工艺简单,是应用范围最为广泛的砌体材料之一。因烧结黏土砖主要以毁田取土烧制,加上其自重大、施工效率低等缺点,已不适应房屋建筑构造和建筑发展的需要。中华人民共和国住房和城乡建设部已作出停止使用烧结黏土砖的相关规定,随着墙体材料的发展和推广,烧结黏土砖必将被其他墙体材料所取代。

##### 2. 烧结多孔砖和烧结空心砖

烧结多孔砖是以黏土、页岩或煤矸石为主要原料烧制的多孔砖,如图4.4(b)所示。主要用于承重部位墙体砌筑。常见烧结多孔砖的规格有190mm×190mm×90mm和240mm×115mm×90mm两种。根据砖样的抗压强度将烧结多孔砖分为MU30、MU25、MU20、MU15、MU10五个强度等级。烧结多孔砖强度较高,主要用于多层建筑物的承重墙体和高层框架建筑的填充墙和分隔墙。

烧结空心砖是以黏土、页岩或粉煤灰为主要原料烧制成的空心砖,主要用于非承重部位墙体砌筑。烧结空心砖自重较轻,强度较低,多用于非承重墙,如多层建筑内隔墙或框架结构的填充墙等。常见烧结空心砖的规格有290mm×190mm×90mm和240mm×180mm×115mm两种。根据砖样的抗压强度将烧结空心砖分为MU10、MU7.5、MU5、MU3.5、MU2.5五个强度等级。

##### 3. 页岩砖

页岩砖是利用页岩和煤矸石为原料进行高温烧制的砖块,如图4.4(c)所示。页岩砖可以分为烧结页岩多孔砖、页岩空心砖、高保温模数砖和清水墙砖等类别。具有强度高、保温、隔热、隔音等特点,在以页岩砖作为主要建材的砖混建筑施工中,页岩砖最大的优势是与传统的黏土砖施工方法完全一样,无须附加任何特殊施工设施、专用工具,是传统黏土实心砖的最佳替代品。

##### 4. 蒸压灰砂砖

蒸压灰砂砖是以石灰和砂为主要原料,经过坯料制备、压制成型、蒸压养护而成的实心砖,简称为灰砂砖。

#### 4.2.1.2　砂浆

砂浆是黏结材料，砖块需经砂浆砌筑成墙体，使它传力均匀，砂浆还起着嵌缝作用。能提高防寒、隔热和隔声的能力。

砌筑砂浆的要求：有一定的强度，保证墙体的承载能力；适当的稠度和保水性，即有好的和易性。

砌筑砂浆通常使用的有水泥砂浆、石灰砂浆及混合砂浆三种。水泥砂浆由水泥、砂子和水拌和而成，水泥砂浆强度高且防潮性能好，主要用于受力和潮湿环境下的砌体；石灰砂浆由石灰膏、砂子和水拌和而成，石灰砂浆的强度和防潮性能均差，但和易性好，用于砌筑强度要求较低的地面以上的砌体；混合砂浆由水泥、石灰膏、砂子和水拌和而成，有一定强度，广泛使用于地面以上的砌体。

### 4.2.2　砖墙的尺寸

#### 1. 砖墙的厚度

砖墙的厚度是指厚度和墙段两个方向的尺寸。除应满足结构和功能设计要求之外，砖墙的厚度还必须符合砖的规格。以标准砖为例，根据砖块尺寸和数量，再加上灰缝，即可组成不同的墙厚和墙段。标准砖的规格为 240mm×115mm×53mm，用砖块的长、宽、高作为砖墙厚度的基数，在错缝或墙厚超过砖块时，均按灰缝 10mm 进行组砌。从尺寸上可以看出，它以砖厚加灰缝、砖宽加灰缝后与砖长形成 1∶2∶4 的比例为其基本特征，组砌灵活。砖墙的厚度习惯上以砖长为基数来称呼，如半砖墙、一砖墙、一砖半墙等。工程上以它们的标志尺寸来称呼，如 12 墙、24 墙、37 墙等（图 4.5），计算工程量时按照构造尺寸如 115、178、365 等来计算。

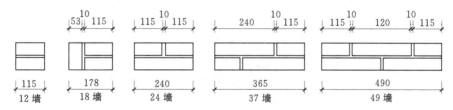

图 4.5　砖墙的尺寸与组成

#### 2. 砖墙的高度

按照砖的尺寸要求，砖墙的高度应为 53+10=63 的整数倍。但现行统一模数协调系列多为 3M（300mm），墙高如 2700mm、3000mm、3300mm 等，无法与砖墙皮数相适应。因此，在砌筑前必须先按设计尺寸反复推敲砌筑皮数和灰缝灵活协调，并制作皮数杆作为砌筑的依据。

#### 3. 砖墙的洞口尺寸

砖墙洞口主要是指门窗洞口，其尺寸应按模数协调统一标准制定，这样可减少门窗规格，提高建筑工业化的程度。因此一般门窗洞口宽、高的尺寸采用 300mm 的倍数，但是在 1000mm 以内的小洞口可采用基本模数 100mm 的倍数。例如：600mm、700mm、800mm、900mm、1000mm、1200mm、1500mm、1800mm 等。

#### 4. 墙段的尺寸

墙段尺寸是指窗间墙、转角墙等部位墙体的长度。墙段由砖块和灰缝组成，以

115mm 砖宽加上 10mm 灰缝，共计 125mm，以此为组合模数。按此砖模数的墙段尺寸有：240mm、370mm、490mm、620mm、740mm、870mm、990mm、1120mm、1240mm 等数列。

5. 独立砖柱尺寸

独立砖柱的断面尺寸，应按砌墙砖的规格选定，并要求尽量减少砍砖和防止重缝（图4.6）。

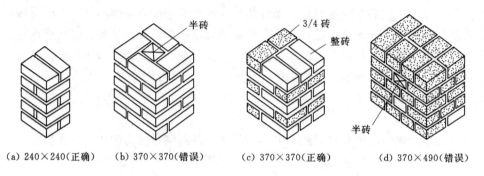

图 4.6　独立砖柱尺寸

### 4.2.3　砖墙的组砌方式

组砌是指砌块在砌体中的排列。组砌的关键是错缝搭接。上下皮之间的水平灰缝称横缝，左右两块砖之间的垂直缝称竖缝。

顺是指砖长与墙长方向一致，丁是指砖长与墙方向垂直，一皮砖是指一层砖，砌筑要求：横平竖直、砂浆饱满、内外搭砌、上下错缝。砌筑方式如图 4.7 所示。

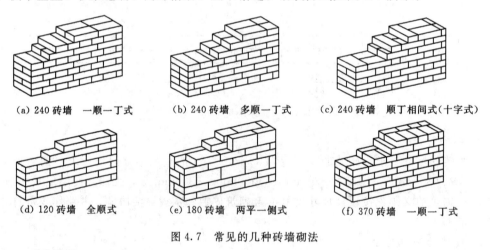

图 4.7　常见的几种砖墙砌法

1. 一顺一丁式

一层砌顺砖、一层砌丁砖，特点是搭接好，无通缝，整体性强，因而应用较广。

2. 全顺式

每皮均以顺砖组砌，上下皮左右搭接为半砖。适用于模数型多孔砖的砌合。

3. 顺丁相间式

由顺砖和丁砖相间铺砌而成。它整体性好，且墙面美观，亦称为梅花丁式砌法。

### 4.2.4　砖墙的构造

砖墙的优点：保温、隔热及隔声效果较好，具有防火和防冻性能，有一定承载力，取材容易、制造及施工操作简单，不需大型设备。

砖墙的缺点：施工速度慢、劳动强度大、自重大。

为了保证砖墙的耐久性和墙体与其他构件的连接，应在相应的位置进行细部构造处理。砖墙的细部构造包括勒脚、散水、窗台、门窗过梁、墙身加固措施等（图4.8）。

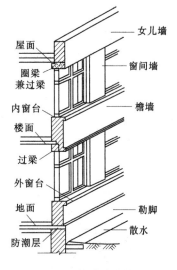

图4.8　外墙节点构造

#### 4.2.4.1　勒脚

1. 概念

勒脚是外墙身接近室外地面处的表面保护和饰面处理部分。一般指位于室内地坪与室外地面的高差部分，也可根据立面的需要而提高勒脚的高度尺寸。勒脚可以加固墙身，防止外界机械作用力碰撞破坏；保护近地面处的墙体，防止地表水、雨雪、冰冻对墙脚的侵蚀；增强建筑物立面美观。

2. 做法

由于砖砌体本身存在很多微孔以及墙脚所处的位置，常有地表水和土壤中的水渗入，影响室内卫生环境。因此，必须做好墙脚防潮，增强勒脚的坚固及耐久性，排除房屋四周地面水。常用做法有防水砂浆抹灰处理，用石块砌筑，用天然石板、人造石板贴面。

（1）抹灰勒脚。对于一般建筑，可采用20mm厚1∶3水泥砂浆抹面或1∶2水泥白石子水刷石或斩假石抹面，如图4.9（a）所示。

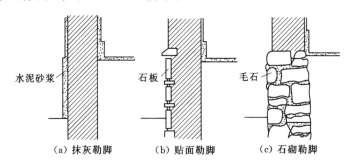

水泥砂浆　　　　　　石板　　　　　　毛石

（a）抹灰勒脚　　　（b）贴面勒脚　　　（c）石砌勒脚

图4.9　勒脚的构造做法

（2）贴面勒脚。可用天然石材或人工石材贴面，如花岗石、水磨石等。贴面勒脚装饰效果好，用于标准较高的建筑，如图4.9（b）所示。

（3）石砌勒脚。采用条石、毛石等坚固耐久的材料砌筑，可取得特殊的艺术效果，如图4.9（c）所示。

#### 4.2.4.2　墙身防潮

1. 作用

防止土壤中的水分沿基础上升，使位于勒脚处的地面水渗入墙内而导致墙身受潮。从而提高建筑物的耐久性，保持室内干燥卫生。构造形式上有水平防潮层和垂直防潮层两种形式。

## 2. 位置

水平防潮层一般应在室内地面不透水垫层（如混凝土）范围以内，通常在 $-0.060\mathrm{m}$ 标高处设置，而且至少要高于室外地坪 150mm（图 4.10）；当地面垫层为透水材料（如碎石、炉渣等）时，水平防潮层的位置应平齐或高于室内地面一皮砖的地方，即在 0.060m 处（图 4.11）；当两相邻房间之间室内地面有高差时，应在墙身内设置高低两道水平防潮层，并在靠土壤一侧设置垂直防潮层，将两道水平防潮层连接起来，以避免回填土中的潮气侵入墙身（图 4.12）。

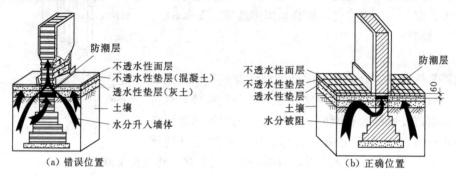

（a）错误位置　　　　　　　　（b）正确位置

图 4.10　不透水地面水平防潮层

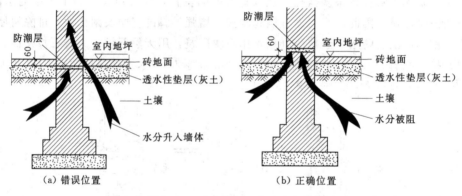

（a）错误位置　　　　　　　　（b）正确位置

图 4.11　透水性地面水平防潮层

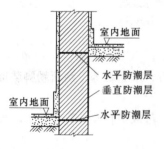

图 4.12　室内地面有高差

### 3. 墙身防潮的要求

（1）砌体墙应在室外地面以上，位于室内地面垫层处设置连续的水平防潮层；室内相邻地面有高差时，应在高差处墙身侧面加设防潮层。

（2）湿度大的房间的外墙或内墙内侧应设防潮层。

（3）室内墙面有防水、防潮、防污、防碰等要求时，应按使用要求设置墙裙。

注：地震区防潮层应满足墙体抗震整体连接的要求。

### 4. 墙身水平防潮层的构造做法

（1）油毡防潮层，抹 20mm 厚水泥砂浆找平层，上铺一毡二油。此做法防水效果好，但因油毡隔离削弱了砖墙的整体性，所以不应在刚度要求高或地震区采用。

（2）防水砂浆防潮层，采用1∶2水泥砂浆加3％～5％防水剂，厚度为20～25mm或用防水砂浆砌三匹砖作防潮层。它适用于抗震地区、独立砖柱和震动较大的砖砌体中，其整体性较好，抗震能力强，但砂浆是脆性易开裂材料，在地基发生不均匀沉降而导致墙体开裂或因砂浆铺贴不饱满时会影响防潮效果。

（3）细石混凝土防潮层，采用60mm厚的细石混凝土带，内配三根φ6钢筋，其防潮性能好。如果墙脚采用不透水的材料（如条石或混凝土等），或设有钢筋混凝土地圈梁时，可以不设防潮层，如图4.13所示。

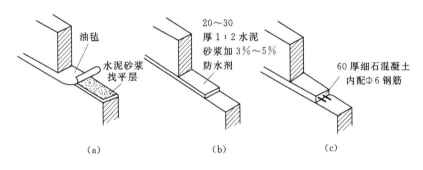

图4.13 水平防潮层的做法

**5. 垂直防潮层的做法**

在需设垂直防潮层的墙面（靠回填土一侧）先用1∶2的水泥砂浆抹面15～20mm厚，再刷冷底子油一道，刷热沥青两道；也可以直接采用掺有3％～5％防水剂的砂浆抹面15～20mm厚的做法，如图4.14所示。

### 4.2.4.3 外墙周围的排水处理

房屋四周可采取散水或明沟排除雨水。当屋面为有组织排水时一般设明沟或暗沟，也可设散水。屋面为无组织排水时一般设散水，但应加滴水砖（石）带。散水的做法通常是在素土夯实上铺三合土、混凝土等材料，厚度60～70mm。散水应设不小于3％的排水坡。散水宽

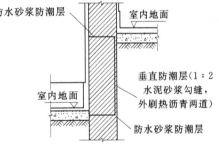

图4.14 墙身垂直防潮层构造

度一般0.6～1.0m。散水与外墙交接处应设分格缝，分格缝用弹性材料嵌缝，防止外墙下沉时将散水拉裂。散水整体面层纵向距离每隔6～12m做一道伸缩缝（图4.15）。

明沟的构造做法可用砖砌、石砌、混凝土现浇，沟底应做有不小于1％的纵坡，宽度为220～350mm，如图4.16所示。

### 4.2.4.4 门窗过梁

过梁是承重构件，用来支承门窗洞口上墙体的荷重，承重墙上的过梁还要支承楼板荷载。根据材料和构造方式不同，过梁有以下三种：砖拱过梁、钢筋砖过梁和钢筋混凝土过梁。

**1. 砖拱过梁**

砖砌平拱过梁是我国传统做法，这种过梁采用普通砖侧砌和立砌形成，砖应为单数并

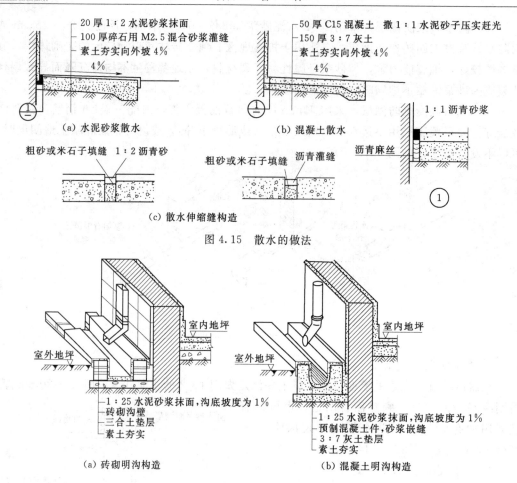

图 4.15　散水的做法

图 4.16　明沟的构造

对称于中心向两边倾斜。砖拱过梁分为平拱和弧拱。由竖砌的砖作拱圈，一般将砂浆灰缝做成上宽下窄，上宽不大于 20mm，下宽不小于 5mm。砖不低于 MU7.5，砂浆不能低于 M2.5，砖砌平拱过梁净跨宜小于 1.2m，不应超过 1.8m，中部起拱高约为 1/50L。这种过梁节约钢材和水泥，但施工麻烦，整体性差，不宜用于上部有集中荷载、有较大振动荷载或可能产生不均匀沉降的建筑（图 4.17）。

2. 钢筋砖过梁

钢筋砖过梁用砖不低于 MU7.5，砌筑砂浆不低于 M2.5。一般在洞口上方先支术模，砖平砌，在第一皮砖下设置不小于 30mm 厚的砂浆层，并在其中放置钢筋，钢筋的数量为：每 120mm 墙厚不少于 1φ6。钢筋两端伸入墙内 240mm，并在端部做 60mm 高的垂直弯钩。这种过梁的跨度最大为 2m（图 4.18）。

3. 钢筋混凝土过梁

钢筋混凝土过梁有现浇和预制两种，梁高及配筋由计算确定。为了施工方便，梁高应与砖的皮数相适应，以方便墙体连续砌筑，故常见梁高为 60mm、120mm、180mm、240mm，即 60mm 的整倍数。梁宽一般同墙厚，梁两端支承在墙上的长度不少于 240mm，

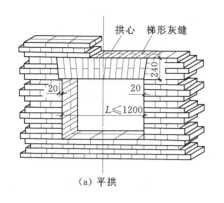

（a）平拱

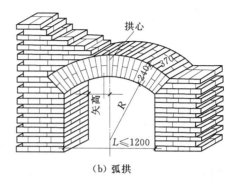

（b）弧拱

图 4.17　砖拱过梁

以保证足够的承压面积，如图 4.19 所示。

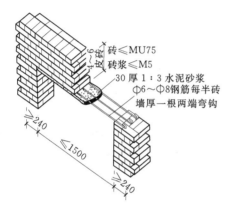

图 4.18　钢筋砖过梁

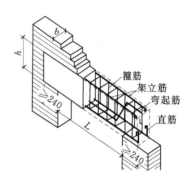

图 4.19　钢筋混凝土过梁

　　过梁断面形式有矩形和 L 形。为简化构造，节约材料，可将过梁与圈梁、悬挑雨篷、窗楣板或遮阳板等结合起来设计。如在南方炎热多雨地区，常从过梁上挑出 300～500mm 宽的窗楣板，既保护窗户不淋雨，又可遮挡部分直射太阳光。

#### 4.2.4.5　窗台

　　1. 类型

　　可以用砖砌挑出，根据设计要求可分为 60mm 厚平砌挑砖窗台及 120mm 厚侧砌挑砖窗台。也可以采用钢筋混凝土窗台。

　　2. 特点

　　砖砌挑窗台施工简单，应用广泛。预制混凝土挑窗台施工速度快，使用较广。

　　3. 构造要点

　　外窗台应设置排水构造。外窗台应有不透水的面层，并向外形成不小于 20% 的坡度，以利于排水。悬挑窗台向外出挑 60mm；窗台长度每边应超过窗宽 120mm；窗台表面及窗下槛交接处应考虑防、排水处理；挑窗台下应做滴水引导雨水垂直下落不致影响窗下墙面，如图 4.20 所示。

　　内窗台一般为水平放置，起着排除窗台内侧冷凝水，保护该处墙面以及搁物、装饰等

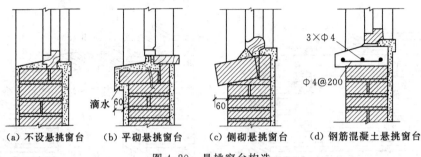

（a）不设悬挑窗台　（b）平砌悬挑窗台　（c）侧砌悬挑窗台　（d）钢筋混凝土悬挑窗台

图 4.20　悬挑窗台构造

作用。通常结合室内装修要求做成水泥砂浆抹灰、木板或贴面砖等多种饰面形式。使用木窗台板时，一般窗台板两端应伸出窗台线少许，并挑出墙面 30～40mm，板厚约 30mm。在寒冷地区，采暖房间的内窗台常与暖气罩结合在一起综合考虑，此时应采用预制水磨石板或预制钢筋混凝土窗台板形成内窗台。

#### 4.2.4.6　壁柱和门垛

当墙体的窗间墙上出现集中荷载，而墙厚又不足以承担其荷载；或当墙体的长度和高度超过一定限度并影响到墙体稳定性时，常在墙身局部适当位置增设凸出墙面的壁柱以提高墙体刚度。壁柱突出墙面的尺寸一般为 120mm×370mm、240mm×370mm、240mm×490mm 或根据结构计算确定。

当在较薄的墙体上开设门洞时，为便于门框的安置和保证墙体的稳定，须在门靠墙转角处或丁字接头墙体的一边设置门垛，门垛凸出墙面不少于 120mm，宽度同墙厚，如图 4.21 所示。

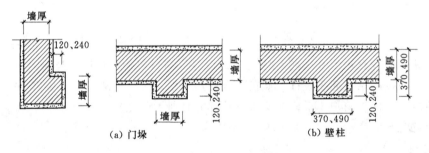

（a）门垛　　　　　　　　　（b）壁柱

图 4.21　壁柱和门垛

#### 4.2.4.7　圈梁

1. 圈梁的设置要求

圈梁是沿外墙四周及部分内墙设置在楼板处的连续闭合的梁，可提高建筑物的空间刚度及整体性，增加墙体的稳定性。减少由于地基不均匀沉降而引起的墙身开裂。对于抗震设防地区，利用圈梁加固墙身更加必要。

2. 圈梁的构造

圈梁有钢筋砖圈梁和钢筋混凝土圈梁两种（图 4.22）。钢筋砖圈梁是将前述的钢筋砖过梁沿外墙和部分内墙连通砌筑而成，目前已经较少使用。钢筋混凝土圈梁的高度应与砖的皮数相配合，以方便墙体的连续砌筑，一般不小于 120mm。圈梁的宽度宜与墙体的厚度相同，且不小于 180mm，在寒冷地区可略小于墙厚，但不宜小于墙厚的 2/3。圈梁一般是按构造要求配置钢筋，通常纵向钢筋不小于 4Φ8，而且要对称布置，箍筋间距不大于 300mm。

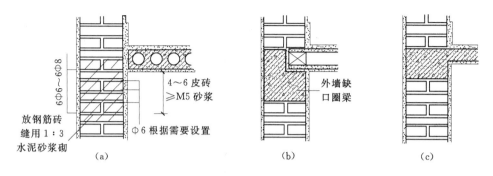

图 4.22 圈梁构造

圈梁应该在同一水平面上连续、封闭，当被门窗洞口截断时，应就近在洞口上部或下部设置附加圈梁，其配筋和混凝土强度等级不变。附加圈梁与圈梁搭接长度不应小于二者垂直间距的 2 倍，且不得小于 1.0m（图 4.23）。地震设防地区的圈梁应当完全封闭，不宜被洞口截断。

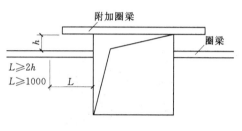

图 4.23 附加圈梁

圈梁在建筑中设置的道数应结合建筑物的高度、层数、地基情况和抗震设防要求等情况综合考虑。单层建筑至少设置一道圈梁，多层建筑一般隔层设置一道圈梁。在地震设防地区，往往要层层设置圈梁。圈梁除了在外墙和承重内纵墙中设置之外，还应根据建筑物的结构及防震要求，每隔 16～32m 在横墙中设置圈梁，以充分发挥圈梁的腰箍作用。

圈梁通常设置在建筑物的基础墙处、檐口处和楼板处，当屋面板或楼板与窗洞口间距较小，而且抗震设防等级较低时，也可以把圈梁设在窗洞口上皮，兼做过梁使用。

#### 4.2.4.8 构造柱

钢筋混凝土构造柱是从构造角度考虑设置的，是防止房屋倒塌的一种有效措施。构造柱必须与圈梁及墙体紧密相连，从而加强建筑物的整体刚度，提高墙体抗变形的能力。一般设置在建筑物四角、纵横墙相交处、楼梯间与电梯间的转角处等位置，并沿整个建筑高度贯通，与圈梁、地梁现浇成一体（图 4.24）。

（1）构造柱最小截面为 180mm×240mm，纵向钢筋宜用 4Φ12，箍筋间距不大于 250mm，且在柱上下端宜适当加

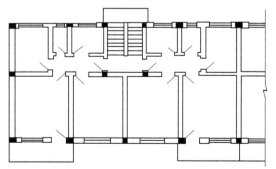

图 4.24 构造柱设置位置（图中黑色方块）

密。当地震烈度为Ⅷ度，层数大于六层时，或地震烈度为Ⅸ度，层数大于五层时，或地震烈度大于Ⅹ度时，纵向钢筋宜用4Φ14，箍筋间距不大于200mm。房屋角的构造柱可适当加大截面及配筋，构造柱与砖墙的连接构造如图4.25所示。

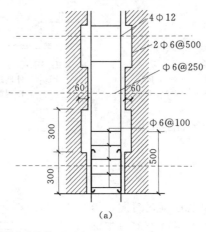

(a)

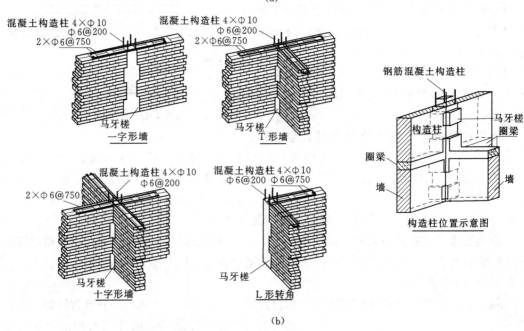

(b)

图4.25　构造柱与砖墙的连接构造

（2）构造柱与墙连接处宜砌成马牙槎，并应沿墙高每500mm设2Φ6拉接筋，每边伸入墙内不少于1m，如图4.26所示。

（3）构造柱可不单独设基础，但应伸入室外地坪下500mm，或锚入浅于500mm的基础梁内。

### 4.2.4.9　其他

管道井、烟道、通风道和垃圾管道应分别独立设置，不得使用同一管道系统，并应用非燃烧体材料制作。

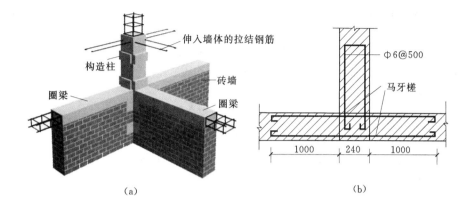

（a）                                （b）

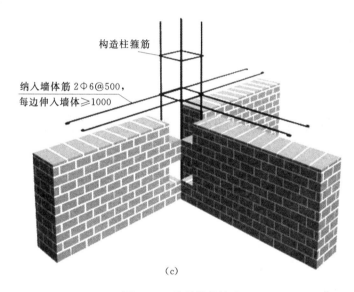

（c）

图 4.26    马牙槎的构造

**1. 管道井的设置**

（1）管道井的断面尺寸应满足管道安装、检修所需空间的要求。

（2）管道井宜在每层靠公共走道的一侧设检修门或可拆卸的壁板。

（3）在安全、防火和卫生方面互有影响的管道不应敷设在同一竖井内。

（4）管道井壁、检修门及管井开洞部分等应符合防火规范的有关规定。

烟道和通风道的断面、形状、尺寸和内壁应有利于排烟（气）通畅，防止产生阻滞、涡流、窜烟、漏气和倒灌等现象。

**2. 烟道和通风道的设置**

烟道和通风道应伸出屋面，伸出高度应有利烟气扩散，并应根据屋面形式、排出口周围遮挡物的高度、距离和积雪深度确定。平屋面伸出高度不得小于 0.60m，且不得低于女儿墙的高度。

（1）烟道和通风道中心线距屋脊小于 1.50m 时，应高出屋脊 0.60m。

（2）烟道和通风道中心线距屋脊 1.50～3.00m 时，应高于屋脊，且伸出屋面高度不得小于 0.60m。

（3）烟道和通风道中心线距屋脊大于 3.00m 时，其顶部同屋脊的连线同水平线之间的夹角不应大于 10°，且伸出屋面高度不得小于 0.60m。

**3. 垃圾管道的设置**

民用建筑不宜设置垃圾管道。多层建筑不设垃圾管道时，应根据垃圾收集方式设置相应设施。中高层及高层建筑不设置垃圾管道时，每层应设置封闭的垃圾分类、储存收集空间，并宜有冲洗排污设施。如设置垃圾管道时，应符合下列规定。

（1）垃圾管道宜靠外墙布置，管道主体应伸出屋面，伸出屋面部分加设顶盖和网栅，并采取防倒灌措施。

（2）垃圾出口应有卫生隔离，底部存纳和出运垃圾的方式应与城市垃圾管理方式相适应。

（3）垃圾道内壁应光滑、无突出物。

（4）垃圾斗应采用不燃烧和耐腐蚀的材料制作，并能自行关闭密合；高层建筑、超高层建筑的垃圾斗应设在垃圾道前室内。

# 任务 4.3　砌块墙的类型、规格及细部构造

- **任务的提出**

　　根据附图指出建筑外墙的填充墙的位置和规格。

- **任务解析**

　　根据所学知识分析砌块墙的构造要求及特点。

- **任务的实施**

## 4.3.1　砌块墙的材料

　　砌块是利用工业废料（煤渣、矿渣等）和地方材料制成的人造块材，用以替代普通黏土砖作为砌墙材料。一般六层以下的住宅、学校、办公楼以及单层厂房等都可以采用砌块代替砖使用。它是一种新型墙体材料，其外观形体大于普通黏土砖的人造块材，可以充分利用地方资源和工业废料，节省土地资源和改善环境。砌块具有生产工艺简单、原料来源广、适应性强、制作及使用方便灵活、可改善墙体功能等特点。

## 4.3.2　砌块的类型与规格

　　砌块按不同尺寸和质量的大小分为小型砌块、中型砌块和大型砌块。系列中主规格的高度大于 115mm 而又小于 380mm 的称作小型砌块，高度为 380～980mm 的称为中型砌块，高度大于 980mm 的称为大型砌块。大中型砌块由于体积和质量较大，不便于人工搬运，必须采用起重设备施工，因此我国目前采用的砌块多为小型砌块。例如，混凝土小型空心砌块，是由普通混凝土或轻骨料混凝土制成。为了方便施工，小型空心砌块可分为主砌块和辅助砌块两种类型，主砌块规格为 390mm × 190mm × 190mm，辅助砌块规格为 290mm × 190mm × 190mm（图 4.27），其强度等级为 MU20、MU15、MU10、

MU7.5、MU50。

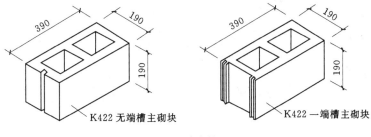

（a）主砌块

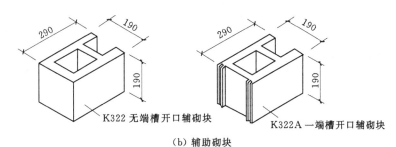

（b）辅助砌块

图 4.27　小型空心砌块的形式

砌块按材料分有普通混凝土砌块、轻骨料砌块、加气混凝土砌块及利用各种工业废料（如炉渣、粉煤灰等）制成的砌块。

**1. 普通混凝土砌块**

普通混凝土砌块一般采用空心砌块，如图 4.28（a）所示，混凝土空心砌块主要有小型空心砌块和轻质混凝土小砌块。

**2. 轻骨料砌块**

常见的轻骨料砌块有石膏砌块、陶粒混凝土砌块等。

石膏砌块是以建筑石膏为主要原料，经加水搅拌、浇注成型、干燥而制成的块状轻质建筑石膏制品。常见的砌块尺寸：长度为 666mm，高度为 500mm，厚度为 60mm、70mm、80mm 和 100mm。石膏砌块具有较好的耐火性，石膏与混凝土相比，其耐火性能要高 5 倍，具有良好的保温隔音特性，质量轻，抗震性好。

陶粒混凝土砌块是以页岩陶粒为主骨料、以水泥为胶凝材料，经机械搅拌、机械成型养护而成的陶粒砌块，如图 4.28（b）所示。具有质量轻、强度高、保温抗震、吸音隔热、干缩率低、砌体安全性能好等特性。与其他砌块相比，能减轻结构自重，便于施工，砂浆粉刷后不容易开裂、起壳。

**3. 加气混凝土砌块**

加气混凝土砌块是一种轻质多孔、保温隔热、防火性能良好、可钉、可锯、可刨和具有一定抗震能力的新型建筑材料，如图 4.28（c）所示。加气混凝土砌块是一种优良的新型建筑材料，适用于高层建筑的填充墙和低层建筑的承重墙，目前在建筑中广泛采用。

（a）混凝土小型空心块　　　　　（b）陶粒混凝土砌块　　　　　（c）加气混凝土砌块

图 4.28　砌块的类型

### 4.3.3　砌块墙的构造

#### 4.3.3.1　砌块墙的组砌

砌块的尺寸比较大，砌筑不够灵活。因此，在设计时，应作出砌块的排列，并给出砌块排列组合图，施工时按图进料和安装。砌块排列组合图一般有各层平面、内外墙立面分块图等，通过排列设计把不同规格的砌块在墙体中的安放位置用平面图和立面图加以表示，如图 4.29 所示。

排列要求：错缝搭接、内外墙交接处和转角处应使砌块彼此搭接、优先采用大规格的砌块并尽量减少砌块的规格、当采用空心砌块时上下匹砌块应孔对孔、肋对肋以扩大受压面积。

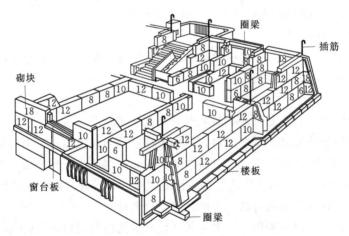

图 4.29　砌块墙排列示意图

#### 4.3.3.2　砌块墙的构造

1. 砌块的接缝

中型砌块上下皮搭接长度不少于砌块高度的 1/3，且不小于 150mm，小型空心砌块上下皮搭接长度不小于 90mm。当搭接长度不足时，应在水平灰缝内设置不小于 2φ4 的钢筋网片，网片每端均超过该垂直缝 300mm（图 4.30）。

砌筑砌块一般采用强度不低于 M5 的水泥砂浆。竖直灰缝的宽度主要根据砌块材料和规格大小确定，一般情况下，小型砌块为 10～15mm，中型砌块为 15～20mm。当竖直灰

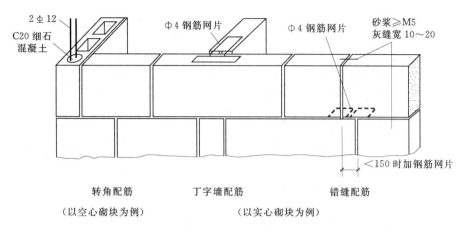

图 4.30　砌缝的构造处理

缝宽大于 30mm 时，须用 C20 细石混凝土灌缝密实。

砌块建筑可采用平缝、凹槽缝或高低缝。砂浆强度等级不低于 M5。当上下匹砌块出现通缝，或错缝距离不足 150mm 时，应在水平缝通缝处加钢筋网片，使之拉结成整体。

2. 设置过梁、圈梁和构造柱

当出现层高与砌块高的差异时，可通过调节过梁的高度来协调。砌块建筑应在适当的位置设置圈梁，以加强砌块墙的整体性。当圈梁与过梁位置接近时，可以将过梁与圈梁合并考虑设计施工。圈梁分现浇和预制两种。预制圈梁一般采用 U 形预制块代替模板，然后在凹槽内配筋，再浇灌混凝土（图 4.31）。

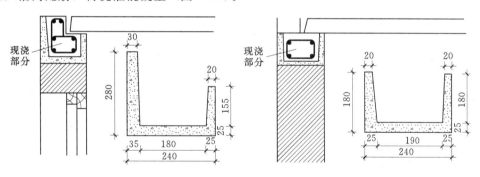

图 4.31　砌块预制圈梁

在地震设防区，为了加强多层砌块房屋墙体竖向连接，增强房屋的整体刚度和稳定性，空心砌块常常在房屋转角和必要的内、外墙交接处设置构造柱，其做法有以下两种。

（1）构造柱大多利用空心砌块的孔洞做成，施工时将砌块上下孔对齐，孔中配 2Φ10 ～2Φ12 的钢筋，然后用 C20 细石混凝土分层灌实（图 4.32）。

（2）为了增强砌块墙的抗震能力，提高砌块墙体的稳定性，构造柱与砌块墙体应有可靠的连接，其做法同砖墙。此种做法施工方便，目前在施工中广泛采用，砌块墙中的构造柱（图 4.33）。

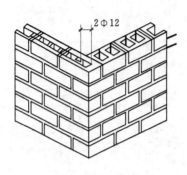

图 4.32 转角处构造柱 　　　　图 4.33 砌块墙中的构造柱

砌块墙宜作外饰面，也可采用带饰面的砌块，以提高墙体的防渗能力，改善墙体的热工性能。

#### 4.3.3.3 门窗框与砌块墙体的连接

由于砌块的块体较大且不宜砍切，或因空心砌块边壁较薄，门窗框与墙体的连接方式除采用在砌块墙中预埋木砖的做法外，还有利用膨胀螺栓、铁件锚固及利用砌块凹槽固定等做法。如图 4.34 所示为根据砌块种类选用相应的连接方法。

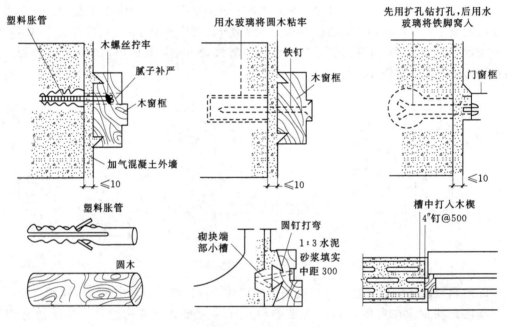

图 4.34 门窗框与砌块墙体的连接

## 任务 4.4 骨架墙的类型、规格及细部构造

#### • 任务的提出

根据你熟悉的建筑物，说明哪些是骨架墙，并指出其特点。

**• 任务解析**

根据已经具备的基本知识分析骨架墙与砌块墙的异同之处。

**• 任务的实施**

骨架墙是指填充或悬挂于框架或排架柱间，并由框架或排架承受其荷载的墙体，是以木材、钢材或其他材料构成骨架，把面层钉结、涂抹或粘贴在骨架上做成的墙。它在多层、高层民用建筑和工业建筑中应用较多。

### 4.4.1　框架外墙板的类型

按所使用的材料，外墙板可分为三类，即单一材料墙板、复合材料墙板、玻璃幕墙。单一材料墙板用轻质保温材料制作，如加气混凝土、陶粒混凝土等。复合板通常由三层组成，即内壁、外壁和夹层。外壁选用耐久性和防水性均较好的材料，如石棉水泥板、钢丝网水泥、轻骨料混凝土等。内壁应选用防火性能好，又便于装修的材料，如石膏板、塑料板等。夹层宜选用容积密度小、保温隔热性能好、价廉的材料，如矿棉、玻璃棉、膨胀珍珠岩、膨胀蛭石、加气混凝土、泡沫混凝土、泡沫塑料等。

### 4.4.2　外墙板的布置方式

外墙板可以布置在框架外侧，或框架之间，或安装在附加墙架上（图 4.35）。轻型墙板通常需安装在附加墙架上，以使外墙具有足够的刚度，保证在风力和地震力的作用下不会变形。

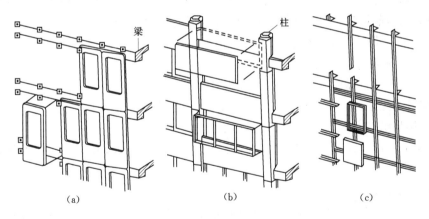

图 4.35　外墙板的布置方式

### 4.4.3　外墙板与框架的连接

外墙板可以采用上挂或下承两种方式支承于框架柱、梁或楼板上。根据不同的板材类型和板材的布置方式，可采取焊接法、螺栓联结法、插筋锚固法等将外墙板固定在框架上。

无论采用何种方法，均应注意以下构造要点：

（1）外墙板与框架连接应安全可靠。

（2）不要出现"冷桥"现象，防止产生结露。

（3）构造简单，施工方便。

# 任务 4.5　隔墙的类型及构造

- **任务的提出**

　　附图中存在隔墙吗？隔墙的一般设置要求是什么？

- **任务解析**

　　根据建筑隔墙的作用和设计要求来进行分析和判断。

- **任务的实施**

## 4.5.1　隔墙构造基本知识

　　**1. 隔墙的作用**

　　隔墙的作用是把房屋内部分割成若干房间或空间，隔墙是不承重的。

　　**2. 隔墙的设计要求**

　　由于不同的使用要求，各类隔墙的构造有其不同特点：

　　（1）在首层隔墙搁置在地面垫层上，在非首层隔墙搁置在承墙梁或楼板上，因而它的重量要轻，以减少梁或楼承受的荷载。

　　（2）在满足稳定要求的前提下，隔墙的厚度应尽量薄，以增加房屋的使用面积。

　　（3）不同用途的房间功能要求有所不同，公共建筑的隔墙、住宅的隔墙、歌厅的隔墙要求隔声；厨房隔墙应耐火、耐湿；盥洗室、厕所的隔墙应耐湿等。

　　（4）便于拆装，美观经济等。

　　**3. 隔墙的分类**

　　常用隔墙有块材隔墙、轻骨架隔墙和板材隔墙三大类。

## 4.5.2　隔墙的类型

### 4.5.2.1　块材隔墙

　　块材隔墙是用普通砖、空心砖、加气混凝土等块材砌筑而成的，常用的有普通砖隔墙和砌块隔墙。

　　**1. 普通砖隔墙**

　　普通砖隔墙一般采用 1/2 砖（120mm）隔墙（图 4.36）。1/2 砖墙用普通黏土砖采用全顺式砌筑而成，砌筑砂浆强度等级不低于 M5，砌筑较大面积墙体时，长度超过 5m 应设砖壁柱，高度超过 3m 时应在门过梁处设通长钢筋混凝土带。为了保证砖隔墙不承重，在砖墙砌到楼板底或梁底时，将立砖斜砌一皮，或将空隙塞木楔打紧，然后用砂浆填缝。半砖隔墙坚固耐久，有一定的隔声能力，但自重大，湿作业多，施工麻烦。

　　**2. 砌块隔墙**

　　为减轻隔墙自重，可采用轻质砌块。常用砌块有：炉渣混凝土砌块、陶粒混凝土砌块、加气混凝土砌块等。墙厚一般为 90～120mm。加固措施同 1/2 砖隔墙之做法。砌块不够整块时宜用实心砖填补。因砌块孔隙率大、吸水量大，故在砌筑时先在墙下部实砌 3～5 皮实心砖再砌砌块，如图 4.37 所示。

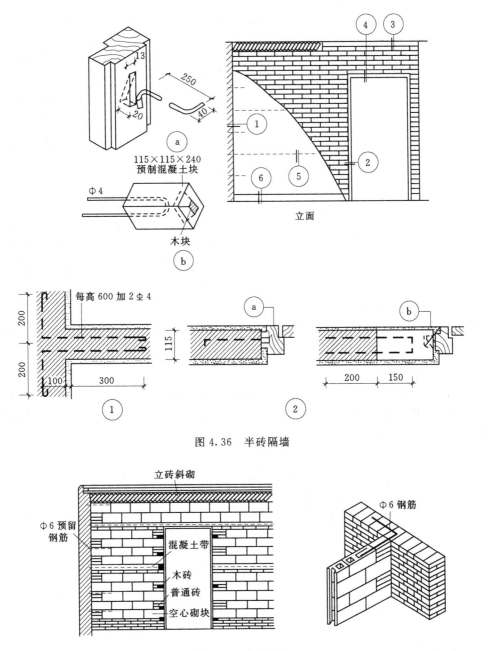

图 4.36 半砖隔墙

图 4.37 砌块隔墙

#### 4.5.2.2 轻骨架隔墙

轻骨架隔墙由骨架和面层两部分组成,由于是先立墙筋(骨架)后再做面层,因而又称为立筋式隔墙骨架。

常用的骨架有木骨架和型钢骨架。近年来,为节约木材和钢材,出现了不少采用工业废料和地方材料以及轻金属制成的骨架。木骨架由上槛、下槛、墙筋、斜撑及横档组成,如图 4.38 所示。

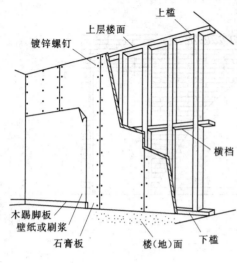

图 4.38 木骨架隔墙

轻钢骨架是由各种形式的薄壁型钢制成，其主要优点是强度高、刚度大、自重轻、整体性好、易于加工和大批量生产，还可根据需要拆卸和组装。

轻骨架隔墙的面层有抹灰面层和人造板材面层。抹灰面层常用木骨架，即传统的板条抹灰隔墙。人造板材面层可用木骨架或轻钢骨架。

#### 4.5.2.3 板材隔墙

板材隔墙是指单板高度相当于房间净高，面积较大，且不依赖骨架、直接装配而成的隔墙。目前，采用的大多为条板，如加气混凝土条板、石膏条板、碳化石灰板，蜂窝纸板、水泥刨花板等。

1. 加气混凝土条板隔墙

加气混凝土条板具有自重轻，节省水泥，运输方便，施工简单，可锯、可刨、可钉等优点。

2. 碳化石灰板隔墙

板的安装同加气混凝土条板隔墙。碳化石灰板隔墙可做成单层或双层，90mm 厚或 120mm 厚，适用于隔声要求高的房间。碳化石灰板材料来源广泛、生产工艺简易、成本低廉、密度轻、隔声效果好。

3. 增强石膏空心板

增强石膏空心板（图 4.39）可分为：普通条板、钢木窗框条板及防水条板三种，在建筑中按各种功能要求配套使用。石膏空心板规格为 600mm 宽、60mm 厚、2400～3000mm 长，9 个孔，孔径 38mm，空隙率 28%，能满足防火、隔声及抗撞击的要求。

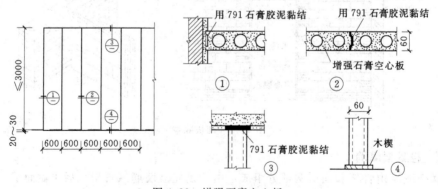

图 4.39 增强石膏空心板

#### 4.5.2.4 复合板隔墙

用几种材料制成的多层板为复合板。复合板的面层有石棉水泥板、石膏板、铝板、树脂板、硬质纤维板、压型钢板等。夹心材料可用矿棉、木质纤维、泡沫塑料和蜂窝状材料等。

　　复合板充分利用材料的性能，大多具有强度高，耐火性、防水性、隔声性能好的优点，且安装、拆卸简便，有利于建筑工业化。

### 4.5.3　隔墙的类型

　　隔断的形式很多，常见的有屏风式、移动式、漏空式、帷幕式和家具式等。

　　1. 屏风式隔断

　　屏风式隔断通常是不到顶的，空间通透性强。隔断与顶棚保持一定距离。起到分隔空间和遮挡视线的作用。常用于办公室、餐厅、展览馆以及门诊部的诊室等公共建筑中。厕所、淋浴等也多采用这种形式。隔断高度一般为 1050～1800mm。

　　屏风式隔断的种类很多，按其安装架立方式不同可分为固定式屏风隔断和活动式屏风隔断。固定式隔断又可分为立筋骨架式和预制板式。预制板式隔断借预埋铁件与墙体、地面固定。立筋骨架式屏风隔断则与隔墙相似，它可在骨架两侧铺钉面板，亦可镶嵌玻璃。

　　活动式屏风隔断传统的做法是用木材制作，表面做雕刻或裱书画和织物，下部设支架自立。近代做法一般采用金属骨架或木骨架，骨架两侧钉硬纸板或木质纤维板，外衬泡沫塑料，表面覆以尼龙布或人造革。活动式屏风隔断可以移动旋转，最简单的做法是屏风扇的下面安装金属支架。支架可以直接放置在楼地面上，为使用方便，也可以安装橡胶滚动轮或滑动轮。

　　2. 移动式隔断

　　移动式隔断可以随意闭合或打开，使相邻的空间随之独立或合成一个空间。这种隔断使用灵活，在关闭时也能起到限定空间、隔声和遮挡视线的作用。种类有拼装式、滑动式、折叠式、悬吊式、卷帘式和起落式等多种形式。多用于餐馆、宾馆活动室及会堂之中。

　　3. 漏空式隔断

　　漏空花格式隔断是公共建筑门厅、客厅等处分隔空间常用的一种形式。有竹、木制的，也有混凝土预制构件的，形式多样。隔断与地面、顶棚的固定也因材料不同而变化，可用钉、焊等方式连接。

　　4. 帷幕式隔断

　　帷幕式隔断占用面积小，能满足遮挡视线的功能，使用方便，便于更新。一般多用于住宅、旅馆和医院。

　　帷幕式隔断的材料大体有两类：一类是用棉、丝、麻织品或人造革等制成的软质帷幕隔断；另一类是用竹片、金属片等条状硬质材料制成的隔断。帷幕下部距楼地面一般为100～150mm。帷幕式隔断最简单的固定方法是用一般家庭中以铅丝穿吊环固定窗帘的办法，但较为正式，构造要比这种做法复杂得多，且需采用一些专用配件。

　　5. 家具式隔断

　　家具式隔断是巧妙地把分隔空间与储存物品两功能结合起来，既节约费用，又节省使用面积；既提高了空间组合的灵活性，又使家具与室内空间相协调。这种形式多用于住宅的室内设计以及办公室的分隔等。

# 任务 4.6　墙面装修的类型、材料及构造做法

- **任务的提出**

　　指出附图中墙面装修的材料和构造做法。

- **任务解析**

　　（1）不同位置的墙面装修的要求各不相同，分析卫生间和教室的墙面装修特点。

　　（2）用 4 号图纸做卫生间墙面装修的构造图，比例 1 : 20 或者 1 : 10。要求线型选择与图面表达正确，文字用仿宋字书写。铅笔作图，徒手或工具作图均可。

- **任务的实施**

## 4.6.1　墙面装修的作用

　　墙面装修（图 4.40）是墙体构造不可缺少的组成部分，包括建筑物外墙饰面和内墙饰面。不同的墙面有不同的使用和装饰要求，应根据不同的使用和装饰要求选择相应的材料、构造方法和施工工艺，以达到设计的实用性、经济性、装饰性。其主要作用如下：

　　（1）保护墙体，延长墙体使用年限。墙体暴露在大气中，会受到风、霜、雨、雪、太阳辐射等各种不利因素的影响，墙面装修可以有效隔离各种自然因素对墙体的侵害，增强墙体抵御各种人为因素破坏的能力，延长墙体的使用寿命。

（a）某学校教室外墙装修　　　　　　　　（b）某酒店大堂室内装修

图 4.40　墙面装修

　　（2）改善墙体性能，提高墙体的使用功能。墙面装修增加了墙体厚度和密实性，提高了墙体的保温性能和隔音能力。同时，对改善建筑内外卫生条件，提高室内光照度，创造良好的生活、生产空间有十分明显的作用。

　　（3）美化环境，提高艺术效果。墙体装修是建筑空间艺术处理的重要手段之一。墙面的色彩、质感、线脚和纹理等都在一定程度上改善了建筑的内外形象和气氛，给人们营造出一个优美、舒适的室内外环境，给人以美的感受。

## 4.6.2　墙面装修的类型

　　（1）墙面装饰按其所处的部位不同，可分为外墙面装饰和内墙面装饰。外墙面装饰应选择耐光照、耐风化、耐大气污染、耐水、抗冻、抗腐蚀和抗老化的建筑材料，以起到保护墙体的作用，并保持外观清新。内墙面装饰应根据房间的不同功能要求及装饰标准来选

择饰面，一般选择易清洁、接触感好、光线反射能力强的饰面。

（2）墙面装饰按材料及施工方式的不同，通常分为抹灰类、贴面类、涂刷类、裱糊类、铺钉类和其他类（表4.1）。

表 4.1　　　　　　　　　墙 面 装 饰 类 型

| 类别 | 室 外 装 饰 | 室 内 装 饰 |
|------|------------|------------|
| 抹灰类 | 水泥砂浆、混合砂浆、聚合物水泥砂浆、拉毛、水刷石、干黏石、斩假石、拉假石、假面砖、喷涂、滚涂等 | 纸筋灰、麻刀灰粉面、石膏粉面、膨胀珍珠岩灰浆、混合砂浆、拉毛、拉条等 |
| 贴面类 | 外墙面砖、马赛克、玻璃马赛克、人造水磨石板、天然石板等 | 釉面砖、人造石板、天然石板等 |
| 涂刷类 | 石灰浆、水泥浆、溶剂型涂料、乳液涂料、彩色胶砂料、彩色弹涂等 | 大白浆、石灰浆、油漆、乳胶漆、水溶性涂料、弹涂等 |
| 裱糊类 | | 塑料墙纸、金属面墙纸、木纹壁纸、花纹玻璃纤维布、纺织面墙纸及锦缎等 |
| 铺钉类 | 各种金属装饰板、石棉水泥板、玻璃 | 各种竹、木制品和塑料板、石膏板、皮革等各种装饰面板 |
| 其他类 | 清水墙饰面 | |

### 4.6.3　墙面装修的构造

1. 清水砖墙

清水砖墙是不作抹灰和饰面的墙面。为防止雨水浸入墙身和整齐美观，可用1∶1或1∶2水泥细砂浆勾缝，勾缝的形式有平缝、平凹缝、斜缝、弧形缝等。

2. 抹灰类墙面装饰

抹灰类墙面装饰是我国传统的饰面做法，是用各种加色的、不加色的水泥砂浆或石灰砂浆、混合砂浆、石膏砂浆以及水泥石渣浆等做成的各种装饰抹灰层。其材料来源丰富、造价较低、施工操作简便，通过施工工艺可获得不同的装饰效果，还具有保护墙体、改善墙体物理性能等功能。这类装饰属于中、低档装饰，在墙面装饰中应用广泛。抹灰用的各种砂浆，往往在硬化过程中随着水分的蒸发，体积要收缩。当抹灰层厚度过大时，会因体积收缩而产生裂缝。为保证抹灰牢固、平整、颜色均匀、避免出现龟裂、脱落，抹灰要分层操作。抹灰的构造层次通常由底层、中间层和饰面层三部分组成。底层厚5～15mm，主要起与墙体基层黏结和初步找平的作用；中层厚5～12mm，主要起进一步找平和弥补底层砂浆的干缩裂缝的作用；面层抹灰厚3～8mm，表面应平整、均匀、光洁，以取得良好的装饰效果。抹灰层的总厚度依位置不同而异，外墙抹灰为20～25mm，内墙抹灰为15～20mm。按建筑标准及不同墙体，抹灰可分为三种标准。

（1）普通抹灰：一层底灰，一层面灰或不分层一次成活。

（2）中级抹灰：一层底灰，一层中灰，一层面灰。

（3）高级抹灰：一层底灰，一层或数层中灰，一层面灰。

常用抹灰做法举例（表4.2）。

**表 4.2** 常 用 抹 灰 做 法 举 例

| 抹灰名称 | 材料配合比及构造 | 适 用 范 围 |
|---|---|---|
| 水泥砂浆 | 15mm 厚 1:3 水泥砂浆打底；<br>10mm 厚 1:2.5 水泥砂浆饰面 | 室外饰面及室内需防潮的房间及浴厕墙裙、建筑物阳角 |
| 混合砂浆 | 12~15mm 厚 1:1:6 水泥、石灰膏、砂的混合砂浆打底；<br>5~10mm 厚 1:1:6 水泥、石灰膏、砂的混合砂浆饰面 | 一般砖、石砌筑的外墙、内墙均可 |
| 纸筋（麻刀）灰 | 12~17mm 厚 1:3 石灰砂浆（加草筋）打底；<br>2~3mm 厚纸筋（麻刀）灰、玻璃丝罩面 | 一般砖、石砌筑的内墙抹灰 |
| 石膏灰 | 13mm 厚 1:(2~3) 麻刀灰砂浆打底；<br>2~3mm 厚石膏灰罩面 | 高级装饰的内墙面抹灰的罩面 |
| 水刷石 | 15mm 厚 1:3 水泥砂浆打底；<br>10mm 厚 1:(1.2~1.4) 水泥石渣浆抹面后水刷饰面 | 用于外墙 |
| 水磨石 | 15mm 厚 1:3 水泥砂浆打底；<br>10mm 厚 1:1.5 水泥石渣饰面，并磨光、打蜡 | 用于室内潮湿部位 |
| 膨胀珍珠岩 | 13mm 厚 1:(2~3) 麻刀灰砂浆打底；<br>9mm 厚水泥:石灰膏:膨胀珍珠岩<br>100:(10~20):(3~5)（质量比）分 2~3 次饰面 | 用于室内有保温、隔热或吸声要求的房间内墙抹灰 |
| 干粘石 | 10~12mm 厚 1:3 水泥砂浆打底；<br>7~8mm 厚水泥:石灰膏:砂子:107 胶=100:50:200:<br>(5~10) 的混合砂浆粘结层；<br>3~5mm 厚彩色石渣面层（用喷或甩的方式进行） | 用于外墙 |
| 斩假石 | 15mm 厚 1:3 水泥砂浆打底后刷素水泥浆一道；<br>8~10mm 厚水泥石渣饰面；<br>用剁斧斩去表面层水泥浆或石尖部分使其显出凿纹 | 用于外墙或局部内墙 |

不同的墙体基层，抹灰底层的操作有所不同，以保证饰面层与墙体的连接牢固及饰面层的平整度。砖、石砌筑的墙体，表面一般较为粗糙，对抹灰层的黏结较有利，可直接抹灰；混凝土墙体表面较为光滑，甚至残留有脱模油，需先进行除油垢、凿毛、甩浆、划纹等，然后再抹灰；轻质砌块的表面孔隙大、吸水性极强，需先在整个墙面上涂刷一层 108 建筑胶封闭基层，再进行抹灰。

室内抹灰砂浆的强度较差，阳角位置容易碰撞损坏，因此，通常在抹灰前先在内墙阳角、柱子四角、门洞转角等处，用强度较高的 1:2 水泥砂浆抹出护角，或预埋角钢做成护角。

在室内抹灰中，卫生间、厨房、洗衣房等常受到摩擦、潮湿的影响，人群活动频繁的楼梯间、走廊、过厅等处常受到碰撞、摩擦的损坏，为保护这些部位，通常做墙裙处理，如用水泥砂浆、水磨石、瓷砖、大理石等进行饰面，高度一般为 1.2~1.8m，有些将高度提高到天棚底。

室外墙面抹灰一般面积较大，为施工操作方便和立面处理的需要，保证装饰层平整、不开裂、色彩均匀，常对抹灰层先进行嵌木条分格，做成引条，抹灰面的分块与设缝（图4.41）。面层抹灰完成后，可取出木引条，再用水泥砂浆勾缝，以提高抗渗能力。

3. 贴面类墙面装修

贴面类装修指在内外墙面上粘贴各种天然石板、人造石板、陶瓷面砖等。

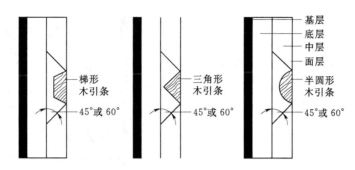

图 4.41　抹灰面的分块与设缝

（1）面砖饰面构造。面砖应先放入水中浸泡，安装前取出晾干或擦干净，安装时先抹 15mm 厚 1∶3 水泥砂浆找底并划毛，再用 1∶0.2∶2.5 水泥石灰混合砂浆刮满 10mm 厚于面砖背面紧粘于墙上。对贴于外墙的面砖常在面砖之间留出一定缝隙，用 1∶1 的水泥砂浆勾缝，如图 4.42 所示。

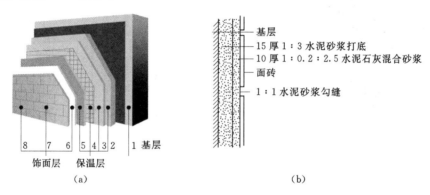

图 4.42　面砖饰面构造示意图

1—墙体层；2—闭孔珍珠岩保温胶浆层（防水型）；3—防水抗裂胶浆层；4—镀锌钢网层；
5—防水抗裂胶浆层；6—黏结剂层；7—面砖层；8—防水勾缝剂层

（2）陶瓷锦砖饰面。陶瓷锦砖也称为马赛克，有陶瓷锦砖和玻璃锦砖之分。它的尺寸较小，根据其花色品种，可拼成各种花纹图案。铺贴时先按设计的图案将小块材正面向下贴在 300mm×300mm 大小的牛皮纸上，然后牛皮纸面向外将马赛克贴于饰面基层上，待半凝后将纸洗掉，同时修整饰面，如图 4.43 所示。

（3）天然石材和人造石材饰面。石材按其厚度分有两种，通常厚度为 30～40mm 为板材，厚度为 40～130mm 及以上称为块材。常见天然板材饰面有花岗石、大理石和青石板等，具有强度高、耐久性好，多作高级装饰用。

1）石材拴挂法（湿法挂贴）。天然石材和人造石材的安装方法相同，先在墙内或柱内预埋Φ6 铁箍，间距依石材规格而定，而铁箍内立Φ6～10 竖筋，在竖筋上绑扎横筋，形成钢筋网。在石板上下边钻小孔，用双股 16 号钢丝绑扎固定在钢筋网上。上下两块石板用不锈钢卡销固定。板与墙面之间预留 20～30mm 缝隙，上部用定位活动木楔做临时固定，校正无误后，在板与墙之间浇筑 1∶3 水泥砂浆，待砂浆初凝后，取掉定位活动木楔，继续上层石板的安装，构造如图 4.44 所示。

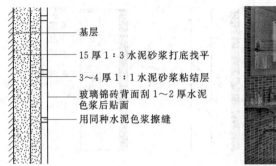

图 4.43　玻璃锦砖饰面构造

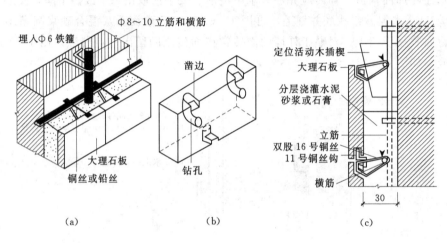

（a）　　　　　　　　　　（b）　　　　　　　　　（c）

图 4.44　石材拴挂法构造

2）干挂石材法（连接件挂接法）。干挂石材的施工方法是用一组高强耐腐蚀的金属连接件，将饰面石材与结构可靠地连接，其间形成空气间层不作灌浆处理，构造如图 4.45 所示。

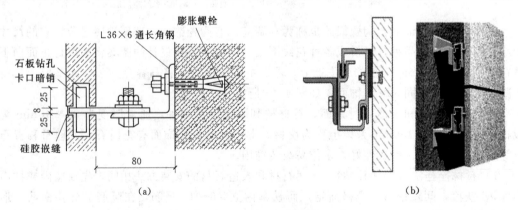

（a）　　　　　　　　　　　　　　　　　（b）

图 4.45　干挂石材法构造

（4）涂料类墙面装修。涂料系指喷涂、刷于基层表面后，能与基层形成完整而牢固的保护膜的涂层饰面装修。涂料按其主要成膜物的不同，可以分为有机涂料和无机涂料两大类。

1）无机涂料。常用的无机涂料有石灰浆、大白浆、可赛银浆、无机高分子涂料等。

2）有机涂料。有机合成涂料依其主要成膜物质和稀释剂的不同，可分为溶剂型涂料、水溶性涂料和乳液型涂料三种。

（5）裱糊类墙面装修。裱糊类墙面装修是将各种装饰性的墙纸、墙布、织锦等材料裱糊在墙面上的一种装修做法。裱糊类墙面装修有装饰性强、造价较经济、施工方法简捷高效、材料更换方便等特点。墙纸的品种很多，目前国内使用最多的是 PVC 塑料墙纸、纺织物面墙纸、金属墙纸。墙布有玻璃纤维墙布、锦缎等。裱糊类饰面在施工前要对基层进行处理。处理后的基层应平整、坚实、牢固，不起皮和裂缝，同时应使基层保持干燥。常采用水泥砂浆、水泥石灰膏砂浆、石膏板、无粉化、木板等作为基层。

1）基层处理。在基层刮腻子，以使裱糊墙纸的基层表面达到平整光滑。同时为了避免基层吸水过快，还应对基层进行封闭处理，处理方法为在基层表面满刷一遍按 1：0.5～1：1 稀释的 107 胶水。

2）裱贴墙纸。粘贴剂通常采用 107 胶水。其配合比为 107 胶：羧甲基纤维素（2.5%）水溶液：水＝100：（20～30）：50，107 胶的含固量为 12% 左右。

（6）板材类墙面装修。板材类装修系指采用天然木板或各种人造薄板借助于镶钉胶等固定方式对墙面进行装饰处理。板材类墙面由骨架和面板组成，骨架有木骨架和金属骨架，面板有硬木板、胶合板、纤维板、石膏板等各种装饰面板和近年来应用日益广泛的金属面板。常见的构造方法如下：

1）木质板墙面。木质板墙面系用各种硬木板、胶合板、纤维板以及各种装饰面板等作的装修。具有美观大方、装饰效果好，且安装方便等优点，但防火、防潮性能欠佳，一般多用作宾馆、大型公共建筑的门厅以及大厅的装修。木质板墙面装修构造是先立墙筋，然后外钉面板，如图 4.46 所示。

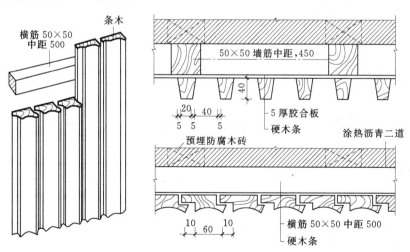

图 4.46　木质板墙面构造

2）金属薄板墙面。金属薄板墙面系指利用薄钢板、不锈钢板、铝板或铝合金板作为墙面装修材料。以其精密、轻盈，体现着新时代的审美情趣。

金属薄板墙面装修构造，也是先立墙筋，然后外钉面板。墙筋用膨胀铆钉固定在墙上，间距为 60～90mm。金属板用自攻螺丝或膨胀铆钉固定，也可先用电钻打孔后用木螺丝固定。

3）石膏板墙面。一般构造做法是：首先在墙体上涂刷防潮涂料，然后在墙体上铺设龙骨，将石膏板钉在龙骨上，最后进行板面修饰，如图 4.47 所示。

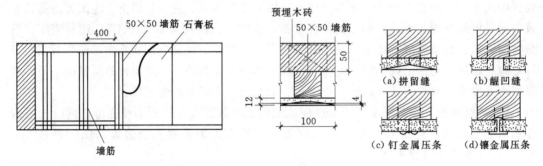

图 4.47　石膏板墙面构造

### 4.6.4　室内外装修的要求

（1）室内外装修严禁破坏建筑物结构的安全性。

（2）室内外装修应采用节能、环保型建筑材料。

（3）室内外装修工程应根据不同使用要求，采用防火、防污染、防潮、防水和控制有害气体和射线的装修材料和辅料。

（4）保护性建筑的内外装修尚应符合有关保护建筑条例的规定。

（5）室内装修不得遮挡消防设施标志、疏散指示标志及安全出口，并不得影响消防设施和疏散通道的正常使用。

（6）室内如需要重新装修时，不得随意改变原有设施、设备管线系统。

（7）外墙装修必须与主体结构连接牢靠。

（8）外墙外保温材料应与主体结构和外墙饰面连接牢固应防开裂、防水、防冻、防腐蚀、防风化和防脱落。

（9）外墙装修应防止污染环境的强烈反光。

# 任务 4.7　建筑幕墙的类型、材料与构造

- **任务的提出**

　　幕墙分为哪几种类型，你所在地标志性建筑有用幕墙结构吗？

- **任务解析**

　　根据附图的幕墙，按照设计要求对其幕墙分析。

- **任务的实施**

### 4.7.1　幕墙构造基本知识

　　幕墙是由金属构件与各种板材组成的悬挂在建筑主体结构上的轻质外围护墙。它只承

受自重和风力，不承受其他荷载，是属于非承重墙。幕墙是现代建筑经常使用的一种装饰性外墙。

**1. 幕墙的作用与特点**

幕墙的作用有两个：一是对建筑起外围护作用；二是对外墙的装饰作用。幕墙具有以下的特点：由面板和支承结构体系组成，是完整的结构系统；相对于主体结构有一定的位移能力；只承受直接作用于其上的荷载，不分担主体结构的荷载。

**2. 建筑幕墙的类型**

从不同的角度出发对幕墙有不同的分类，一般可按以下原则进行分类：

（1）按用途分类。按用途分类，幕墙可分为围护性建筑幕墙和装饰性建筑幕墙。

（2）按面板材料分类。按面板材料分类，幕墙可分为玻璃幕墙、金属幕墙、石材幕墙和复合材料幕墙。

（3）按构造方式分类。幕墙可分为构件式幕墙、单元式幕墙、双层幕墙、天幕和楼层幕墙。

（4）按面板支承状况分类。

1）框支式。框支式包括明框、隐框和半隐框玻璃幕墙。

2）点支式。点支式包括有孔玻璃幕墙；无孔（补丁）玻璃幕墙。

3）肋支式。肋支式包括玻璃肋支全玻璃幕墙等。

（5）按密闭类型分类。按密闭类型分类幕墙可分为封闭式建筑幕墙和开敞式建筑幕墙。

**3. 建筑幕墙的构造设计要求**

幕墙的构造设计，直接关系到幕墙的使用功能，设计时对以下问题应予以注意：

（1）幕墙构件的面板与边框所形成的空腔应采用等压设计，使空腔内气压与室外气压相同，防止室外气压将雨水压入腔内，以提高幕墙抗雨水渗透功能。

（2）可能产生渗水的部位应预留泄水通道，集水后由管道排出。

（3）可能产生冷凝水的部位，应留泄水孔道，集水后由管道排出。

（4）板材与边框连接处必须用硅酮密封胶进行覆盖密封。密封材料应能在长期压力下保持弹性。

（5）伸缩缝、温度缝、沉降缝处必须妥善处理，既能保持立面美观，又能满足缝两侧结构变形的要求。

（6）隐框玻璃幕墙构件之间的拼缝宽度不宜过大，过大影响美观；也不宜过小，过小则容易因温度变化而挤压玻璃。

（7）由于幕墙位移和温度变化，幕墙各部分会因摩擦产生噪声，影响建筑的使用质量，所以应在摩擦部位设置垫片，防止或减少摩擦噪声。

（8）各种五金件、连接件设计过程中，要防止不同金属相接触产生电化学腐蚀。

（9）建筑设计时必须考虑擦窗机的轨道布置、连接件布置和相应的荷载值，并及时向结构专家提出。

（10）幕墙墙面活动部分面积不宜大于墙面面积15%，宜采用上悬窗，开启角度不宜大于30°。开启后的宽度不宜大于300mm。

此外，幕墙的设计应满足有关规范和标准规定的节能要求。

### 4.7.2　玻璃幕墙

玻璃幕墙是一种美观新颖的建筑墙体装饰方法，是现代主义高层建筑时代的显著特征。它赋予建筑的最大特点是将建筑美学、建筑功能和建筑结构等因素有机地统一起来，建筑物从不同角度呈现出不同的色调，随阳光、月色、灯光的变化给人以动态的美，如图4.48所示。在世界各大洲的主要城市均建有宏伟华丽的玻璃幕墙建筑，如西尔斯大厦、芝加哥石油大厦等都采用了玻璃幕墙；香港中国银行大厦、北京长城饭店和上海联谊大厦也相继采用。但玻璃幕墙也存在着一些局限性，例如光污染、能耗较大等问题。

玻璃幕墙一般由三部分组成，即结构框架、填衬材料和幕墙玻璃。玻璃幕墙按照骨架构件的位置分为明框玻璃幕墙和隐框玻璃幕墙两种。

图 4.48　玻璃幕墙建筑

图 4.49　明框玻璃幕墙

1. 明框玻璃幕墙

明框玻璃幕墙是金属框骨架构件显露在外表面的玻璃幕墙，如图4.49所示。它以特殊断面的铝合金型材为框架，玻璃面板全嵌入型材的凹槽内。其特点在于铝合金型材本身兼有骨架结构和固定玻璃的双重作用。明框玻璃幕墙是最传统的形式，应用最广泛，工作性能可靠。相对于隐框玻璃幕墙，更易满足施工技术水平要求。

2. 隐框玻璃幕墙

隐框玻璃幕墙的金属框骨架隐蔽在玻璃的背面，室外看不见金属框。隐框玻璃幕墙又可分为全隐框玻璃幕墙和半隐框玻璃幕墙两种，如图4.50所示。半隐框玻璃幕墙可以是横明竖隐如图4.50（c）所示，也可以是竖明横隐如图4.50（b）所示。隐框玻璃幕墙的构造特点是玻璃在铝框外侧，用硅酮结构密封胶将玻璃与铝框粘接。

3. 点式玻璃幕墙

点式玻璃幕墙是近年来出现的一种新型玻璃幕墙，它的全称为金属支承结构点式玻璃幕墙（图4.51）。金属支承结构点式玻璃幕墙这是目前采用最多的一种形式，它是用金属材料作支承结构体系，通过金属连接件（图4.52）和紧固件将玻璃牢固地固定在它上面，十分安全可靠。

它充分利用金属结构的灵活多变以满足建筑造型的需要，人们可以透过玻璃清楚地看到支承玻璃的整个结构体系。点式玻璃幕墙视野开阔，使人赏心悦目，建筑物室内、外空间达到最大程度的视觉交融。

（a）全隐框玻璃幕墙

（b）竖明横隐半隐框玻璃幕墙

（c）横明竖隐半隐框玻璃幕墙

图 4.50　玻璃幕墙的类型

图 4.51　点式玻璃幕墙

图 4.52　点式玻璃幕墙的连接件

### 4.7.3　石材幕墙

石材幕墙通常由石板支承结构（铝横梁立柱、钢结构、玻璃肋等）组成，是不承担主体结构载荷与作用的建筑围护结构。一般采取干挂的安装方式，因为干挂相对于湿贴造价稍高，但是有一些好处。干挂安全可靠度较高，不容易坠落，所以较高的墙面都用干挂。外墙湿贴容易出现泛碱现象，影响幕墙观感。湿贴的抗冻融性能也差一些，在冰冻地区容易出问题。

1. 石材幕墙的优点

（1）天然材质、光亮晶莹、坚硬永久、高贵典雅。

（2）耐冻性。石材在潮湿状态下，能抵抗冻融而不发生显著之破坏者，此性能称为耐冻性。岩石孔隙内的水分在温度低到−20℃时，发生冻结，孔隙内水分膨胀比原有体积大1/10，岩石若不能抵抗此种膨胀所产生的力量，便会出现破坏现象。

（3）抗压强度。石材的抗压强度会因矿物成分、结晶粗细、胶结物质的均匀性、荷重面积、荷重作用与解理所成角度等因素，而有所不同。若影响因素相同，石材通常结晶颗粒细小而彼此黏结一起，形成致密材料，具有较高强度。

2. 石材幕墙的缺点

（1）笨重的石材做高层建筑外墙有诸多严重危险性，在建筑业中的招投标尚未完全规范，不少石材幕墙工程是谁的造价最低谁中标，有个别的分包，这样低价中标，为了不赔钱就要偷工减料，这使得石材幕墙的安全性很难得到保障。

（2）设计中存在不规范行为，不少设计院对幕墙并不熟悉，只在图纸上标明什么幕墙，而不考虑实际情况。石材幕墙有些由中标的幕墙公司自己设计，有的设计院请结构师认真审查，但大部分设计院走形式的审查，设计并不过关。

（3）石材幕墙防火性能很差，尤其在高层建筑，火灾一般均在室内燃起，楼内的大火会使挂石板的不锈钢板和金属结构温度升高，使钢材软化，失去强度，石板将会从高层形成石板"雨"落下，不仅对行人造成危险，也给消防救火造成困难。

### 4.7.4 铝板幕墙

铝板幕墙的构造组成与隐框玻璃幕墙类似，采用框支承受力方式，也需要制作铝板板块，铝板板块通过铝角和幕墙骨架连接。铝板板块由加劲肋和面板组成。板块的制作需要在铝板的背面设置变肋和中肋等加劲肋。在制作板块时，铝板应四周折边以便与加劲肋连接。加劲肋常采用铝合金型材，以槽型和角形型材为主。面板与加劲肋之间通常的连接方法有铆接、电栓焊接、螺栓连接以及化学粘结等。为了方便板块与骨架体系的连接需在板块的周边设置铝角，铝角一端常通过铆接方式固定在板块上，另一端采用自攻螺丝固定在骨架上。

1. 铝板幕墙的材料

复合铝板是由内外两层 0.5mm 的纯铝板（室内用为 0.2～0.25mm），中间夹层为 3～4mm 厚的聚乙烯（PE 或聚氯乙烯 PVC）经辊压热合而成，商品为一定规格的平板，如 1220mm×2440mm。外用复合铝板表面的氟碳漆也是以辊涂的方式与辊压、热合一次完成的，涂层的厚度一般为 20μm 左右，复合铝板的优点是质轻，表面光洁，平整度好，同方向无色差，并具有出色的现场加工性，为处理现场建筑误差所引起的外墙尺寸变化，减少车间加工周期和缩短安装工期提供了条件。

复合铝板的板材在安装时要经加工制成墙板，首先，要根据二次设计的尺寸裁板，裁板时要考虑到折边加放的尺寸，一般每边加放 30mm 左右，据幕墙安装公司介绍，裁板的成材率一般为 60%～70%。裁好的复合板需要四边刨槽，即切去一定宽度的内层铝板和塑料层，仅剩 0.5mm 厚的外层铝板，然后折边成 90°阳角，再用铝型材制作同一大小的付框，放在铝塑板弯好的槽内，付框底面用结构胶与铝塑板背面粘结，折起的四边用拉铆的形式固定于付框外侧，付框中间一般还要有加强筋以保证墙板的机械强度，加强筋为铝材，用结构胶粘结，有些非正规做法只在复合板的四角加角铝固定，加强筋粘结用双面胶带，其牢固性大打折扣。

铝合金单板一般是 2～4mm 的铝合金板，在制作成墙板时，先按二次设计的要求进行钣金加工，直接折边，四角经高压焊接成密合的槽状，墙板背面用电焊植钉的方式预留加强筋的固定螺栓。钣金工作完成之后，再进行氟碳漆的喷涂，一般有二涂三涂，漆膜厚度为 30～40μm。铝合金单板容易加工成弧形及多折边或锐角，能够适应如今变化无穷的外墙装饰的需要，而且色彩丰富，可以按设计及业主的要求任意选色，真正意义上拓宽了建筑师们的设计空间。

**2. 铝板幕墙的特点**

(1) 铝板幕墙刚性好、重量轻、强度高。铝单板幕墙板耐腐蚀性能好，氟碳漆可达25年不褪色。

(2) 铝板幕墙工艺性好。采用先加工后喷漆工艺，铝板可加工成平面、弧型和球面等各种复杂几何形状。

(3) 铝板幕墙不易沾污，便于清洁保养。氟涂料膜的非黏着性，使表面很难附着污染物，更具有良好向洁性。

(4) 铝板幕墙安装施工方便快捷。铝板在工厂成型，施工现场不需裁切只需简单固定。

(5) 铝板幕墙可回收再利用，有利环保。铝板可100％回收，回收价值更高。

(6) 铝板幕墙质感独特，色泽丰富、持久，而且外观形状可以多样化，并能与玻璃幕墙材料、石材幕墙材料完美地结合。其完美外观，优良品质，使其备受业主青睐，其自重轻，仅为大理石的1/5，是玻璃幕墙的1/3，大幅度减少了建筑结构和基础的负荷，而且维护成本低，性能的价格比高。

# 课 后 自 测 题

**1. 简答题**

(1) 墙体是如何分类的？各有哪些墙体？

(2) 墙体有哪些作用？设计要求如何？

(3) 常见的砖墙组砌方式有哪些？

(4) 墙身水平防潮有哪几种做法？各有何特点？其位置应如何考虑？

(5) 什么是勒脚和散水？各有什么做法？

(6) 为什么要在墙体中设置圈梁？其构造要求有哪些？

(7) 什么是构造柱？主要设置在墙体的哪些位置？

(8) 简述砌块墙的构造要点。

(9) 简述隔墙与隔断的区别。

(10) 简述墙面装修的作用和基本类型。

**2. 实践技能训练——墙体构造设计**

(1) 目的要求。通过本设计掌握：

1) 墙段与洞口尺寸的确定。

2) 墙身的剖面组成及构造方式。

(2) 设计条件。

1) 根据某中学教学楼平、立、剖面图进行设计（也可根据不同的地区自选）。

2) 采用砖墙承重，砖块尺寸240mm×115mm×53mm，内墙厚均为240mm，外墙240mm（寒冷地区可做365mm外墙），勒脚材料与砖墙同。若需加设大梁承重，支承大梁的砖墙可加壁柱。

3) 采用预制钢筋混凝土楼板、大梁、过梁。

4）采用木门窗，窗洞大小按窗地比计算（教室窗地比为1/4，其他用房为1/6～1/8）。

5）内外墙均做抹灰饰面。

6）楼地面做法学生自定。

7）室内地坪标高为±0.000，室外标高自定。

（3）设计内容和深度。本设计用3号图纸一张。完成下列内容：

1）底层局部平面图（比例为1∶50）。

a．画出纵横定位轴线和轴线圈，定义轴线号。

b．标注轴线尺寸、洞口尺寸、内部墙段尺寸。

c．按采光要求及立面设计的美观要求开设窗洞口。

d．在外墙处标示散水，标注散水宽度及坡度。设有明沟或暗沟的应同时标注。

e．画出门扇（开启方向一般按内门内开、外门外开）。

f．标注室内外地面标高。

g．选择一处窗洞口进行详图设计并标注详图引出符号。

h．标注图名及比例。

2）墙身剖面节点详图（比例为1∶10）。

a．按平面图上详图索引位置画三个节点详图（墙脚及散水、窗台、过梁），布图时要求按顺序将1、2、3节点布置在一条垂直线上。

b．标注各点控制标高（防潮层、窗台顶面、过梁底、楼层、地坪等）。

c．画出定位轴线及轴线圈。

d．按构造层次表示内外抹灰、踢脚板、楼板、地坪、窗框等处的关系，如画窗台板、窗套、贴脸板等构件。

e．按制图规范表示材料符号并标注各节点处材料、尺度及做法。

f．标注散水（明沟、暗沟）和窗台等处尺度、坡度、排水方向。

g．标注详图名及比例。

（4）设计参考资料。

1）门、窗洞口参考尺寸。

a．窗洞宽（mm）：600、1000、1200、1500、1800、2100、2400、3000、3300。

b．窗洞高（mm）：700、1000、1200、1500、1800、2100、2400、3000。

c．门洞宽（mm）：700、800、900、1000、1200、1500、1800、2400、3000、3300。

d．门洞高（mm）：2000、2400、2700、3000。

2）钢筋混凝土楼板、大梁和过梁的断面尺寸，参考西南建设图集所示尺寸。

（5）设计方法和步骤。

1）理解本次设计目的要求，具体要完成哪些任务，做到心中有数，并合理安排，及时完成设计。

2）确定门窗洞口大小。窗洞的大小可先按采光系数计算，教室、办公室的采光面积比控制在1/4～1/6。确定窗洞面积后，窗洞的高和宽，可根据采光，建筑立面等因素确定。一般要反复几次才能定下来，可参考当地标准图，或参考本任务书设计参考资料。

3）确定各墙段尺寸。原则上墙段都要符合砖模，即（$n \times 115.10$）的倍数，式中 $n$ 为墙段内包含的半砖数，115mm 是半砖的尺寸，10mm 是标准灰缝的大小。符合砖模倍数的墙段尺寸为：365mm、490mm、615mm、740mm、865mm、990、1125mm、1240mm、1365mm、1490mm 等，但这些尺寸都不符合基本模数 100mm 的倍数，所以允许在确定墙段时对上述标准墙段尺寸作些调整。1000mm 以下的墙段允许调整的幅度为 ±10mm，例如 740mm 的墙段可在 730～750mm 内调整；1000～1500mm 的墙段允许调整的幅度为 ±20mm，例如 1365mm 的墙段可在 1345～1385mm 内调整；大于 1500mm 的墙段允许调整的幅度更大，无须再考虑砖模。确定墙段这项工作比较繁琐，计算时可能会反复多次，比较费时间。

4）确定好墙段洞口尺寸后开始画正式图。注意平面图和三个节点详图要布置均匀，不要出现疏密悬殊的情况，以免影响图面美观。先用很轻的线将四个图全部画好，反复检查有无错误后，再加重。要注意线型，平面图被剖部分用粗实线，其余为细实线；三个节点详图被剖的砖墙和过梁等为粗实线，被剖的散水、混凝土垫层、窗框、楼板等为中粗线，其余线条可用细实线。注意以上三种线条的对比度要分明。

# 项目5 楼 地 层

楼地层是房屋主要的水平承重构件和水平支撑构件，它将荷载传递到墙、柱、墩、基础或地基上，同时又对墙体起着水平支撑作用，以减少水平风力和地震水平荷载对墙面的作用。楼板层将房屋分成若干层；楼地层大多直接与地基相连，有时分割地下室。

## 任务5.1 楼地层的组成、构造、类型及设计要求

**·任务的提出**

分析附图中建筑楼地面的构造层次和做法。

**·任务解析**

可以通过具体掌握每个构造层次的作用来记忆，并同时掌握楼地面的设计要求。

**·任务的实施**

### 5.1.1 楼地层的组成

楼地层包括楼板层和地坪层，主要由以下两部分构件组成。

1. 承重构件

承重构件一般包括梁、板等支撑构件。楼地层承受楼板上的全部荷载，并将这些荷载传递给墙、柱、墩，同时对墙身起水平支撑作用，增强房屋的刚度和整体性。

2. 非承重构件

楼地层的面层、顶棚。它们仅将荷载传递到承重构件上，并具有热工、防潮、防水、保温、清洁及装饰作用。

### 5.1.2 楼地层的构造

楼板层通常由面层、楼板（结构层）、顶棚三部分组成。地坪层是将地面荷载均匀传给地基的构件，它由面层、附加层、垫层和素土夯实层构成。依据具体情况可设找平层、结合层、防潮层、保温层、管道铺设层等，如图5.1所示。

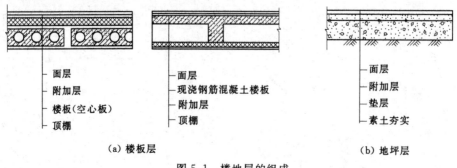

（a）楼板层　　　　　　　　　　　　　　（b）地坪层

图5.1 楼地层的组成

**1. 素土夯实层**

素土夯实层是地坪的基层，材料为不含杂质的砂石黏土，通常是填 300mm 的素土夯实成 200mm，使之均匀传力。

**2. 垫层**

垫层是将力传递给结构层的构件，有时垫层也与结构层合二为一。垫层又分为刚性垫层和非刚性垫层，刚性垫层采用 C10 混凝土、厚度为 80～100mm，多用于地面要求较高、薄而脆的面层；非刚性垫层有 50mm 厚砂垫层、80～100mm 厚碎石灌浆、50～70mm 厚石灰炉渣、70～120mm 厚三合土等不同做法，常用于不易断裂的面层。

**3. 结构层**

结构层是将力传给垫层的构件，常与垫层结合使用，通常采用 70～80mm 厚，C10 混凝土。

**4. 面层**

面层是人们直接接触的部位，应坚固、耐磨、平整、光洁、不易起尘，且应有较好的蓄热性和弹性。特殊功能的房间要符合特殊的要求。

### 5.1.3　楼板的类型

根据所用承重材料不同，楼板可分为木楼板、钢筋混凝土楼板和压型钢板组合楼板等类型。

（1）木楼板是我国传统的做法，是由墙或梁支撑的木格栅上铺钉木板，木格栅之间有剪刀撑，下做板条抹灰顶棚。木楼板自重轻，保温隔热性能好、舒适、有弹性，只在木材产地采用较多，但耐火性和耐久性均较差，且造价偏高，为节约木材和满足防火要求，现采用较少。

（2）钢筋混凝土楼板强度高、刚度好、耐火性和耐久性好，还具有良好的可塑性，在我国便于工业化生产，应用最广泛。按其施工方法不同，可分为现浇式、装配式和装配整体式三种。

（3）压型钢板组合楼板是在钢筋混凝土基础上发展起来的，利用钢衬板作为楼板的受弯构件和底模，既提高了楼板的强度和刚度，又加快了施工进度，是目前正大力推广的一种新型楼板。

### 5.1.4　楼地层的设计要求

（1）具有足够的强度和刚度。强度要求是指楼板层应保证在自重和活荷载作用下安全可靠，不发生任何破坏。这主要是通过结构设计来满足要求。刚度要求是指楼板层在一定荷载作用下不发生过大变形，以保证正常使用状况。结构规范规定楼板的容许挠度不大于跨度的 1/250，可用板的最小厚度（1/40L～1/35L）来保证其刚度。

（2）具有一定的隔声能力。不同使用性质的房间对隔声的要求不同，如我国对住宅楼板的隔声标准中规定：一级隔声标准为 65dB，二级隔声标准为 75dB 等。对一些特殊性质的房间如广播室、录音室、演播室等的隔声要求则更高。楼板主要是隔绝固体传声，如人的脚步声、拖动家具、敲击楼板等都属于固体传声，防止固体传声可采取以下措施。

1）在楼板表面铺设地毯、橡胶、塑料毡等柔性材料。

2）在楼板与面层之间加弹性垫层以降低楼板的振动，即"浮筑式楼板"。

3）在楼板下加设吊顶，使固体噪声不直接传入下层空间。

（3）具有一定的防火能力。保证在火灾发生时，在一定时间内不至于是因楼板塌陷而造成生命和财产损失。

（4）具有防潮、防水能力。对有水的房间，都应该进行防潮防水处理。

（5）满足各种管线的设置。

（6）满足建筑经济的要求。

# 任务 5.2　钢筋混凝土楼板的构造

• **任务的提出**

掌握各种钢筋混凝土楼板的形式及其特点。

• **任务解析**

现浇钢筋混凝土楼板中的平板式，要注意单向板和双向板的区分；肋梁式楼板中要注意主次梁的断面形式、尺寸以及主次梁布置对采光的影响等；预制楼板的构造及适用范围；压型钢板混凝土组合板的钢板作用等；通过每种楼板的不同特点学习和掌握知识。

• **任务的实施**

钢筋混凝土楼板根据其施工方式的不同，可分为现浇式、装配式和装配整体式三种。根据其传力方式的不同，可分为单向板（单向支撑）和双向板（双向支撑）。钢筋混凝土楼板层的构造组成也包括面层、结构层和顶棚三个主要部分。必要时依功能要求，增设其他有关构造部分。

## 5.2.1　现浇式钢筋混凝土楼板

1. 钢筋混凝土板式楼板

钢筋混凝土板式楼板的跨度一般为 2～3m，支撑在四周墙上，板厚约 70mm，板内配置受力钢筋（设于板底）与分布钢筋（垂直架于受力钢筋上以防混凝土开裂），受力钢筋按短跨搁置。平面形式近似方形或方形的钢筋混凝土板则多用双向支撑和配筋。厕所、厨房多采用这种形式的楼板。

楼板根据受力特点和支承情况，分为单向板和双向板。为满足施工要求和经济要求，对各种板式楼板的最小厚度和最大厚度，一般规定如下：

（1）单向板（板的长边与短边之比大于 2）。

1）屋面板板厚 60～80mm。

2）民用建筑楼板厚 70～100mm。

3）工业建筑楼板厚 80～180mm。

（2）双向板（板的长边与短边之比不大于 2）。板厚为 80～160mm。

此外，板的支承长度规定：当板支承在砖石墙体上，其支承长度不小于 120mm 或板厚；当板支承在钢筋混凝土梁上时，其支承长度不小于 60mm；当板支承在钢梁或钢屋架上时，其支承长度不小于 50mm。

**2. 钢筋混凝土无梁楼板**

楼板不设梁，而将楼板直接支撑在柱上时为无梁楼板。无梁楼板大多在柱顶设置柱帽，尤其是楼板承受的荷载很大时，设置柱帽可避免楼板过厚。柱帽形式多样，有圆形、方形和多边形等。无梁楼板的柱网通常为正方形或近似正方形，常用的柱网尺寸为 6m 左右，较为经济，如图 5.2 所示。

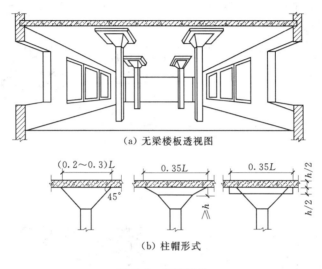

（a）无梁楼板透视图

（b）柱帽形式

图 5.2　无梁楼板

无梁楼板具有净空高度大，顶棚平整，采光通风及卫生条件均较好，施工简便等优点。适合用于商场、仓库、书库、多层车库等荷载较大的建筑。

**3. 梁、板式（肋梁）楼板**

钢筋混凝土梁板式楼板由板、次梁、主梁现浇而成；钢筋混凝土结构也有反梁，即板在梁下相连。依据受力情况的不同，板又分为单向板肋梁楼板、双向板肋梁楼板。单向板肋梁楼板主梁支撑在柱上，主梁的经济跨度为 5～9m，梁的断面同钢筋量百分比有关，梁的构造高度为跨度的 1/8～1/12，其间距为次梁跨度。次梁跨度一般为 4～7m，梁高为跨度的 1/12～1/16，其间距为板跨。在进行肋梁楼板的布置时，承重构件，如梁、柱、墙等要做到上下对齐，便于合理地传力、受力。较大的集中荷载，如隔墙、设备等宜布置在梁上，不要布置在板上，现浇钢筋混凝土梁板式楼板如图 5.3 所示。

**4. 井式楼板**

井式楼板是双向板肋梁楼板，当肋梁楼板的梁不分主次，高度相同，相交呈井字形时，称为井式楼板。井式楼板上部传下的力，由两个方向的梁相互支撑，其梁间距一般为 3m，板跨度可达 30～40m，故可营造较大的建筑空间，这种形式多用于无柱的大厅（图 5.4）。

### 5.2.2　预制装配式钢筋混凝土楼板

预制装配式钢筋混凝土楼板是将楼板分成若干构件，在工厂预先制作好后，到施工现场进行安装的楼板形式。预制板的长度与房间开间或进深一致，并为 300mm 的倍数，板的宽度一般为 100mm 的倍数，板的截面尺寸需经过结构计算并考虑与砖的尺寸相协调而

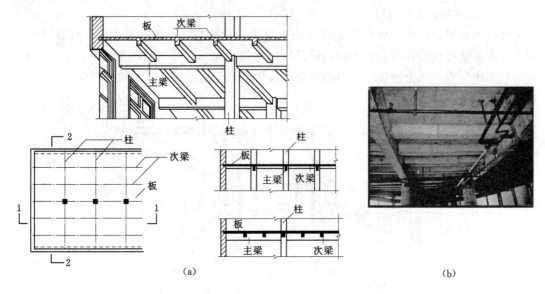

（a）　　　　　　　　　　　　　　　（b）

图 5.3　现浇钢筋混凝土梁板式楼板

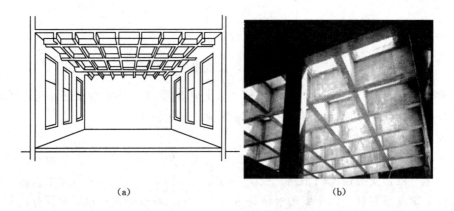

（a）　　　　　　　　　　　　　　　（b）

图 5.4　井式楼板（实图是井式梁）

定，以便于砌筑。

　　预制钢筋混凝土楼板有预应力和非预应力两种。预应力楼板是指在预制加工过程中，预先给它施加预压应力。在安装受荷以后，板所受到的拉应力和预先给的压应力平衡。预应力楼板的抗裂性和刚度要好于非预应力楼板，且板型规整，节约材料，自重减轻，造价降低。预制装配式钢筋混凝土楼板构造可分三类：实心平板、槽型板、空心板。

　　**1. 实心平板**

　　实心板宽度有 400mm、500mm、600mm、800mm 等几种形式；板的长度（即跨度）较小，为 1500～2000mm；板的厚度通常不小于 60mm。简单的平板式楼板将板直接搁置在梁上，搁置在钢筋混凝土梁上时支承长度不小于 80mm，搁置在内墙上时不小于 100mm，搁置在外墙上时不小于 120mm。实心平板制作简单，但隔音效果差。形式较复杂的平板式楼板的梁采用倒 T 形，板搁置在梁之间，板上可置填充物，然后加铺面层，这样就可以提高隔声和保温隔热效果，如图 5.5 所示。

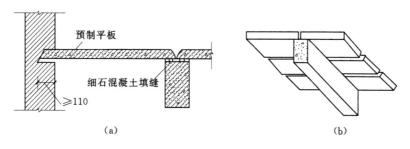

图 5.5　实心平板

预制实心平板由于其跨度小，板面上下平整，隔声差，通常用于过道和小房间、卫生间的楼板，也可用于架空隔板、管沟盖板、阳台板、雨棚板等。

2. 槽型板

槽型板是梁板合一的槽型构件，板宽不小于 400mm，板高为 120～300mm，并依砖厚而定。槽型板分槽口向上和槽口向下两种，槽型向下的槽型板受力较为合理，但板底不平整、隔声效果差。槽型向上的倒置槽型板，受力不合理，铺地时需另加构件，但槽内可填轻质构件，顶棚处理、保温、隔热及隔音的施工较容易，如图 5.6 所示。

槽形板的板面较薄，自重较轻，可以根据需要打洞穿孔，且不影响板的强度和刚度，常用于管道较多的房间，如厨房、卫生间、库房等。

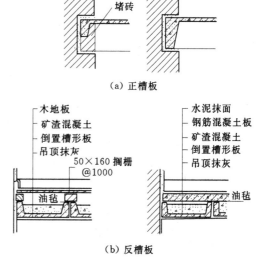

图 5.6　槽形板

3. 空心板

空心板是将平板沿纵向按受力情况，将受力小的一部分混凝土抽去而形成的。其上部主要由混凝土承受压力，下部由钢筋承担拉力，在中轴附近混凝土内力作用较少。如将其挖去，截面就成为工字形或 T 字形，若干个这样的截面就组合成单孔板和多孔板的形式。空心板的孔洞有矩形、方形、圆形、椭圆形等；孔数有单孔、双孔、三孔、多孔。板宽分别有 400mm、500mm、600mm、800mm 等尺寸；跨度可达到 6.0m、6.6m、7.2m 等；板的厚度等于板跨的 1/20～1/25，且遵守砖的模数。空心板节省材料，隔音、隔热性能好，板面平整，但板面不能随意打洞，如图 5.7 所示。

4. 梁的断面形式

梁的断面形式有矩形、锥形、T 形、十字形、花篮梁等。矩形、锥形截面梁外形简单，制作方便，但空间高度较大，矩形截面梁较 T 形截面梁外形简单，十字形或花篮梁可减少楼板所占的高度。梁的经济跨度为 5～9m。

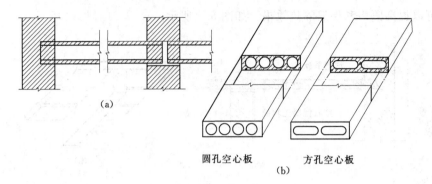

(a)

圆孔空心板　　　方孔空心板

(b)

图 5.7　空心板

5. 板的布置方式

　　板的布置方式要受到空间大小、布板范围、板的规格、经济合理等因素的制约，板的支撑方式有板式和梁板式两种，如图 5.8 所示。预制板直接搁置在墙上的布板方式称板式布置；楼板支撑在梁上，梁再搁置在墙上的布板方式称梁板式布置。板的布置大多以房间短边为跨进行，狭长空间最好沿横向铺板，如图 5.9 所示。

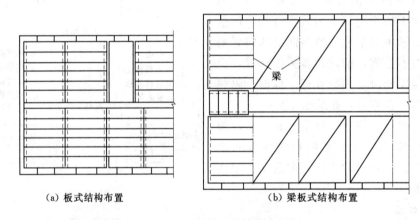

（a）板式结构布置　　　　　　　　　　（b）梁板式结构布置

图 5.8　预制楼板的结构布置

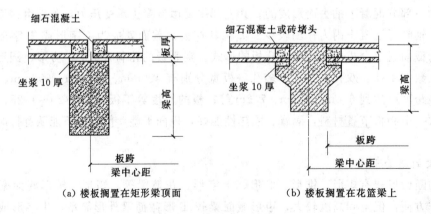

（a）楼板搁置在矩形梁顶面　　　　　　（b）楼板搁置在花篮梁上

图 5.9　板在梁上的搁置

6. 楼板的细部构造

（1）梁、板的搁置及锚固。梁、板的搁置一定要注意保证它的搁置长度。构件在墙上的搁置长度不少于 100mm；搁置在钢筋混凝土梁上时，不得小于 80mm，搁置于钢梁上亦应大于 50mm。至于梁支撑在墙上时，必须设梁垫；板搁置在墙或梁上时，板下应铺标号为 M5、厚度为 10mm 的坐浆。所有梁板边缘（纵向）均不宜搁入墙内，避免板产生破裂。多孔板孔端内必须填实。为了增加楼层的整体性刚度，无论板间、板与纵墙、板与横墙等处需加设钢筋锚固，或利用吊环拉固钢筋。锚固的具体做法如图 5.10 所示。

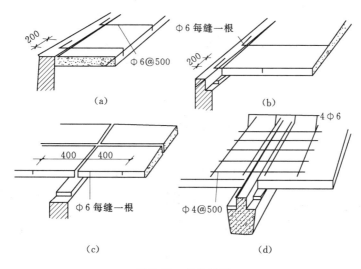

图 5.10　板的锚固

（2）板缝的处理。板与板相拼，纵缝容许宽为 10～20mm 的缝隙，缝内灌入细石混凝土。板间侧缝的形式有 V 形、U 形和槽形。由于板宽规格的限制，在排列过程中，常会出现较大的缝隙，根据排板数和缝隙的大小，可采取调整板缝的方式将板缝控制在 30mm 内，用细石混凝土灌实来解决；当板缝大于 50mm 时，在缝中加钢筋网片，再用细石混凝土灌密实；当缝宽为 120mm 时，可将缝留在靠墙处，采用沿墙挑砖填缝；当板缝宽大于 120mm 时，必须另行现浇混凝土，并配置钢筋，形成现浇板带，如楼板为空心板，可将穿越的管道设在现浇板带处，如图 5.11 所示为板缝的处理。

（3）隔墙及设备等在楼板上的搁置。采用轻质材料制作的隔墙或其他构件、荷载较轻的设备可以直接设置在楼板上，自重较大的隔墙、构件或设备应避免将荷载集中在一块板上。通常设梁支撑着力点，为了板底平整，可使梁的截面与板的厚度相同，或在板缝内配筋。当楼板为槽形板时，可将隔墙搁置于板的纵肋上，隔墙与楼板的关系如图 5.12 所示。

## 5.2.3　整体装配式楼板

整体装配式楼板包括密肋填充块楼板和叠合式楼板两类。

1. 密肋填充块楼板

密肋填充块楼板由密肋楼板和填充块叠合而成。密肋楼板有现浇密肋楼板、预制小梁现浇楼板、带骨架芯板填充块楼板等。密肋楼板的肋（梁）的间距与高度的尺寸要同填充物尺寸相配合，通常的间距尺寸为 700～1000mm、肋宽 60～150mm，肋高 200～300mm；

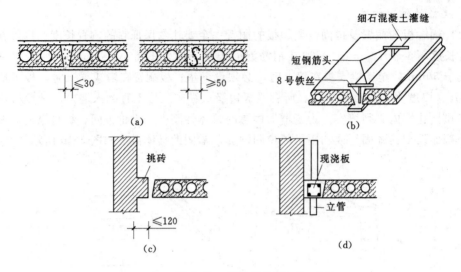

图 5.11　板缝的处理

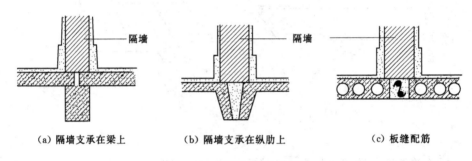

（a）隔墙支承在梁上　　　（b）隔墙支承在纵肋上　　　（c）板缝配筋

图 5.12　隔墙与楼板的关系

板的厚度不小于 50mm，板的适用跨度为 4～10m。密肋填充块楼板板底平整，保温、隔热、隔音效果好，肋的截面尺寸不大，楼板结构占据的空间较少，是一种较好的结构形式，如图 5.13 所示。

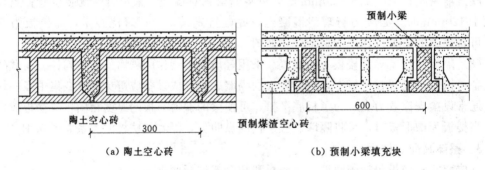

图 5.13　密肋楼板

### 2. 叠合式楼板

叠合式楼板是预制薄板与现浇混凝土面层叠合而成的整体装配式楼板。叠合式楼板的钢筋混凝土薄板既是永久性模板，也是整个楼板的组成部分。薄板内配有预应力钢筋，板面为现浇混凝土叠合层，并配以少量的支座负弯矩钢筋，所有楼板层中的管线均事先埋在叠合层内。叠合式楼板一般跨度为 4～6m，经济跨度为 5.4m，最大跨度可达 9m；预应力薄板厚度通常为 60～70mm，板宽 1.1～1.8m，板间留缝 10～20mm。预制薄板的表面处理有两种形式，一种是表面刻槽，槽直径是 50mm，深 20mm，间距 150mm；另一种是板面上留出三角形结合钢筋。现浇叠合层的混凝土标号为 C20，厚度 70～120mm。叠合楼板的总厚度一般为 150～250mm，以薄板厚度的 2 倍为宜。叠合楼板的形式如图 5.14 所示。

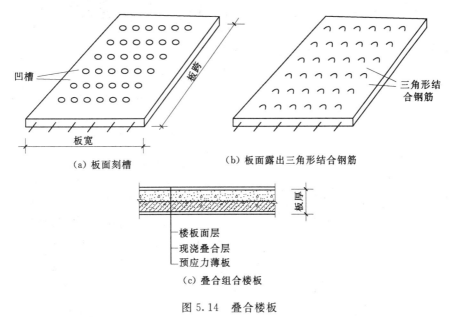

图 5.14 叠合楼板

### 3. 压型钢板混凝土组合板

压型钢板混凝土组合板是以压型钢板为衬板，与混凝土浇筑在一起，搁置在钢梁上构成的整体式楼板，包括楼面层、组合板及钢梁等部分。如图 5.15 所示，压型钢板起到了现浇混凝土的永久性模板和受拉钢筋的双重作用，同时又是施工的台板，简化了施工程序，加快了施工进度。此外，还可以利用压型钢板肋间的空隙敷设室内电力管线；亦可在钢衬板底部焊接架设悬吊管道、通风管和吊顶棚的支柱，从而充分利用了楼板结构中的空间。在国内外高层建筑中得到广泛的应用。

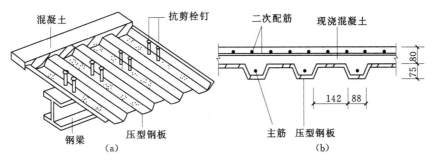

图 5.15 压型钢板组合楼板

# 任务5.3　顶棚的类型、特点和构造

**·任务的提出**

掌握附图中两种常见的顶棚形式和特点，特别是吊顶构造组成。

**·任务解析**

本任务中吊顶式顶棚构造是难点，所以通过附图或者实物的细部构造，比如各部分的连接，来了解和掌握顶棚的形式。

**·任务的实施**

顶棚又称天花板，是楼板层的最下面部分，是建筑物室内主要饰面之一。作为顶棚，要求表面光洁，美观，能反射光线，改善室内照度以提高室内装饰效果；对某些有特殊要求的房间，还要求顶棚具有隔声吸音或者反射声音、保温、隔热、管道敷设等方面的功能。顶棚有两种构造形式：直接式顶棚和悬吊式顶棚。

## 5.3.1　直接式顶棚

直接式顶棚是指直接在钢筋混凝土屋面板或楼板下表面喷浆、抹灰或粘贴装修材料，如图5.16所示。当板底平整时，可直接喷、刷大白浆或106涂料；当楼板结构层为钢筋混凝土预制板时，可用1:3水泥砂浆填缝刮平，再喷刷涂料。这类顶棚构造简单，施工方便，具体做法和构造与内墙面的抹灰类、涂刷类、裱糊类基本相同，常用于装饰要求不高的一般建筑，如住宅、教学楼、办公室等。

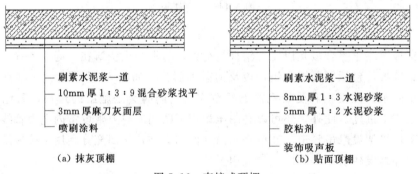

| 刷素水泥浆一道 | 刷素水泥浆一道 |
| 10mm厚1:3:9混合砂浆找平 | 8mm厚1:3水泥砂浆 |
| 3mm厚麻刀灰面层 | 5mm厚1:2水泥砂浆 |
| 喷刷涂料 | 胶粘剂 |
| | 装饰吸声板 |
| （a）抹灰顶棚 | （b）贴面顶棚 |

图5.16　直接式顶棚

## 5.3.2　悬吊式顶棚

悬吊式顶棚又称"吊顶"，它离屋顶或楼板的下表面有一定的距离，通过悬挂物与主体结构联结在一起。

1.吊顶的类型

（1）根据结构构造形式的不同，吊顶可分为整体式吊顶、活动式装配吊顶、隐蔽式装配吊顶和开敞式吊顶等。

（2）根据材料的不同，吊顶可分为板材吊顶、轻钢龙骨吊顶、金属吊顶等。

2.吊顶的构造组成

（1）吊顶龙骨。吊顶龙骨分为主龙骨与次龙骨，主龙骨为吊顶的承重结构，次龙骨则是吊顶的基层。主龙骨通过吊筋或吊件固定在楼板结构上，次龙骨用同样的方法固定在主龙骨上。龙骨可用木材、轻钢、铝合金等材料制作，其断面大小视其材料品种、是否上人和面层构造做法等因素而定。主龙骨断面比次龙骨大，间距约为 2m。悬吊主龙骨的吊筋为 Φ8～10 钢筋，间距也是不超过 2m。次龙骨间距视面层材料而定，间距一般不超过 600mm，如图 5.17 所示。

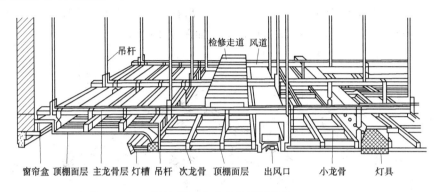

图 5.17　上人吊挂顶棚构造

（2）吊顶面层。吊顶面层分为抹灰面层和板材面层两大类。抹灰面层为湿作业施工，费工费时；板材面层，既可加快施工速度，又容易保证施工质量。板材吊顶有植物板材、矿物板材和金属板材等。

3. 木质（植物）板材吊顶构造

吊顶龙骨一般用木材制作，分格大小应与板材规格相协调。为了防止植物板材因吸湿而产生凹凸变形，面板宜锯成小块板铺钉在次龙骨上，板块接头必须留 3～6mm 的间隙作为预防板面翘曲的措施。板缝缝形根据设计要求可做成密缝、斜槽缝、立缝等形式，如图 5.18 所示。

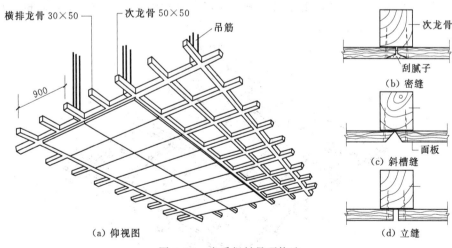

图 5.18　木质板材吊顶构造

4. 矿物板材吊顶构造

矿物板材吊顶常用石膏板、石棉水泥板、矿棉板等板材作面层，轻钢或铝合金型材作龙骨。这类吊顶的优点是自重轻、施工安装快、无湿作业、耐火性能优于植物板材吊顶和抹灰吊顶，故在公共建筑或高级工程中应用较广。

轻钢和铝合金龙骨的布置方式有两种：

（1）龙骨外露的布置方式。这种布置方式的龙骨采用槽形断面的轻钢型材，次龙骨为T形断面的铝合金型材。次龙骨双向布置，矿物板材置于次龙骨翼缘上，次龙骨露在顶棚表面呈方格形。悬吊主龙骨的吊件为槽型断面，吊挂点间距为 0.9～1.2m，最大不超过1.5m。次龙骨与主龙骨的连接采用 U 形吊钩，如图 5.19 所示。

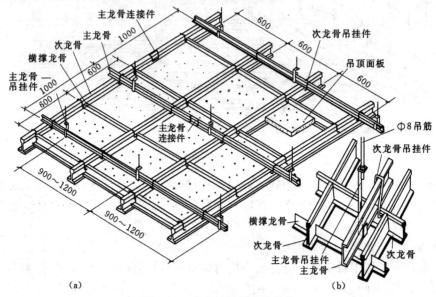

图 5.19　龙骨外露吊顶的构造

（2）不露龙骨的布置方式。这种布置方式的主龙骨仍采用槽形断面的轻钢型材，但次龙骨采用 U 形断面轻钢型材，用专门的吊挂件将次龙骨固定在主龙骨上，面板用自攻螺钉固定于次龙骨上，如图 5.20 所示。

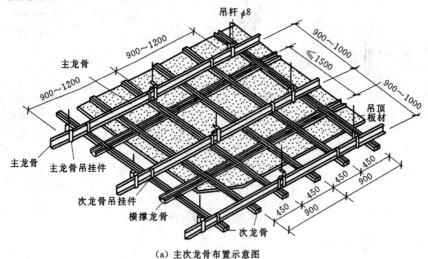

（a）主次龙骨布置示意图

图 5.20（一）　不露龙骨吊顶的构造

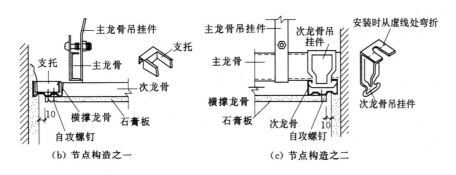

（b）节点构造之一　　　　　（c）节点构造之二

图 5.20（二）　不露龙骨吊顶的构造

### 5. 金属板材吊顶构造

金属板材吊顶最常用的是以铝合金条板作面层，龙骨采用轻钢型材。当吊顶无吸音要求时，条板采取密铺方式，不留间隙。如图 5.21 所示为密铺铝合金条板吊顶。

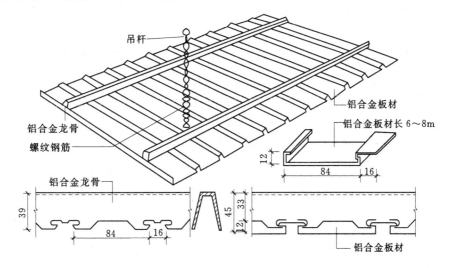

图 5.21　密铺铝合金条板吊顶

# 任务 5.4　地坪层与地面的类型、材料及构造

### ·任务的提出

掌握附图中建筑楼地面面层的构造。

### ·任务解析

建议可以通过熟悉楼地面面层材料入手，来加强对面层构造的理解掌握。

### ·任务的实施

楼地面主要是指楼板层和地坪层的面层。面层由饰面材料和其下面的找平层两部分组成。楼地面按其材料和做法可分为四大类：整体地面、块料地面、塑料地面和木地面。根据不同的要求设置不同的地面。

### 5.4.1 整体地面

整体地面包括水泥砂浆地面、水磨石地面、水泥石屑地面等现浇地面。

**1. 水泥砂浆地面**

水泥砂浆地面构造简单、坚固耐用、防潮防水、价格低廉；但蓄热系数大，气温低时人体感觉不适，易产生凝结水，表面易起尘。通常有单层和双层两种做法。单层做法只抹一层20～25mm厚1:2或1:2.5水泥砂浆；双层做法是增加一层10～20mm厚1:3水泥砂浆找平，表面再抹5～10mm厚1:2水泥砂浆抹平压光。

**2. 水磨石地面**

水磨石地面是在水泥砂浆找平层上面铺水泥白石子，面层达到一定强度后加水用磨石机磨光、打蜡而成。为了适应地面变形，防止开裂，在做法上要注意的是在做好找平层后，用玻璃、铜条、铝条将地面分隔成若干小块（1000mm×1000mm）或各种图案，然后用水泥砂浆将嵌条固定，固定用水泥砂浆不宜过厚，以免嵌条两侧仅有水泥而无石子，影响美观。也可以用白水泥替代普通水泥，并掺入颜料，形成美术水磨石地面，但造价较高，如图5.22所示。

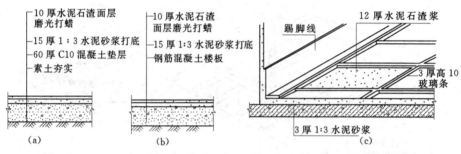

图5.22 水磨石地面

**3. 水泥石屑地面**

以石屑替代砂的一种水泥地面，这种地面近似于水磨石，表面光洁、不易起尘、易清洁，造价低于水磨石地面。做法分为一层做法和两层做法，一层做法直接在垫层或结构层上提浆抹光；两层做法是增加一层找平层，水泥石屑地面具有耐磨、耐久、防水、防火、表面光洁，不起尘、易清洁等优点。

### 5.4.2 块料地面

用胶结材料将块状的地面材料铺贴在结构层或找平层上。有些胶结材料既起找平作用又起胶结作用，也有先做找平层再做胶结层的。

**1. 砖、石地面**

用普通石材或黏土砖砌筑的地面。砌筑方式有平砌和侧砌两种，常用干砌法，这种地面施工简单，造价低，适用于庭院小道和要求不高的地面。

**2. 水泥制品块地面**

水泥制品块地面有水磨石块地面、水泥砂浆砖地面、预制混凝土块地面等。水泥制品块地面有两种铺砌方式，当预制块尺寸较大且较厚时，用干铺法，即在板下先干铺一层细砂或细炉渣，待校正找平后，用砂浆嵌缝；当预制块小且薄时，用水泥砂浆做结合层，铺好后再用水泥砂浆嵌缝。

　　3. 陶瓷地砖、陶瓷锦砖

　　陶瓷地砖又称墙地砖，分有釉面和无釉面、防滑及抛光等多种。色彩丰富，抗腐耐磨，施工方便，装饰效果好。陶瓷锦砖又称马赛克，是优质瓷土烧制的小尺寸瓷砖，人们按各种图案将正面贴在牛皮纸上，反面有小凹槽，便于施工。

### 5.4.3　人造软质地面

　　按材料分，人造软质地面可分为塑料制品、油毡地毡、橡胶地毯和涂布无缝地面等。软质地面施工灵活、维修保养方便、脚感舒适、有弹性、可缓解固体传声、厚度小、自重轻、柔韧、耐磨、外表美观。下面介绍几种人造软质地面。

　　1. 塑料地面

　　塑料地面是选用人造合成树脂（如聚氯乙烯等塑化剂）加入适量填充料、掺入颜料、经热压而成，底面衬布。聚氯乙烯地面品种多样：有卷材和块材之分，有软质和半硬质之分，有单层和多层之分，有单色和复色之分。常用的聚氯乙烯地面有聚氯乙烯石棉地砖、软质和半硬质聚氯乙烯地面。前一种可由不同色彩和形状拼成各种图案，施工时在清理基层后根据房间大小设计图案排料编号，在基层上弹线定位后，由中间向四周铺贴。后一种则是按设计弹线在塑料板底满涂胶黏剂 1～2 遍后进行铺贴。地面的铺贴方法是，先将板缝切成 V 形，然后用三角形塑料焊条、电热焊枪焊接，并均匀加压 24h，塑料地施工如图5.23 所示。

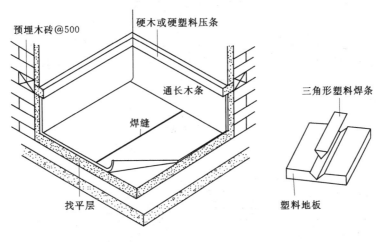

图 5.23　塑料地面施工

　　2. 橡胶地面

　　橡胶地面是在橡胶中掺入一些填充料制成。橡胶地面表面可做成光滑的或带肋的，可制成单层的或双层的。双层橡胶地面的底层如改用海绵橡胶弹性会更好。橡胶地面有良好的弹性，耐磨、保温、消声性能也很好，行走舒适。适用于很多公共建筑中，如阅览室、展馆和实验室。

　　3. 涂料地面和涂布地面

　　涂料地面和涂布地面的区别在于前者以涂刷方法施工，涂层较薄；后者以刮涂方式施工，涂层较厚。用于地面的涂料有过氯乙烯地面涂料、苯乙烯地面涂料等，这些涂料施工方便，造价低，能提高地面的耐磨性和不透水性，故多适用于民用建筑中，但涂料地面涂层较薄，不适于人流较多的公共场所。

### 5.4.4 木地面

木地面有较好的弹性、蓄热性和接触感，目前常用在住宅、宾馆、体育馆、舞台等建筑中。木地面可采用单层地板或双层地板。按板材排列形式，有长条地板和拼花地板。长条地板应顺房间采光方向铺设，走道沿行走方向铺设。为了防止木板的开裂，木板底面应开槽；为了加强板与板之间的连接，板的侧面开有企口或截口。木地板按其构造方法有实铺和架空两种。

1. 粘贴、实铺木地板

粘贴和实铺木地板是在钢筋混凝土楼板上做好找平层，然后用黏结材料，将木板直接贴上的木地板形式。它具有结构高度小，经济性好的优点。木地板弹性差，使用中维修困难。构造形式如图 5.24 所示。实铺地板直接粘贴在找平层上，应注意粘贴质量和基层平整。粘贴材料常用沥青胶、环氧树脂、乳胶等。

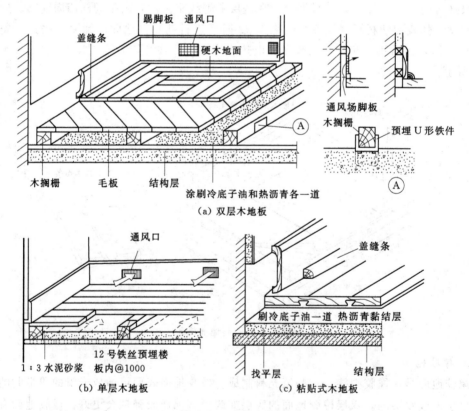

图 5.24　实铺木地板

2. 架空木地板

有单层架空木地板和双层架空木地板两种。单层架空木地板是在找平层上固定梯形截面的小搁栅，然后在搁栅上钉长条木地板的形式。双层架空木地板是在搁栅上铺设毛板再铺地板的形式，毛板与面板最好成 45°或 90°交叉铺钉，毛板与面板之间可衬一层油纸，作为缓冲层。为了防潮，要在结构层上刷冷底子油和热沥青一道，并组织好板下架空层的通风。通常在木地板与墙面之间，留有 10~20mm 的空隙，踢脚板或地板上可设通风箅子，以保持地板干燥。搁栅间可填以松散材料，如经过防腐处理的木屑，经过干燥处理的木渣、矿渣等，能起到隔声的作用，架空木地板做法如图 5.25 所示。

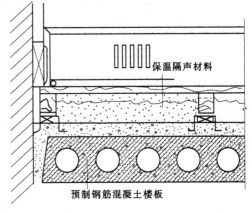

图 5.25 架空木地板做法

### 5.4.5 地面变形缝

地面变形缝包括温度伸缩缝、沉降缝和防震缝。变形缝的尺寸大小与墙面屋面一致，大面积的地面还应适当增加伸缩缝。缝内用马蹄脂、经过防腐处理的金属调节片、沥青麻丝进行处理。并常在面层和顶棚处加设盖缝板，盖缝板不得妨碍缝隙两边的构件变形。构造形式如图 5.26 所示。

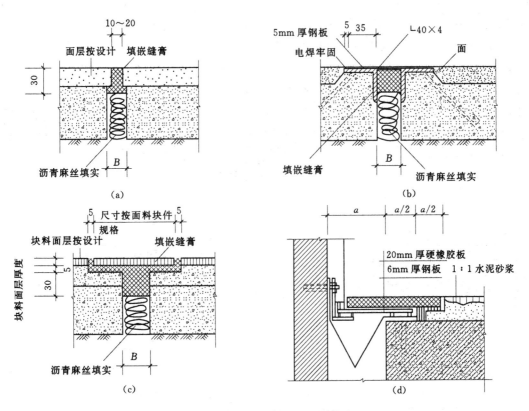

图 5.26 楼地面变形缝的不同做法

97

# 任务5.5 阳台与雨篷的构造

**·任务的提出**

    掌握阳台的类型、结构特点以及阳台细部构造；掌握雨篷的构造要求。

**·任务解析**

    根据附图和居住场所等实物来了解阳台的类型和特点；通过观察了解栏杆等细部构造。

**·任务的实施**

    阳台是连接室内的室外平台，给居住在建筑里的人们提供一个舒适的室外活动空间，是多层住宅、高层住宅和旅馆等建筑中不可缺少的一部分。

    雨篷位于建筑物出入口的上方，用来遮挡雨雪，保护外门免受侵蚀，给人们提供一个从室外到室内的过渡空间，并起到保护门和丰富建筑立面的作用。

## 5.5.1 阳台

### 5.5.1.1 阳台的类型、组成及要求

1. 类型

    阳台按使用要求的不同，可分为生活阳台、服务阳台；按其与建筑物外墙的关系分可分为挑阳台（凸阳台）、半挑半凹阳台和凹阳台，如图5.27所示；按阳台在外立面的位置又可分为转角阳台和中间阳台；按阳台栏板上部的形式又可分为封闭式阳台和开敞式阳台等。按施工形式可分为现浇式和预制装配式；按悬臂结构的形式又可分为板悬臂式与梁悬臂式等。当阳台宽度占有两个或两个以上开间时，被称为外廊。

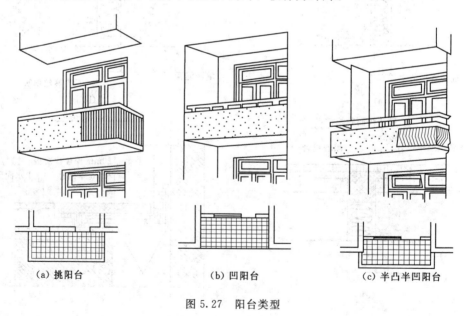

(a) 挑阳台          (b) 凹阳台          (c) 半凸半凹阳台

图5.27 阳台类型

2. 组成

阳台由承重结构（梁、板）和围护结构（栏杆或栏板）组成。

3. 要求

作为建筑特殊的组成部分，阳台要满足以下的要求。

(1) 安全、坚固。阳台出挑部分的承重结构均为悬臂结构，所以阳台挑出长度应满足结构抗倾覆的要求，以保证结构安全。阳台栏杆、扶手构造应坚固、耐久、高度不得低于 1.0m。

(2) 适用、美观。阳台出挑根据使用要求确定，不能大于结构容许出挑长度，阳台地面要低于室内地面一砖厚即 60mm，以免雨水倒流入室内，并做排水设施。封闭式阳台可不作此考虑。阳台造型应满足立面要求。

(3) 排水顺畅。为防止阳台上的雨水流入室内，设计时要求将阳台地面标高低于室内地面标高 60mm 左右，并将地面抹出 5‰ 的排水坡将水导入排水孔，使雨水能顺利排出。

还应考虑地区气候特点。南方地区宜采用有助于空气流通的空透式栏杆，而北方寒冷地区和中高层住宅应采用实体栏杆，并满足立面美观的要求，为建筑物的形象增添风采。

### 5.5.1.2　阳台结构布置方式

1. 挑梁式

当楼板为预制楼板，结构布置为横墙承重时，可选择挑梁式，即从横墙内外伸挑梁，其上搁置预制楼板，这种结构布置简单、传力直接明确、阳台长度与房间开间一致。挑梁根部截面高度 $H$ 为 $\left(\dfrac{1}{5} \sim \dfrac{1}{6}\right)L$，$L$ 为悬挑净长，截面宽度为 $\left(\dfrac{1}{2} \sim \dfrac{1}{3}\right)h$。为美观起见，可在挑梁端头设置面梁，既可以遮挡挑梁头，又可以承受阳台栏杆重量，还可以加强阳台的整体性，如图 5.28 (a)。

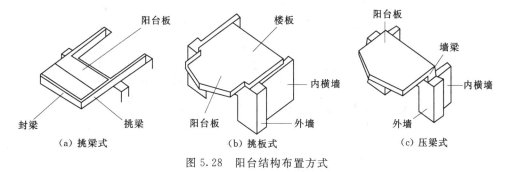

(a) 挑梁式　　　　(b) 挑板式　　　　(c) 压梁式

图 5.28　阳台结构布置方式

2. 挑板式

当楼板为现浇楼板时，可选择挑板式，悬挑长度一般为 1.2m 左右。即从楼板外延挑出平板，板底平整美观而且阳台平面形式可做成半圆形、弧形、梯形、斜三角等各种形状。挑板厚度不小于挑出长度的 1/12，如图 5.28 (b)。

3. 压梁式

阳台板与墙梁现浇在一起，墙梁的截面应比圈梁大，以保证阳台的稳定，而且阳台悬挑不宜过长，一般为 1.2m 左右，并在墙梁两端设拖梁压入墙内。如图 5.28 (c)。

### 5.5.1.3　阳台细部构造

1. 阳台栏杆

栏杆的形式有实体、空花和混合式，如图 5.29 所示。

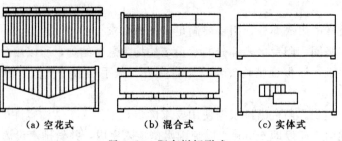

（a）空花式　　　　　（b）混合式　　　　　（c）实体式

图 5.29　阳台栏杆形式

按材料可分为砖砌、钢筋混凝土和金属栏杆，如图 5.30 所示。

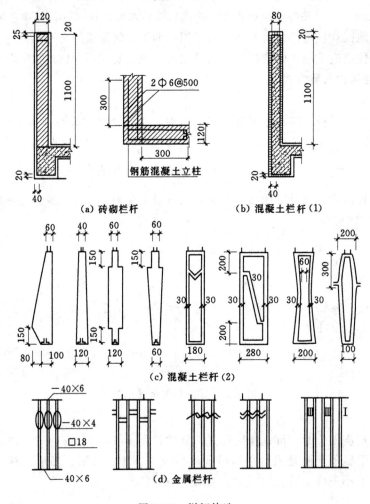

图 5.30　栏杆构造

### 2. 栏杆扶手

栏杆扶手有金属和钢筋混凝土两种。

金属扶手一般为钢管与金属栏杆焊接。

钢筋混凝土扶手用途广泛，形式多样，有不带花台、带花台、带花池等，如图 5.31 所示。

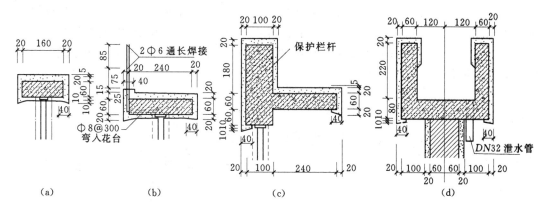

图 5.31  栏杆与扶手的连接

### 3. 细部构造

阳台细部构造主要包括栏杆与扶手的连接、栏杆与面梁（或称止水带）的连接、扶手与墙体的连接等。

（1）栏杆与扶手的连接方式有焊接、现浇等方式，如图 5.32 所示。

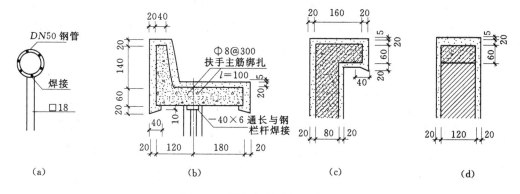

图 5.32  栏杆与扶手的连接方式

（2）栏杆与面梁或阳台板的连接方式有焊接、榫接坐浆、现浇等，如图 5.33 所示。

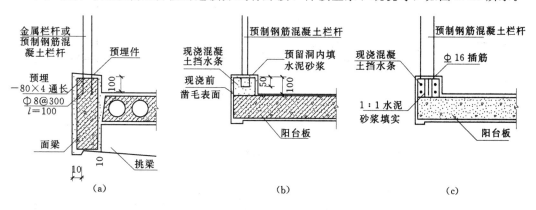

图 5.33  栏杆与面梁或阳台板的连接方式

**101**

（3）扶手与墙的连接，应将扶手或扶手中的钢筋伸入外墙的预留洞中，用细石混凝土或水泥砂浆填实固牢；现浇钢筋混凝土栏杆与墙连接时，应在墙体内预埋240mm×240mm×120mmC20细石混凝土块，从中伸出长300mm的2Φ6的钢筋，与扶手中的钢筋绑扎后再进行现浇，如图5.34所示。

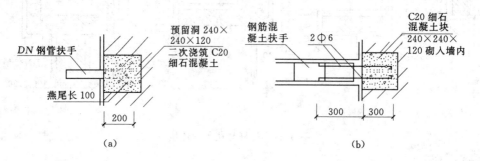

（a）　　　　　　　　　　　　　　　　（b）

图5.34　扶手与墙体的连接

4. 阳台隔板

阳台隔板用于连接双阳台，有砖砌和钢筋混凝土隔板两种。砖砌隔板一般采用60mm和120mm厚两种，由于荷载较大且整体性较差，所以现多采用钢筋混凝土隔板。隔板采用C20细石混凝土预制60mm厚，下部预埋铁件与阳台预埋铁件焊接，其余各边伸出Φ6钢筋与墙体、挑梁和阳台栏杆、扶手相连，如图5.35所示。

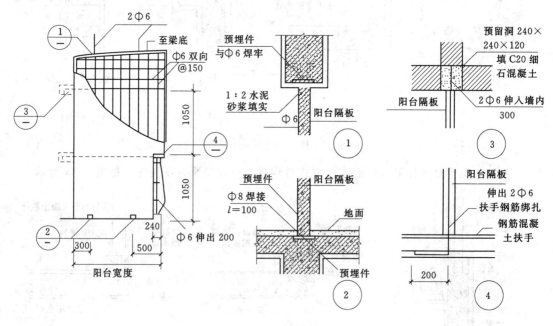

图5.35　阳台隔板构造

5. 阳台排水

阳台排水有外排水和内排水两种。外排水适用于低层和多层建筑，即在阳台外侧设置泄水管将水排出。内排水适用于高层建筑和高标准建筑，即在阳台内侧设置排水立管和地漏，将雨水直接排入地下管网，保证建筑立面美观，如图 5.36 所示。

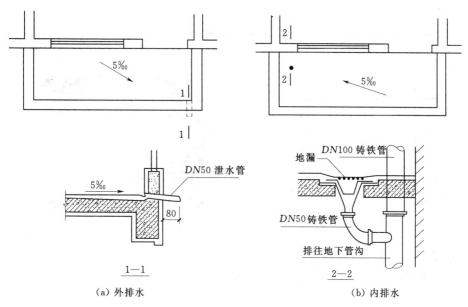

（a）外排水　　　　　　　　　　　　　（b）内排水

图 5.36　阳台排水构造

### 5.5.2　雨篷

雨篷多设在房屋出入口的上部，起遮挡风雨和太阳照射、保护大门、使入口更显眼、丰富建筑立面等作用。雨篷的形式多种多样，根据建筑的风格、当地气候状况选择而定。雨篷的受力作用与阳台相似，为悬臂结构或悬吊结构，只承受雪荷载与自重。钢筋混凝土雨篷根据支撑方式不同，有悬板式和梁板式两种。

#### 1. 悬板式

悬板式雨篷外挑长度为 0.9～1.5m，板根部厚度不小于挑出长度的 1/12，雨篷宽度比门洞每边宽出 250mm，雨篷排水方式可采用无组织排水和有组织排水两种。雨篷顶面距过梁顶面 250mm 高，板底抹灰可抹 1∶2 水泥砂浆内掺 5％防水剂的防水砂浆 15mm 厚。悬板式雨篷构造如图 5.37 所示。目前很多建筑中采用轻型材料雨篷的形式，这种雨

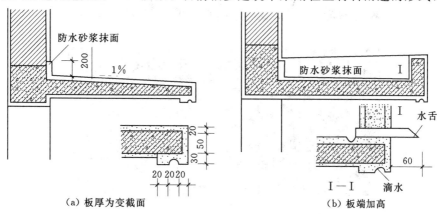

（a）板厚为变截面　　　　　　　　　　（b）板端加高

图 5.37　悬板式雨篷构造

篷美观轻盈，造型丰富，体现出现代建筑技术的特色。

**2. 梁板式**

梁板式雨篷多用于宽度较大的入口处，如影剧院、商场等主要出入口处。悬挑梁从建筑物的柱上挑出，为使板底平整，多做成倒梁式，如图 5.38、图 5.39 所示。

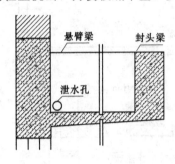

图 5.38 挑梁式雨篷

图 5.39 梁上翻雨篷实例

**3. 玻璃雨篷**

玻璃雨篷的优点是轻巧、空透、造型美观、形式新颖，多用于公共建筑和公寓楼的入口处。

（1）悬挑式。采用型钢焊接在结构梁上，型钢形式、断面尺寸及间距由雨篷的挑出长度决定。采用夹胶安全玻璃，点式连接固定在型钢上。

（2）悬挂式。悬挂式是将雨篷制作成一个整体或骨架，一端搁置在结构梁上，另一端用钢拉杆固定在雨篷上方的结构上，雨篷板可用玻璃，也可用铝合金板包覆金属骨架，和悬挑式区别如图 5.40 所示。

（a）

（b）

图 5.40 悬挑式和悬挂式玻璃雨篷的区别

## 课 后 自 测 题

1. 楼板有哪些类型？其基本组成是什么？
2. 楼地层的设计要求有哪些？
3. 地面的基本组成及设计要求有哪些？
4. 现浇钢筋混凝土楼板主要有哪几种类型？
5. 底层地面与楼地面在构造上有什么不同？
6. 阳台有哪些类型？阳台板的结构布置形式有哪些？
7. 阳台栏杆有哪些形式？各有何特点？
8. 顶棚的作用是什么？有哪些设计要求？
9. 试述常用块材地面的种类、优缺点及适用范围。

# 项目6 楼 梯

在建筑物中，为了解决垂直方向的交通问题，一般采取的设施有楼梯、电梯、自动扶梯、爬梯以及坡道等。楼梯作为建筑空间竖向联系的主要部件，除起到提示、引导人流的作用外，还应充分考虑其造型美观，上下通行方便，结构坚固，防火安全的作用，同时还应满足施工和经济条件的要求。垂直升降电梯用于多层和七层以上的高层建筑，在一些标准较高的宾馆等底层建筑中也有使用，自动扶梯用于人流量大且使用要求高的公共建筑，如商场、候车楼。而且即使设有电梯或自动扶梯的建筑物，同时也必须设置楼梯，以便在紧急情况时使用。台阶用于室内外高差和室内局部高差之间的联系。坡道用于建筑中有无障碍交通要求的高差之间的联系，也多用于多层车库和医疗建筑。爬梯一般专用于检修等。

## 任务6.1 楼梯的组成、形式和尺度

**· 任务的提出**

结合附图分析：

(1) 该建筑楼梯的组成。

(2) 该类型建筑可以采用的形式有哪些？

(3) 建筑楼梯的尺度如何设计。

**· 任务解析**

(1) 根据常见楼梯的组成确定。

(2) 根据楼梯的形式分析。

(3) 按照踏步、平台、梯井、栏杆扶手、净空等要求计算确定。

**· 任务的实施**

### 6.1.1 楼梯的组成

楼梯一般由楼梯梯段、楼梯平台和栏杆扶手三部分组成，如图6.1所示。

1. 楼梯梯段

楼梯梯段设有踏步，供建筑物楼层之间上下行走的通道称为梯段，又称为梯跑。踏步又分为踏面（供行走时踏脚的水平部分）和踢面（形成踏步高差的垂直部分）。楼梯的坡度大小是由踏步尺寸决定的。为减轻疲劳，梯段的踏步数一般不宜超过18级，为避免踏步太少而不易被人察觉，也不宜少于3级。

2. 楼梯平台

楼梯平台按其所处位置，分为中间平台和楼层平台。与楼层地面标高平齐的平台称为楼层平台，用来分配从楼梯到达各楼层的人流。两楼层之间的平台称为中间平台，其作用是供人们行走时调节体力和改变行进方向。

### 3. 栏杆扶手

栏杆扶手是设在梯段及平台边缘的安全保护构件。当梯段宽度不大时，可只在梯段临空面设置。当梯段宽度较大时，应在非临空面加设靠墙扶手。当梯段宽度特别大时，则应在梯段中间加设栏杆扶手。扶手一般附设于栏杆顶部，供作依扶用。扶手也可附设于墙上，称为靠墙扶手。

楼梯作为建筑空间中主要的竖向联系部件，设计时应做到位置明显，起到明确的提示引导人流的作用，并应充分考虑坚固耐用、防火安全、行走舒适、造型美观等要求，还应满足经济条件和施工方便等要求。

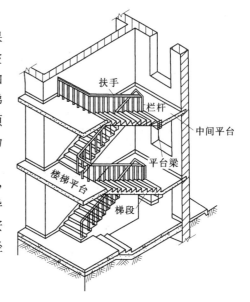

图 6.1　楼梯的组成

## 6.1.2　楼梯的形式

楼梯可以分为直跑式、双跑式、三跑式、多跑式及弧形和螺旋式等多种形式。一般建筑物中最常采用的是双跑楼梯。楼梯的平面类型与建筑平面有关，当楼梯的平面为矩形时，可以做成双跑式；接近正方形的平面，适合做成三跑式；圆形的平面可以做成螺旋式楼梯。有时，综合考虑到建筑物内部的装饰效果，还常常做成双分和双合等形式的楼梯。

楼梯形式的选择，应综合考虑其所处位置、楼梯间的平面形状和大小、楼层的高低、人流量的大小等因素。

### 1. 直行单跑楼梯

如图 6.2 所示，此类楼梯无中间平台，因单跑的楼梯段踏步数一般不应超过 18 级，所以常用于楼层层高不大的建筑。

### 2. 直行多跑楼梯

如图 6.3 所示，此种楼梯是直行单跑楼梯的延伸，增设了中间平台，将单跑楼梯变为多跑。适用于层高较大的建筑。直行多跑楼梯给人以直接、顺畅的感觉，导向性强，多用于公共建筑中人流量大的大厅。但因其缺乏方位上回转上升的连续性，在多层建筑中使用

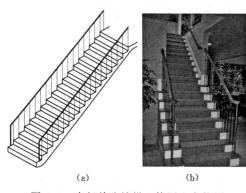

(a)　　　　(b)

图 6.2　直行单跑楼梯立体图和实物图

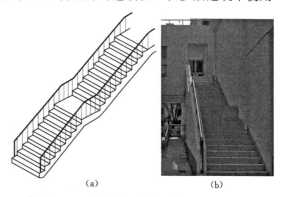

(a)　　　　(b)

图 6.3　直行多跑楼梯立体图和实物图

该楼梯会增加交通面积、加长人的行走距离。

　　3. 平行双跑楼梯

　　如图 6.4 所示，此种楼梯是最常用的一种楼梯形式，它上完一楼层刚好回到原起步方位，比起直跑楼梯不但节约面积，还缩短了人行走的距离。

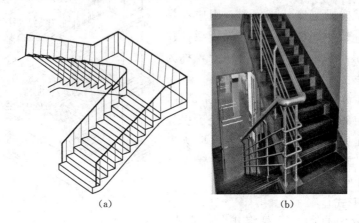

(a)　　　　　　　　　　　　　　　(b)

图 6.4　平行双跑楼梯立体图和实物图

　　4. 平行双分楼梯

　　如图 6.5 所示为平行双分楼梯。它是在平行双跑楼梯的基础上演变产生的。第一跑在楼梯间的中部开始上行，至中间平台后往两边分上一跑到达楼层面，为第二跑。常在人流量大，梯段较宽时使用。

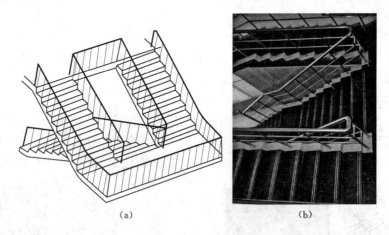

(a)　　　　　　　　　　　　　　　(b)

图 6.5　平行双分楼梯立体图和实物图

　　5. 平行双合楼梯

　　如图 6.6 所示，它与图平行双分楼梯类似，区别为楼层平台处第一跑在楼梯间的两侧，到中间平台后的第二跑在楼梯间的中部。

　　6. 折形双跑楼梯

　　如图 6.7 所示为折形双跑楼梯，此种楼梯的人流导向较自由，常用于影剧院、体育馆等公共建筑中。图中的折角为 90°，当折角小于 90° 时，即形成三角形楼梯间。

如图 6.8 所示为折形三跑楼梯，由于有三段梯跑，常用于层高较大的建筑中，因此种楼梯中部形成的空梯井很大，不可使用在少年儿童的建筑中。

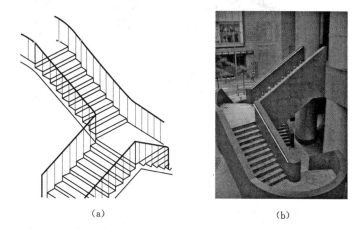

（a）　　　　　　　　　　　　　　（b）

图 6.6　平行双合楼梯立体图和实物图

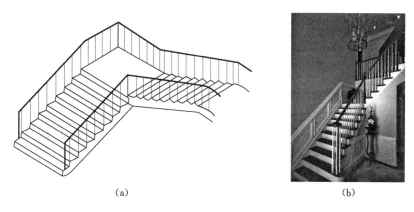

（a）　　　　　　　　　　　　　　（b）

图 6.7　折形双跑楼梯立体图和实物图

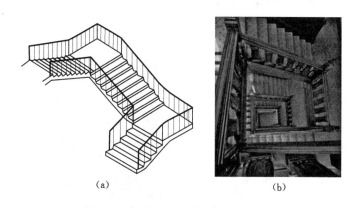

（a）　　　　　　　　　　　　　　（b）

图 6.8　折形三跑楼梯立体图和实物图

## 7. 交叉式楼梯

如图 6.9 所示为交叉式楼梯，又称为叠合式楼梯，在同一楼梯间内，由一对相互重叠但又不互相连通的单跑直行楼梯组成。既增加了通行的人流量，又节约了建筑面积。

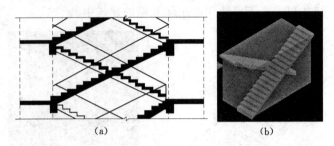

(a)　　　　　　　　　(b)

图 6.9　交叉式楼梯剖面图和实物图

**8. 剪刀式楼梯**

如图 6.10 所示为剪刀式楼梯，又称桥式楼梯。它由一对方向相反、楼梯平台共用的双跑平行梯段组成。它用于人流量大的建筑中。

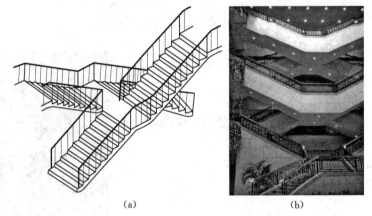

(a)　　　　　　　　　(b)

图 6.10　剪刀式楼梯立体图和实物图

**9. 螺旋形楼梯**

如图 6.11 所示为螺旋形楼梯，它围绕一根单柱布置，平面呈圆形。也有无中柱的螺

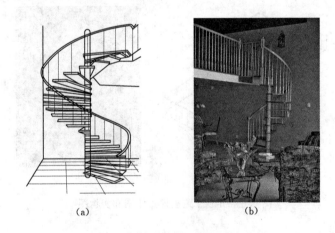

(a)　　　　　　　　　(b)

图 6.11　螺旋形楼梯立体图和实物图

旋楼梯。其平台和踏步都是扇形截面，踏步的内侧宽度很小，所以内侧的坡度较陡，行走时不安全，不能用作主要的人流疏散楼梯。又因其流线型的造型较美观，常作为建筑小品布置于室内。

10. 弧形楼梯

如图 6.12 所示为弧形楼梯，它与螺旋形楼梯的不同之处在于：①水平投影未构成一个圆，仅为一个弧段；②曲率半径较大。其扇形踏步的内侧宽度较大，所以坡度不至于过陡。当其布置于公共建筑的门厅时，导向性很强。弧形楼梯的结构和施工难度较大，常采用现浇钢筋混凝土结构。

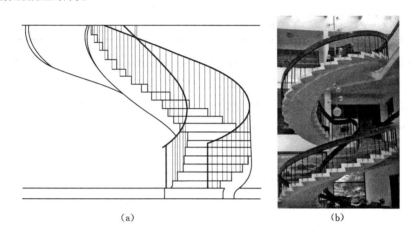

（a）　　　　　　　　　　　　（b）

图 6.12　弧形楼梯立体图和实物图

### 6.1.3　楼梯设计要求

楼梯作为建筑中的垂直交通枢纽和主要的安全疏散通道，其数量、位置、宽度和楼梯间的形式必须满足以下要求：

（1）主要楼梯应邻近出入口，位置明显；应避免垂直交通与水平交通在交接处拥挤、堵塞。

（2）楼梯间除了要满足有良好的采光通风外，还应满足防火要求，楼梯间不得向室内任何房间开窗，楼梯间的四墙应为防火墙，对防火要求高的建筑，应设计成封闭式楼梯或防烟楼梯。

（3）满足结构要求，保证在紧急情况下（如地震等）的安全使用。

### 6.1.4　楼梯的尺度

1. 踏步尺寸与坡度

一般来说，楼梯的坡度越小越平缓，行走也越舒服，但却加大了楼梯的进深，增加了建筑面积和造价。因此，在楼梯坡度的选择上，存在使用和经济之间的矛盾。楼梯、爬梯及坡道的区别，在于其坡度的大小和踏级的比等关系上。楼梯坡度范围在 $20°\sim45°$ 之间，舒适坡度一般为 $26°34'$（高宽比为 1/2）。爬梯的范围一般为 $45°\sim90°$，其中常用坡度为 $59°$（高宽比 1：0.6）、$73°$（高宽比 1：0.3）和 $90°$。坡道的坡度范围一般在 $20°$ 以下，若其倾斜角在 $6°$ 或坡度在 1：12 以下的属于平缓的坡道，而坡度在 1：10 以上的坡道应有防滑措施。

踏步高宽比决定了楼梯的坡度。楼梯坡度是依据建筑的使用性质和人流行走的舒适度、安全感、楼梯间的尺度、面积等因素综合确定的。常用的坡度为 1:2 左右。对公共建筑人流量大，安全要求高的楼梯坡度应该平缓一些，反之则可陡一些，以节约楼梯间面积。常用楼梯的踏步高和踏步宽尺寸见表 6.1。

| 表6.1 | | 常 用 适 宜 踏 步 尺 寸 | | | 单位：mm |
| --- | --- | --- | --- | --- | --- |
| 名 称 | 住 宅 | 学校、办公楼 | 剧院、会堂 | 医院（病人用） | 幼儿园 |
| 踏步高 h | 150～175 | 140～160 | 120～150 | 150 | 120～150 |
| 踏步宽 b | 250～300 | 280～340 | 300～350 | 300 | 260～300 |

一般情况下，踏步高度在 140～175mm 之间，成人踏步以 150mm 左右为宜，不应高于 175mm。较适宜的踏步宽度（水平投影宽度）300mm 左右，不应窄于 260mm。为了适应人们上下楼的活动情况，踏面宜适当宽一些。在不改变梯段长度的情况下，为加宽踏面，可将踏步的前缘挑出，形成突缘，增加行走舒适度，如图 6.13 所示。

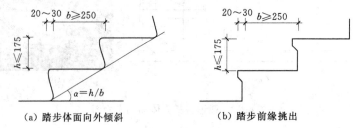

（a）踏步体面向外倾斜　　　　（b）踏步前缘挑出

图 6.13　踏步构造

**2. 梯段尺度确定**

梯段尺度主要指梯宽和梯长。梯宽应按 GB 50016—2010《建筑设计防火规范》来确定，每股人流通常按 500～600mm 宽度考虑，双人通行时为 1000～1200mm，以此类推。同时，还需满足各类建筑设计规范中对梯段宽度的限定，如住宅不小于 1100mm，公共建筑不小于 1300mm 等。梯长即踏面宽度的总和，其值为 $L=b(N-1)$，其中 $b$ 为踏面水平投影步宽，$N$ 为梯段踏步数。

**3. 平台宽度**

平台宽度有中间平台宽度 $D_1$ 和楼层平台宽度 $D_2$，通常中间平台宽度应不小于梯宽，以保证同股数人流正常通行，同时应便于家具搬运。医院建筑还应保证担架等在平台处能转向通行，其中间平台宽度应不小于 1800mm。楼层平台宽度，一般比中间平台更宽松一些，以利人流分配和停留。

**4. 梯井宽度**

梯井是指梯段之间形成的空当，此空当从顶层到底层贯通，如图 6.14 所示的 C。宽度 60～200mm 为宜，供少年儿童使用的楼梯梯井应不大于 120mm，以利安全。

**5. 楼梯尺寸计算**

以常用的平行双跑楼梯为例，楼梯尺寸如图 6.14 所示，计算步骤如下：

（1）根据层高和初选步高 $h$ 确定每层踏步数 $N$，$N = H/h$。设计时尽量采用等跑梯段，$N$ 宜为偶数，以减少构件规格。若所求出 $N$ 为奇数或非整数，可反过来调整步高 $h$。

（2）根据步数 $N$ 和初选步宽 $b$ 决定梯段水平投影长度 $L$，$L = (N/2 - 1)b$。

（3）确定是否设梯井。如楼梯间宽度较富余，可在两梯段之间设梯井。

（4）根据楼梯间开间净宽 $A$ 和梯井宽 $C$ 确定梯宽 $a$，$a = (A - C)/2$。同时检验其通行能力是否满足紧急疏散时人流股数的要求，如不能满足，则应对梯井宽 $C$ 或楼梯间开间净宽 $A$ 进行调整。

（5）根据初选中间平台宽 $D_1$（$D_1 \geqslant a$）和楼层平台宽 $D_2$（$D_2 > a$）以及梯段

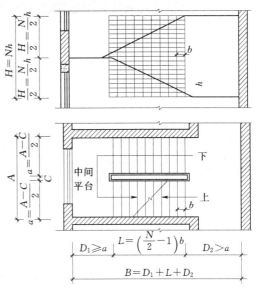

图 6.14　楼梯的尺寸计算

水平投影长度 $L$ 检验楼梯间进深净长度 $B$，$D_1 + L + D_2 = B$。如不能满足，可对 $L$ 值进行调整（即调整 $b$ 值）。必要时，则需调整 $B$ 值。在 $B$ 值一定的情况下，如尺寸有富裕，一般可加宽 $b$ 值以减缓坡度或加宽 $D_2$ 值以利于楼层平台分配人流。在装配式楼梯中，$D_1$ 和 $D_2$ 值的确定尚需注意使其符合预制板安放尺寸，并减少异形规格板数量。

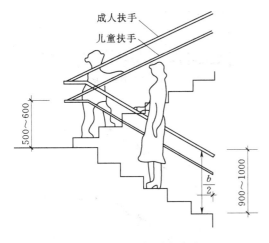

图 6.15　栏杆扶手的高度

**6. 栏杆扶手的高度**

楼梯栏杆扶手的高度是指从踏步前缘至扶手上表面的垂直距离。一般室内楼梯栏杆扶手的高度不宜小于 900mm（通常取 900mm）。室外楼梯栏杆扶手高度（特别是消防楼梯）应不小于 1100mm。在幼儿园等建筑中，需要在 500～600mm 高度再增设一道扶手，以适应儿童的身高，如图 6.15 所示。

**7. 楼梯下部净高的控制**

楼梯下部净高的控制不但关系到行走安全，而且在很多情况下涉及楼梯下面空间的利用以及通行的可能性，它是楼梯设计中的重点也是难点。楼梯下的净高包括梯段部位和平台部位，其中梯段部位净高不应小于 2200mm，若楼梯平台下做通道时，平台中部位下净高应不小于 2000mm（图 6.16）。为使平台下净高满足要求，一般可以采用以下方式解决。

（1）在底层变作长短跑梯段。起步第一跑为长跑，以提高中间平台标高，如图 6.17

（a）所示。这种方式仅在楼梯间进深较大、底层平台宽 $D_2$ 富余时适用。

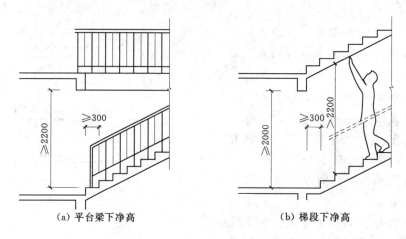

（a）平台梁下净高　　　　　　　　　（b）梯段下净高

图 6.16　楼梯下面净空高度控制

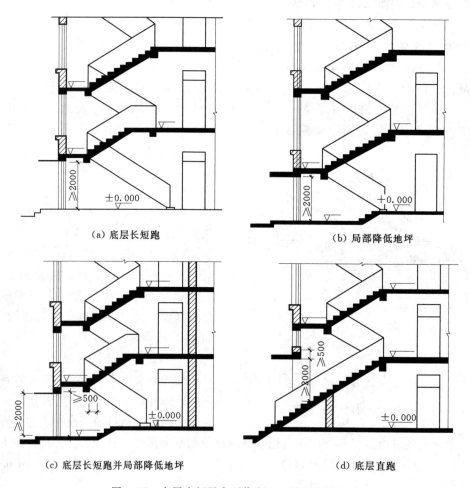

（a）底层长短跑　　　　　　　　　（b）局部降低地坪

（c）底层长短跑并局部降低地坪　　　　　（d）底层直跑

图 6.17　底层中间平台下作出入口时的处理方式

（2）局部降低底层中间平台下地坪标高。局部降低底层中间平台下地坪标高使其低于室内地坪标高（±0.000），但应高于室外地坪标高，以免雨水内溢，如图 6.17（b）所示。

（3）综合以上两种方式。在采取长短跑梯段的同时，又降低底层中间平台下地坪标高，如图 6.17（c）所示。这种处理方法可兼有前两种方式的优点，并减少其缺点。

（4）底层用直行楼梯。直接从室外上二层，如图 6.17（d）所示。这种方式常用于住宅建筑，设计时需注意入口处雨篷底面标高的位置，保证净空高度要求。

### 6.1.5　楼梯的表达方式

楼梯主要是依靠楼梯平面和与其对应的剖面来表达的。

1. 楼梯平面的表达

楼梯平面因其所处楼层的不同而有不同的表达。平面图即水平的剖面图投影，剖切的位置在楼层面以上 1m 左右，因此在楼梯的平面图中会出现折断线。无论是底层、中间层、顶层楼梯平面图，都必须用箭头标明上下行的方向，而且必须从楼层平台开始标注。这里以双跑楼梯为例来说明其平面的表示方法。在底层楼梯平面中，只能看到部分楼梯段，折断线将梯段在 1m 左右切断。底层楼梯平面中一般主要只有上行梯段。顶层平面由于其剖切位置在栏杆之上，因此图中没有折断线，所以会出现两段完整的梯段和平台。中间层平面既要画出被切断的上行梯段，还应画出该层下行的梯段，其中有部分下行梯段被上行梯段遮住（投影重合），以折断线为分界。双跑楼梯的平面表达如图 6.18 所示。

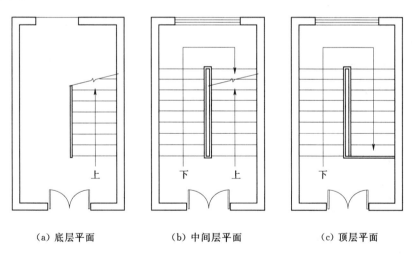

（a）底层平面　　　　　（b）中间层平面　　　　　（c）顶层平面

图 6.18　楼梯平面表示法

例，某建筑底层、二层、顶层楼梯平面图的形成，如图 6.19 所示。

2. 楼梯剖面的表达

楼梯剖面能完整、清晰地表达出房屋的层数、梯段数、步级数以及楼梯类型及其结构形式。楼梯剖面图中应标注楼梯垂直方向的各种尺寸，例如：楼梯平台下净空高度，栏杆扶手

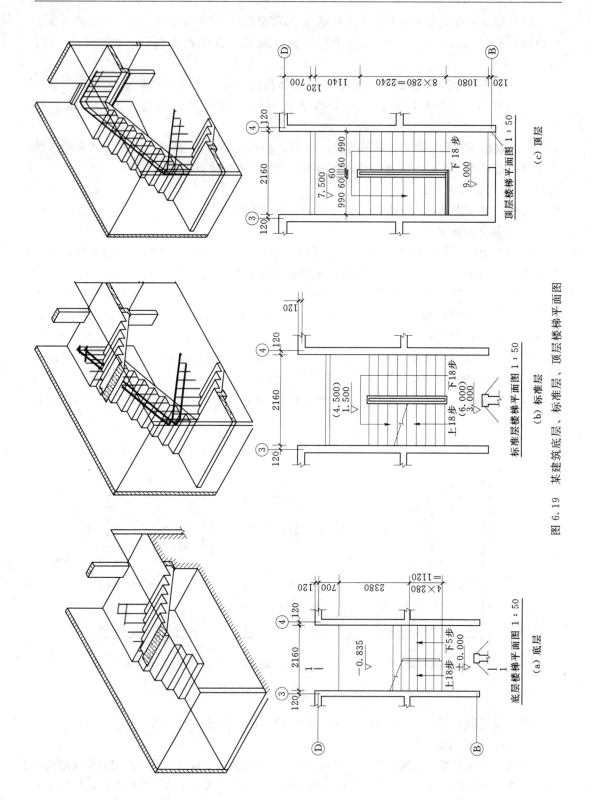

（c）顶层

顶层楼梯平面图 1:50

（b）标准层

标准层楼梯平面图 1:50

图 6.19 某建筑底层、标准层、顶层楼梯平面图

（a）底层

底层楼梯平面图 1:50

高度等，楼梯剖面的表示方法如图 6.20 所示。剖面图还必须符合结构、构造的要求，比如平台梁的位置、圈梁的设置及门窗洞口的合理选择等。

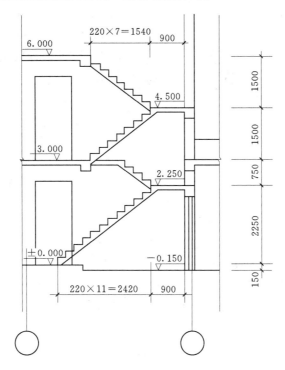

图 6.20 楼梯剖面的表示法

# 任务6.2 楼 梯 的 构 造

· 任务的提出

结合附图分析：

（1）分析该建筑楼梯的构造。

（2）该建筑采用现浇整体式或预制式哪种受力情况更好？

· 任务解析

（1）根据常见钢筋混凝土楼梯的组成进行分析。

（2）根据现浇整体式钢筋混凝土楼梯和预制装配式楼梯进行分析。

· 任务的实施

构成楼梯的材料可以是木材、钢筋混凝土、型钢或是多种材料混合使用。因为楼梯在紧急疏散时起着重要的作用，所以防火性能较差的木材已经比较少用于楼梯的结构部分，尤其是少用于公共部位的楼梯上。型钢作为楼梯构件，也必须经过特殊的防火处理。由于钢筋混凝土楼梯具有坚固耐久、节约木材、防火性能好、可塑性强等优点，得到广泛应用。钢筋混凝土楼梯按施工方法不同，主要有现浇式（又称整体式）楼梯和预制装配式楼梯两类。

### 6.2.1 现浇式钢筋混凝土楼梯构造

现浇式钢筋混凝土楼梯能充分发挥钢筋混凝土的可塑性，结构整体性好，适用于各种形式的楼梯，但模板耗费较大，施工周期较长，自重较大，通常用于特殊异形的楼梯或要求防震性能高的楼梯。现浇式钢筋混凝土楼梯结构形式有板式、梁板式和扭板式，其构造特点如下。

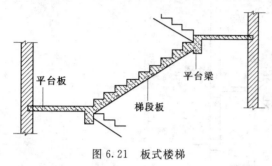

图 6.21 板式楼梯

**1. 板式楼梯**

现浇板式钢筋混凝土楼梯，梯段板承受该梯段的全部荷载，并将荷载传至两端的平台梁上。这种楼梯构造简单，施工方便，造型简洁，通常在梯段小于 3m 时采用，如图 6.21 所示。

**2. 梁板式楼梯**

梁板式楼梯由踏步板和梯段斜梁（简称梯梁）组成。梯段荷载由踏步板承受，并传给楼梯斜梁，再由斜梁传至两端的平台梁上。梁板式梯段可分为梁承式、梁悬臂式等。

（1）梁承式。梯梁在踏步板之下，踏步外露，称为明步，如图 6.22（a）所示；梯梁在踏步板之上，形成反梁，踏步包在里面，称为暗步，如图 6.22（b）所示。

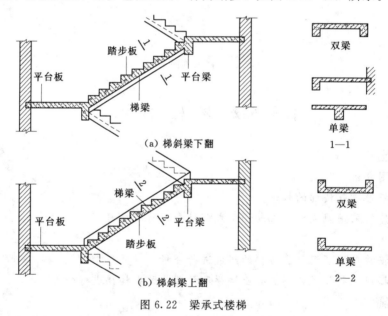

(a) 梯斜梁下翻

(b) 梯斜梁上翻

图 6.22 梁承式楼梯

（2）梁悬臂式楼梯。梁悬臂式楼梯是指踏步板从梯斜梁两边或一边悬挑的楼梯形式。多用于框架结构建筑中或室外露天楼梯，如图 6.23 所示。

此楼梯一般为单梁或双梁悬臂支承踏步板和平台板。单梁悬臂多用于中小型楼梯或小品景观楼梯，双梁悬臂则用于梯段宽度大、人流量大的大型楼梯。由于踏步板悬挑，造型轻盈美观。踏步板断面形式有平板式、折板式和三角形板式。平板式断面踏步使梯段踢面空透，常用于室外楼梯，如图 6.23（c）所示。折板式断面踏步板踢面未漏空，可加强板

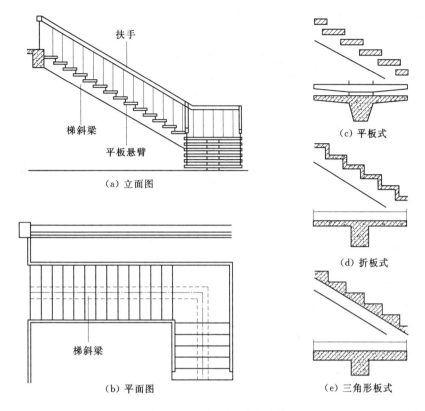

图 6.23　现浇梁悬臂式楼梯

的刚度并避免尘埃下掉，但折板式断面踏步板底支模困难且不平整，如图 6.23（d）所示。三角形断面踏步板式梯段，板底平整，支模简单，如图 6.23（e）所示，但混凝土用量和自重均有所增加。

3. 扭板式楼梯

这种楼梯底面平整，结构占空间少，造型美观。但由于板跨大，受力复杂，结构设计和施工难度较大，钢筋和混凝土用量也较大。图 6.24 所示为现浇扭板式钢筋混凝土弧形楼梯，一般宜用于标准高的建筑，特别是公共大厅中。为了使梯段边沿线条轻盈，常在靠近边沿处局部减薄出挑。

### 6.2.2　预制装配式钢筋混凝土楼梯构造

预制装配式钢筋混凝土楼梯按构造方式可以分为梁承式、墙承式和墙悬臂式。本小节以常用的平行双跑楼梯为例，介绍预制

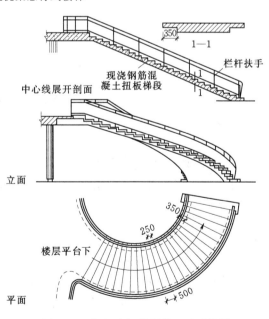

图 6.24　扭板式钢筋混凝土弧形楼梯

装配式钢筋混凝土楼梯的构造原理和做法。

### 6.2.2.1 梁承式

预制装配式梁承式钢筋混凝土楼梯,是指梯段由平台梁支承的楼梯构造方式,在一般性民用建筑中较为常用。预制构件分为梯段、平台梁和平台板三部分,如图6.25所示。

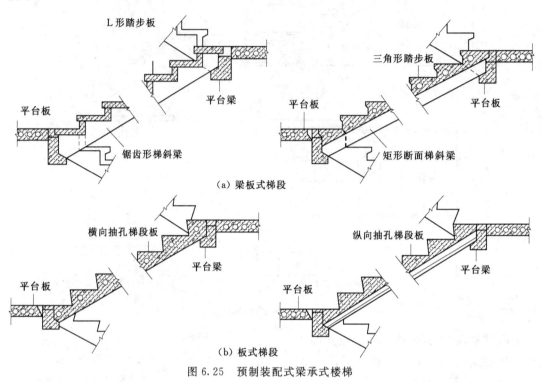

图6.25 预制装配式梁承式楼梯

**1. 梯段**

(1)梁板式梯段。梁板式梯段由梯斜梁和踏步板组成。踏步板支承在两侧梯斜梁上。梯斜梁两端支承在平台梁上,构件小型化,施工时不需大型起重设备即可安装,如图6.25(a)所示。

(2)板式梯段。板式梯段为整块或数块带踏步条板,没有梯斜梁,梯段底面平整,结构厚度小,其上下端直接支承在平台梁上,如图6.25(b)所示。使平台梁位置相应抬高,增大了平台下净空高度。

为了减轻梯段板自重,也可做成空心构件,有横向抽孔和纵向抽孔两种方式。横向抽孔较纵向抽孔合理易行,较为常用,如图6.26所示。

(3)踏步板。钢筋混凝土预制踏步断面形式有一字形、L形、三角形等,断面形式如图6.27所示。一字形断面踏步板制作简单,踢面一般用砖填充,但其受力不太合理,仅用于简易梯、室

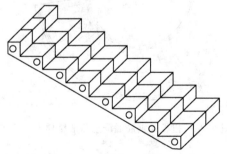

图6.26 条板式楼梯板(横向抽孔)

外梯等。L形断面踏步板自重轻、用料省，但拼装后底面形成折板，容易积灰，可正置和倒置。三角形断面踏步板梯段底面平整、简洁，但自重大，因此常将三角形断面踏步板抽孔，形成空心构件，以减轻自重。

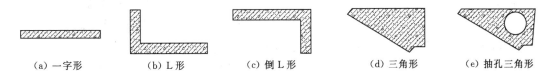

(a) 一字形　　　　(b) L形　　　　(c) 倒L形　　　　(d) 三角形　　　(e) 抽孔三角形

图 6.27　踏步板断面形式

（4）梯斜梁。梯斜梁有矩形断面，L形断面和锯齿形断面三种。锯齿形断面梯斜梁主要用于搁置一字形、L形断面踏步板。矩形断面和L形断面梯斜梁主要用于搁置三角形断面踏步板，梯斜梁的形式如图 6.28 所示。梯斜梁一般按$L/12$估算其断面有效高度，$L$为梯斜梁水平投影跨度。

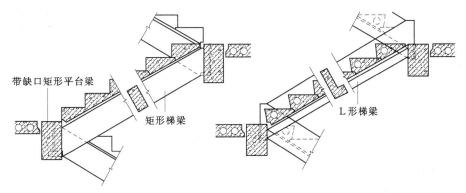

（a）三角形踏步与矩形梯梁组合（明步楼梯）　　（b）三角形踏步与L形梯梁组合（暗步楼梯）

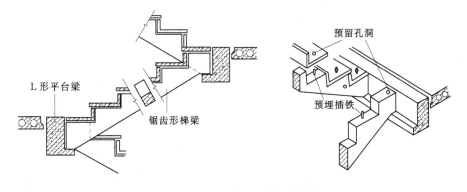

（c）L形或（一字形）踏步与锯齿形梯梁组合

图 6.28　梯斜梁形式

2. 平台梁

为了便于支承梯斜梁或梯段板，减少平台梁占用的结构空间，一般将平台梁做成L形断面，结构高度按$L/12$估算，$L$为平台梁跨度，平台梁断面尺寸如图 6.29 所示。

### 3. 平台板

平台板宜采用钢筋混凝土空心板或槽形板。平台板一般平行于平台梁布置，当垂直于平台梁布置时，常采用小平板，如图 6.30 所示。

### 4. 平台梁与梯段节点构造

根据两梯段的关系，分为齐步梯段和错步梯段。根据平台梁与梯段之间的关系，有埋步和不埋步两种节点构造方式，如图 6.31 所示。

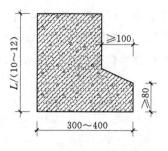

图 6.29　平台梁断面尺寸

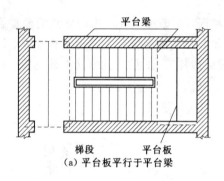

（a）平台板平行于平台梁

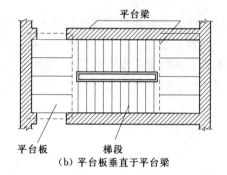

（b）平台板垂直于平台梁

图 6.30　平台板的布置方向

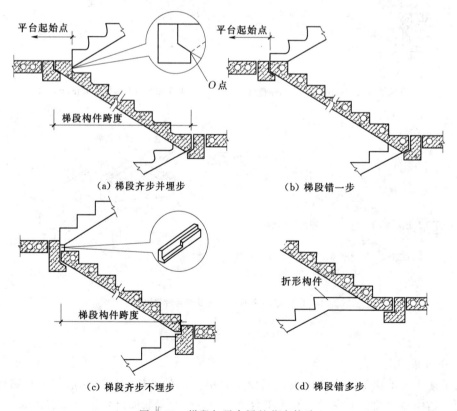

（a）梯段齐步并埋步　　　　（b）梯段错一步

（c）梯段齐步不埋步　　　　（d）梯段错多步

图 6.31　梯段与平台梁的节点构造

#### 6.2.2.2 墙承式

预制装配墙承式钢筋混凝土楼梯是把预制踏步搁置在两面墙上，而省去梯段上的斜梁。一般适用于单向楼梯，或中间有电梯间的三折楼梯。对于双折楼梯来说，如果梯段采用两面搁墙，则在楼梯间的中间，必须加一道中墙作为踏步板的支座（图6.32）。这种楼梯由于在梯段之间有墙，使得视线、光线受到阻挡，感到空间狭窄，对搬运家具及较多人流上下均感不便。通常在中间墙上开设观察口，改善视线和采光。

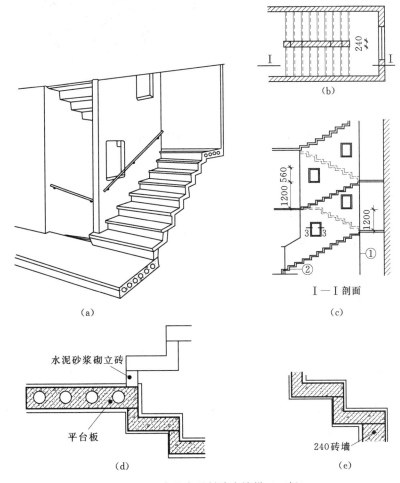

图6.32 墙承式预制踏步楼梯（双折）

#### 6.2.2.3 墙悬臂式

预制装配墙悬臂式钢筋混凝土楼梯是指预制钢筋混凝土踏步板一端嵌固于楼梯间侧墙上，另一端悬挑的楼梯形式，如图6.33所示。

这种楼梯构造简单，只要预制一种悬挑的踏步构件，按楼梯的尺寸要求，依次砌入砖墙内即可，在住宅建筑中使用较多，但其楼梯间整体刚度差，不能用于有抗震设防要求的地区。

墙悬臂式楼梯用于嵌固踏步板的墙体厚度不应小于240mm，踏步板悬挑长度一般不大于1500mm。踏步板一般采用L形或倒L形带肋断面形式。

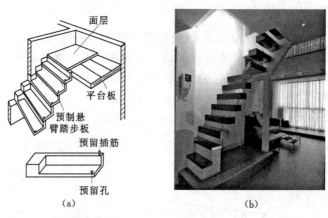

图 6.33　墙悬臂式楼梯

# 任务 6.3　踏面、栏杆和扶手

· **任务的提出**

结合附图分析：

（1）该建筑楼梯踏步面的构造。

（2）该建筑栏杆和扶手的构造。

· **任务解析**

（1）根据常见楼梯的踏面防滑构造分析。

（2）结合常见的栏杆和扶手构造分析。

· **任务的实施**

## 6.3.1　踏步面层防滑构造

1. 踏面

楼梯踏步面层（踏面）应便于行走、耐磨、美观、防滑和易清洁。其做法与楼地面层装修做法基本相同。装修用材一般有水泥砂浆、水磨石、大理石、花岗石、缸砖等，其面层构造如图 6.34 所示。

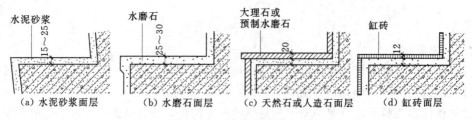

图 6.34　踏步面层构造

2. 踏面的防滑

为了避免行人滑倒、保护踏步阳角，踏步表面应有防滑措施，特别是人流量较大的公共建筑中的楼梯必须对踏面进行处理。防滑处理的方法通常设置防滑条，一般采用水泥铁屑、金刚砂、金属条（铸铁、铝条、铜条）、马赛克及带防滑条缸砖等材料设置在靠近踏步阳角处，如图 6.35 所示。防滑条凸出踏步面不能太高，一般在 3mm 以内。

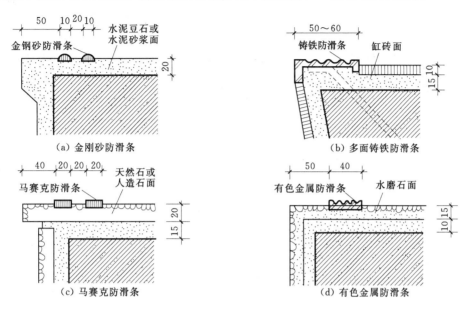

図 6.35　踏步面层及处理

### 6.3.2　栏杆与扶手的构造

#### 6.3.2.1　栏杆的构造

栏杆形式可分为空花式栏杆、栏板式和组合式栏杆三种。

1. 空花栏杆

空花栏杆一般采用圆钢、方钢、扁钢和钢管等金属材料做成。断面分为实心和空心两种。实心竖杆圆形断面尺寸一般为 16～30mm，方形断面尺寸为 20mm×20mm～30mm×30mm。在儿童活动场所，如幼儿园、住宅等建筑，为防止儿童穿过栏杆空挡发生危险事故，栏杆垂直杆件间的间距不应大于 110mm，且不应采用易于攀登的花饰。如图 6.36 所示为空花栏杆示例。

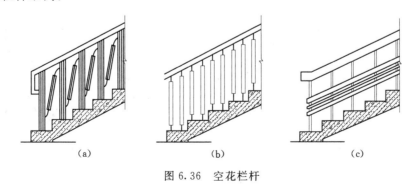

图 6.36　空花栏杆

栏杆竖杆与梯段、平台的连接分为焊接和插接两种。即在梯段和平台上预埋钢板焊接或预留孔插接。为了保护栏杆免受锈蚀和增强美观，常在竖杆下部装设套环，覆盖住栏杆与梯段或平台的接头处，栏杆与梯段、平台的连接如图 6.37 所示。

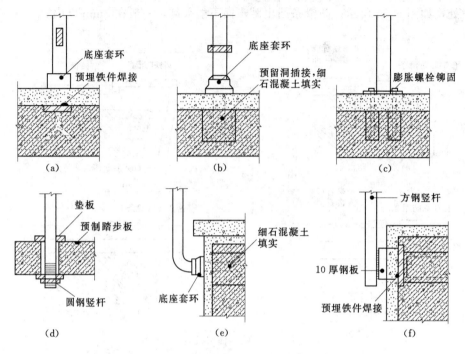

图 6.37　栏杆与梯段、平台的连接

## 2. 栏板式

栏板式是以栏板取代空花栏杆。节约钢材，无锈蚀问题，比较安全。栏板通常采用现浇或预制的钢筋混凝土板、钢丝网水泥板或砖砌栏板。钢丝网水泥栏板是在钢筋骨架的侧面先铺钢丝网，再抹水泥砂浆而成，如图 6.38（a）所示。

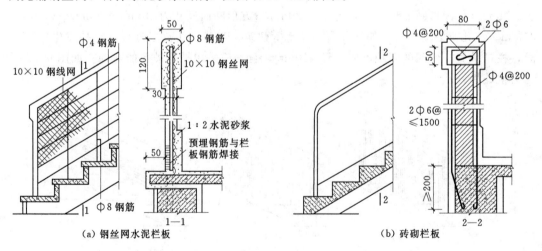

图 6.38　栏板

砖砌栏板通常采用高标号水泥砂浆砌筑 1/2 或 1/4 标准砖，在砌体中应加拉结筋，两侧铺钢丝网，采用高标号水泥砂浆抹面，并在栏板顶部现浇钢筋混凝土通长扶手，以加强其抗侧向冲击的能力，如图 6.38（b）所示。

### 3. 组合式栏杆

组合式栏杆是将空花栏杆和栏板组合而形成的一种栏杆形式。栏板为防护和美观装饰构件，通常采用木板、塑料贴面板、铝板、有机玻璃板和钢化玻璃板等材料。栏杆竖杆为主要抗侧力构件，常采用钢材或不锈钢等材料，如图 6.39 所示。

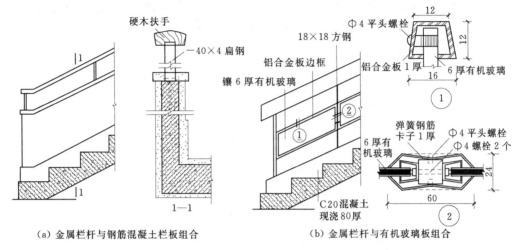

（a）金属栏杆与钢筋混凝土栏板组合　　　（b）金属栏杆与有机玻璃板组合

图 6.39　组合式栏杆

#### 6.3.2.2　扶手的构造

扶手位于栏杆或栏板的顶部，通常用木材、塑料、钢管等材料做成。扶手的断面应该考虑人的手掌尺寸，并注意断面的美观，扶手的形式如图 6.40 所示。

### 1. 扶手与栏杆的连接

扶手与栏杆的连接方法视扶手和栏杆的材料而定。硬木扶手与金属栏杆的连接，通常是在金属栏杆的顶端先焊接一根通长扁钢，然后再用木螺钉将扁钢与扶手连接在一起。塑料扶手与金属栏杆的连接与硬木扶手相似。金属扶手与金属栏杆常用焊接连接如图 6.40 所示。

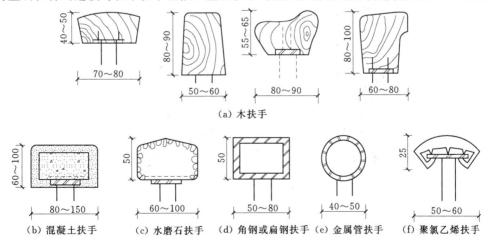

（a）木扶手

（b）混凝土扶手　（c）水磨石扶手　（d）角钢或扁钢扶手　（e）金属管扶手　（f）聚氯乙烯扶手

图 6.40　扶手的形式

**127**

　　（1）扶手与栏杆的连接。扶手与栏杆的连接方法视扶手和栏杆的材料而定。硬木扶手与金属栏杆的连接，通常是在金属栏杆的顶端先焊接一根通长扁钢，然后再用木螺钉将扁钢与扶手连接在一起。塑料扶手与金属栏杆的连接与硬木扶手相似。

　　（2）扶手与墙面的连接。在楼梯间的顶层，应设置水平栏杆扶手，扶手端部与墙应固定在一起。其方法为：在墙上预留孔洞，将扶手和栏杆插入洞内，用水泥砂浆或细石混凝土填实。也可将扁钢用木螺丝固定于墙内预埋的防腐木砖上。若为钢筋混凝土墙或柱，则可采用预埋铁件焊接，扶手端部与墙的连接，如图 6.41 所示。

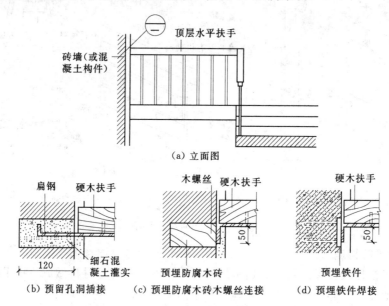

图 6.41　扶手端部与墙的连接

　　靠墙扶手通过连接件固定于墙上。连接件通常直接埋入墙上的预留孔内，也可以预埋螺栓连接，如图 6.42 所示。

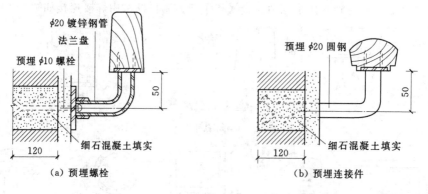

图 6.42　靠墙扶手

**2. 扶手的细部处理**

梯段转折处扶手细部的处理如下：

（1）当上下梯段齐步时，上下扶手在转折处同时向平台延伸半步，使两扶手高度相等，连接自然，但这样做缩小了平台的有效深度。

（2）如扶手在转折处不伸入平台，下跑梯段扶手在转折处需上弯形成鹤颈扶手，也可采用直线转折的硬接方式。

（3）当上下梯段错一步时，扶手在转折处不需向平台延伸即可自然连接。当长短跑梯段错开几步时，将出现一段水平栏杆，如图 6.43 所示。

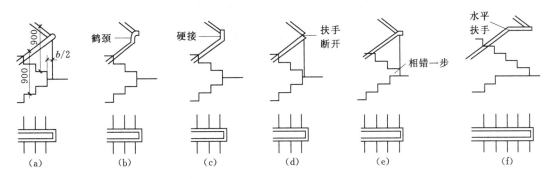

图 6.43　梯段转折处扶手的处理

# 任务 6.4　电梯与自动扶梯

· **任务的提出**

（1）建筑中电梯类型。

（2）电梯的组成及构造。

（3）建筑中自动扶梯的布置。

· **任务解析**

了解电梯的基本构造。

· **任务的实施**

## 6.4.1　电梯

电梯是建筑物内部解决垂直交通的另一种措施。电梯有载人、载货两大类，除普通乘客电梯外还有医院专用电梯、消防电梯、观光电梯等。

1. 电梯的类型

（1）按使用性质分。

1）客梯。主要用于人们在建筑物中的垂直交通。

2）货梯。主要用于货物及设备的垂直运输。

3）消防电梯。用于发生火灾、爆炸等紧急情况下安全疏散人员和消防人员救援使用。

（2）按电梯行驶速度分。

1）高速电梯。速度大于 2m/s，消防电梯常为高速电梯。

2）中速电梯。速度在 2m/s 以内。

3）低速电梯。速度在 1.5m/s 以内，常用于运送食物的电梯。

（3）其他分类。有的按单台、多台分；按直流、交流电梯分；按电梯门开启的方向分；按轿厢容量分。

（4）观光电梯。将竖向交通和登高流动观景相结合，常采用一侧透明的轿厢。

图6.44所示为不同类别电梯的平面示意图。

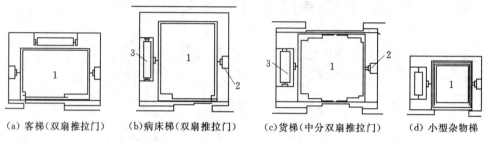

（a）客梯（双扇推拉门）　　（b）病床梯（双扇推拉门）　　（c）货梯（中分双扇推拉门）　　（d）小型杂物梯

图6.44　电梯分类与井道平面示意图

1—电梯厢；2—轨道及撑架；3—平衡重

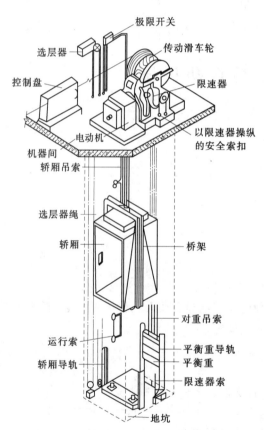

图6.45　电梯井道内部透视示意图

**2. 电梯的构造要求**

电梯由井道、机房和地坑三大构造部分组成。

（1）电梯井道。电梯井道是电梯轿厢运行的通道，其内除电梯及出入口外还安装有轨道，平衡重和缓冲器等，如图6.45所示。

电梯井道是高层建筑穿通各层的垂直通道，火灾事故中火焰及烟雾容易从中蔓延。因此井道的围护构件较多采用钢筋混凝土墙。为了减轻机器运行时对建筑物产生的震动和噪声，应采取适当的隔振及隔声措施。一般情况下，只在机房机座下设置弹性垫层来达到隔振和隔声的目的，如图6.46（a）所示。电梯运行的速度超过1.5m/s者，除弹性垫层外，还应在机房与井道间设隔声层，高度为1.5～1.8m，如图6.46（b）所示。

（2）电梯机房。电梯机房一般设置在电梯井道的顶部，少数也设在地层井道旁边，如图6.47所示。机房的平面尺寸需根据机械设备的尺寸的安排及管理、维修等需要来决定，高度一般为2.5～3.5m。

（3）井道地坑。井道地坑在最底层平面标高下（$H_1 \geqslant 1.4m$），作为轿厢下降时所需的缓冲器的安装空间。

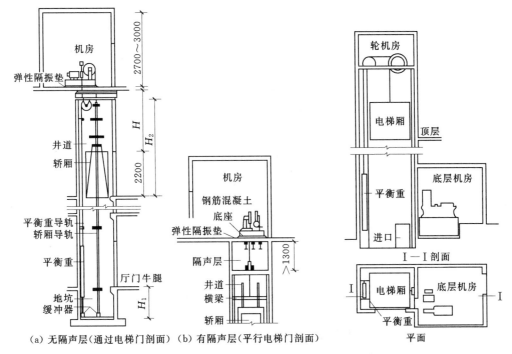

图 6.46 电梯机房隔振、隔声处理示意图

图 6.47 底层机房电梯

## 6.4.2 自动扶梯

自动扶梯是建筑物层间连续运输效率最高的载客设备。一般自动扶梯均可正、逆方向运行，停机时可当作临时楼梯行走。平面布置可单台设置或双台并列，如图 6.48 所示。双台并列时一般采取一上一下的方式，求得垂直交通的连续性，但必须在二者之间留有足够的结构间距（目前有关规定为不小于 380mm），以保证装修的方便及使用者的安全。

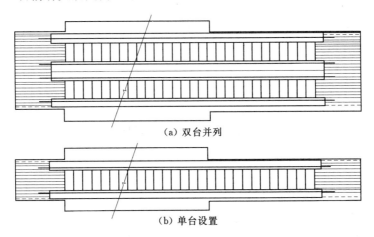

（a）双台并列

（b）单台设置

图 6.48 自动扶梯平面图

自动扶梯的机械装置悬在楼板下面，楼层下做装饰处理，底层则做地坑，自动扶梯基本尺寸如图 6.49 所示。在其机房上部自动扶梯口处应做活动地板，以利检修。地坑也应

作防水处理。

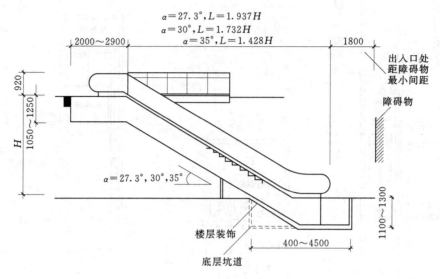

图 6.49 自动扶梯基本尺寸

在建筑物中设置自动扶梯时，上下两层面积总和如超过防火分区面积要求时，应按防火要求设防火隔断或复合式防火卷帘封闭自动扶梯井。

## 课 后 自 测 题

1. 选择题

(1) 单股人流为（　　），建筑规范对楼梯梯段宽度的限定是住宅（　　），公共建筑（　　）。

A. 600～700mm，≥1200mm，≥3000mm

B. 500～600mm，≥1100mm，≥1300mm

C. 600～700mm，≥1200mm，≥1500mm

D. 500～650mm，≥1100mm，≥1300mm

(2) 梯井宽度以（　　）为宜。

A. 60～150mm　　B. 100～200mm　　C. 60～200mm　　D. 60～150mm

(3) 楼梯栏杆扶手的高度一般为（　　），供儿童使用的楼梯应在（　　）高度增设扶手。

A. 1000mm，400mm　　　　　　B. 900mm，500～700mm

C. 900mm，500～600mm　　　　D. 900mm，400mm

(4) 楼梯下要通行一般其净高度不小于（　　）。

A. 2100mm　　　　B. 1900mm　　　　C. 2000mm　　　　D. 2400mm

(5) 下面哪些是预制装配式钢筋混凝土楼梯？（　　）

A. 扭板式、梁承式、墙悬臂式　　　　B. 梁承式、扭板式、墙悬臂式

C. 墙承式、梁承式、墙悬臂式　　　　D. 墙悬臂式、扭板式、墙承式

（6）预制装配式梁承式钢筋混凝土楼梯的预制构件可分为（　　）。

A. 梯段板、平台梁、栏杆扶手　　　　B. 平台板、平台梁、栏杆扶手

C. 踏步板、平台梁、平台板　　　　　D. 梯段板、平台梁、平台板

（7）预制楼梯踏步板的断面形式有（　　）。

A. 一字形、L形、倒L形、三角形　　B. 矩形、L形、倒L形、三角形

C. L形、矩形、三角形、一字形　　　D. 倒L形、三角形、一字形、矩形

（8）在预制钢筋混凝土楼梯的梯段与平台梁节点处理中，就平台梁与梯段之间的关系而言，有（　　）方式。

A. 埋步、错步　　B. 不埋步、不错步　C. 错步、不错步　D. 埋步、不埋步

（9）下面哪些是现浇钢筋混凝土楼梯？（　　）

A. 梁承式、墙悬臂式、扭板式　　　　B. 梁承式、梁悬臂式、扭板式

C. 墙承式、梁悬臂式、扭板式　　　　D. 墙承式、墙悬臂式、扭板式

（10）防滑条应突出踏步面（　　）。

A. 1～2mm　　　B. 5mm　　　　　C. 3～5mm　　　D. 2～3mm

（11）考虑安全原因，住宅的空花式栏杆的空花尺寸不宜过大，通常控制为（　　）。

A. 100～120mm　B. 50～100mm　　C. 50～120mm　　D. 110～150mm

（12）混合式栏杆的竖杆和拦板分别起的作用主要是（　　）。

A. 装饰，保护　　　　　　　　　　　B. 节约材料，稳定

C. 节约材料，保护　　　　　　　　　D. 抗侧力，保护和美观装饰

（13）当直接在墙上装设扶手时，扶手与墙面保持（　　）左右的距离。

A. 250mm　　　　B. 100mm　　　　C. 50mm　　　　　D. 300mm

（14）室外台阶的踏步高一般在（　　）左右。

A. 150mm　　　　B. 180mm　　　　C. 120mm　　　　D. 100～150mm

（15）室外台阶踏步宽为（　　）左右。

A. 300～400mm　B. 250mm　　　　C. 250～300mm　　D. 220mm

（16）台阶与建筑出入口之间的平台一般不应（　　），且平台需做（　　）的排水坡度。

A. 小于800mm，1%　　　　　　　　B. 小于1500mm，2%

C. 小于2500mm，5%　　　　　　　　D. 小于1000mm，3%

（17）通向机房的通道和楼梯宽度不小于（　　），楼梯坡度不大于（　　）。

A. 1.5m，38°　　B. 1.2m，45°　　C. 0.9m，60°　　D. 1.8m，30°

（18）井道壁为钢筋混凝土时，应预留（　　）见方的孔洞、垂直中距为（　　），以便安装支架。

A. 180mm，1.5m　　　　　　　　　B. 180mm，2.0m

C. 150mm，1.5m　　　　　　　　　D. 150mm，2.0m

（19）预制装配墙悬壁式钢筋混凝土楼梯用于嵌固踏步板的墙体厚度不应（　　），踏步的悬挑长度一般（　　），以保证嵌固段牢固。

A. ＜180mm，≤2100mm　　　　　　B. ＜180mm，≤1800mm

C. ＜240mm，≤2100mm　　　　　D. ＜240mm，≤1800mm

（20）梁板式梯段由哪两部分组成（　　）。

A. 平台、栏杆　　　　　　　　　B. 栏杆、梯斜梁

C. 梯斜梁、踏步板　　　　　　　D. 踏步板、栏杆

**2. 填空题**

（1）楼梯一般由_____、_____、_____三部分组成。

（2）栏杆形式可分为_____、_____、_____等类型。

（3）室外台阶的踏步高一般在_____左右，踏步宽_____左右。

（4）电梯由_____、_____、_____、_____组成。

**3. 简答**

（1）试述建筑中各种类型楼梯的特点。

（2）楼梯主要由哪几部分组成？

（3）楼梯段的最小净宽有何规定？平台宽度和梯段宽度的关系如何？

（4）楼梯踏步尺寸如何确定？

（5）楼梯的净空高度有哪些规定？如何调整首层通行平台下的净高？

（6）电梯主要由哪几部分组成？

（7）自动扶梯的布置形式有几种？各自有何特点？

（8）试述预制楼梯的构造特点。

**4. 实训练习**

按照下列条件和要求，设计住宅钢筋混凝土平行双跑楼梯。

（1）设计条件。该住宅为三层，层高 3.0m，楼梯间开间 2.7m，进深 5.4m。底层设有出入口，楼梯间四壁为 240mm 砖墙承重结构。室内外高差 900mm。

（2）设计要求。

1）设计楼梯段宽度、长度、踏步数、踏步尺寸。

2）确定楼层平台、休息平台宽度。

3）经济合理地选择结构支承方式。

4）设计栏杆形式、尺寸。

（3）图纸要求。

1）用一张 2 号图纸绘制楼梯间底层、二层、顶层的平面图和剖面图，比例 1∶50。

2）绘制 2～3 个节点大样图，比例 1∶5～1∶10。

3）简要说明设计方案及其构造做法。

4）用铅笔绘图，字迹工整，所有线条、材料图例等应符合制图标准。

# 项目 7 屋 顶

## 任务 7.1 屋顶的类型及设计要求

· **任务的提出**

根据附图来判断：

（1）该建筑屋顶的类别。

（2）试确定该建筑屋顶的设计要求有哪些？

· **任务解析**

注意屋顶的类型划分的依据，根据屋顶的作用弄清屋顶的设计要求。

· **任务的实施**

### 7.1.1 屋顶的类型

1. 平屋顶

平屋顶通常是指排水坡度小于 5% 的屋顶，常用坡度为 2%～3%（图 7.1）。

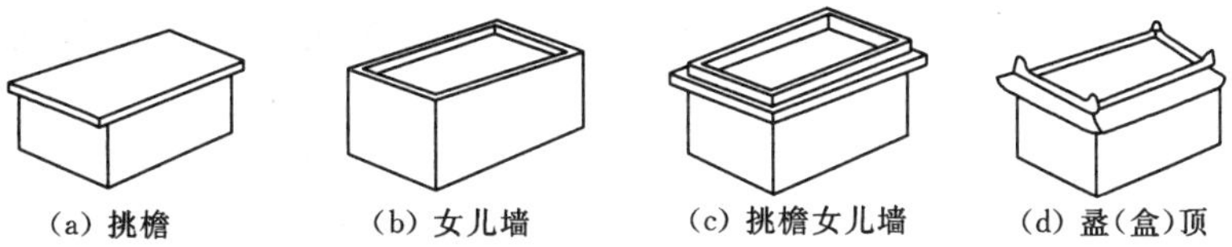

| （a）挑檐 | （b）女儿墙 | （c）挑檐女儿墙 | （d）盝（盒）顶 |

图 7.1 平屋顶的形式

2. 坡屋顶

坡屋顶通常是指屋面坡度大于 10% 的屋顶（图 7.2）。

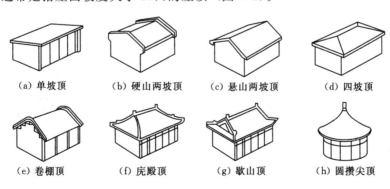

| （a）单坡顶 | （b）硬山两坡顶 | （c）悬山两坡顶 | （d）四坡顶 |

| （e）卷棚顶 | （f）庑殿顶 | （g）歇山顶 | （h）圆攒尖顶 |

图 7.2 坡屋顶的形式

3. 其他形式的屋顶

随着科学技术的发展，出现了许多新型的屋顶结构形式，如拱结构、薄壳结构、悬索结构、网架结构屋顶等。这类屋顶多用于较大跨度的公共建筑（图 7.3）。

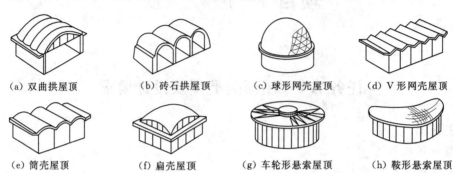

(a) 双曲拱屋顶　　(b) 砖石拱屋顶　　(c) 球形网壳屋顶　　(d) V 形网壳屋顶

(e) 筒壳屋顶　　(f) 扁壳屋顶　　(g) 车轮形悬索屋顶　　(h) 鞍形悬索屋顶

图 7.3　其他形式的屋顶

### 7.1.2 屋顶的设计要求

（1）要求屋顶起良好的围护作用，具有防水、保温和隔热性能，其中防止雨水渗漏是屋顶的基本功能要求，也是屋顶设计的核心。

（2）要求具有足够的强度、刚度和稳定性。能承受风、雨、雪、施工、上人等荷载，地震区还应考虑地震荷载对它的影响，满足抗震的要求，并力求做到自重轻、构造层次简单；就地取材、施工方便；造价经济、便于维修。

（3）满足人们对建筑艺术即美观方面的需求。屋顶是建筑造型的重要组成部分，中国古建筑的重要特征之一就是有变化多样的屋顶外形和装修精美的屋顶细部，现代建筑也应注重屋顶形式及其细部设计。

# 任务 7.2　屋 顶 排 水 设 计

· **任务的提出**

（1）为了尽快排除屋面雨水，如何进行坡度的选择？

（2）试确定屋顶的排水组织方式。

· **任务解析**

（1）坡度选择时要考虑其影响因素。

（2）排水组织设计要注意设计的目的。

· **任务的实施**

为了迅速排除屋面雨水，需进行周密的排水设计，其内容包括：选择屋顶排水坡度，确定排水方式，进行屋顶排水组织设计。

### 7.2.1 屋顶坡度选择

1. 屋顶排水坡度的表示方法

常用的坡度表示方法有角度法、斜率法和百分比法。坡屋顶多采用斜率法，平屋顶多采用百分比法，角度法应用较少。

2. 影响屋顶坡度的因素

（1）屋面防水材料与排水坡度的关系。防水材料如尺寸较小，接缝必然就较多，容易产生缝隙渗漏，因而屋面应有较大的排水坡度，以便将屋面积水迅速排除。如果屋面的防水材料覆盖面积大，接缝少而且严密，屋面的排水坡度就可以小一些。

（2）降雨量大小与坡度的关系。降雨量大的地区，屋面渗漏的可能性较大，屋顶的排水坡度应适当加大；反之，屋顶排水坡度则宜小一些。

3. 屋顶坡度的形成方法

（1）材料找坡。材料找坡是指屋顶坡度由垫坡材料形成，一般用于坡向长度较小的屋面。为了减轻屋面荷载，应选用轻质材料找坡，如水泥炉渣、石灰炉渣等。找坡层的厚度最薄处不小于 20mm。平屋顶材料找坡的坡度宜为 2%。

（2）结构找坡。结构找坡是屋顶结构自身带有排水坡度，平屋顶结构找坡的坡度宜为 3%。

材料找坡的屋面板可以水平放置，天棚面平整，但材料找坡增加屋面荷载，材料和人工消耗较多；结构找坡无须在屋面上另加找坡材料，构造简单，不增加荷载，但天棚顶倾斜，室内空间不够规整。这两种方法在工程实践中均有广泛的运用（图 7.4）。

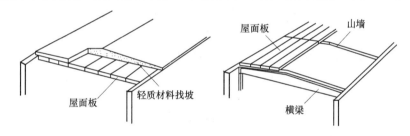

图 7.4　屋顶坡度的形成

### 7.2.2　屋顶排水方式

#### 7.2.2.1　排水方式

1. 无组织排水

无组织排水是指屋面雨水直接从檐口滴落至地面的一种排水方式，因为不用天沟、雨水管等导流雨水，故又称自由落水。主要适用于少雨地区或一般低层建筑，相邻屋面高差小于 4m；不宜用于临街建筑和较高的建筑。

2. 有组织排水

有组织排水是指雨水经由天沟、雨水管等排水装置被引导至地面或地下管沟的一种排水方式。在建筑工程中应用广泛。

#### 7.2.2.2　排水方式选择

确定屋顶排水方式应根据气候条件、建筑物的高度、质量等级、使用性质、屋顶面积大小等因素加以综合考虑。

在工程实践中，由于具体条件的千变万化，可能出现各式各样的有组织排水方案。现按外排水、内排水、内外排水三种情况归纳成九种不同的排水方案（图 7.5）。

（1）外排水方案。外排水是指雨水管装设在室外的一种排水方案，其优点是雨水管不

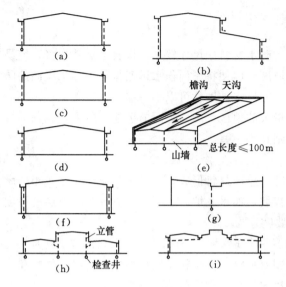

图 7.5 有组织排水方案

妨碍室内空间使用和美观，构造简单，因而被广泛采用。外排水方案可归纳成以下几种。

1）挑檐沟外排水。

2）女儿墙外排水。

3）女儿墙挑檐沟外排水。

4）长天沟外排水。

5）暗管外排水。

明装的雨水管有损建筑立面，故在一些重要的公共建筑中，雨水管常采取暗装的方式，把雨水管隐藏在假柱或空心墙中。假柱可以处理成建筑立面上的竖线条。

（2）内排水方案。外排水构造简单，雨水管不占用室内空间，故在南方应优先采用。但在有些情况下采用外排水并不恰当。例如在高层建筑中就是如此，因维修室外雨水管既不方便，更不安全。又如在严寒地区也不适宜用外排水，因室外的雨水管有可能使雨水结冻，而处于室内的雨水管则不会发生这种情况。

1）中间天沟内排水。当房屋宽度较大时，可在房屋中间设一纵向天沟形成内排水，这种方案特别适用于内廊式多层或高层建筑。雨水管可布置在走廊内，不影响走廊两旁的房间。

2）高低跨内排水。高低跨双坡屋顶在两跨交界处也常常需要设置内天沟来汇集低跨屋面的雨水，高低跨可共用一根雨水管。

### 7.2.3 屋顶排水组织设计

屋顶排水组织设计的主要任务是将屋面划分成若干排水区，分别将雨水引向雨水管，做到排水线路简捷、雨水口负荷均匀、排水顺畅、避免屋顶积水而引起渗漏。一般按下列步骤进行。

**1. 确定排水坡面的数目（分坡）**

一般情况下，临街建筑平屋顶屋面宽度小于 12m 时，可采用单坡排水；其宽度大于 12m 时，宜采用双坡排水。坡屋顶应结合建筑造型要求选择单坡、双坡或四坡排水。

**2. 划分排水区**

划分排水区的目的在于合理地布置水落管。排水区的面积是指屋面水平投影的面积，每一根水落管的屋面最大汇水面积不宜大于 $200m^2$。雨水口的间距在 $18\sim24m$。

**3. 确定天沟所用材料和断面形式及尺寸**

天沟即屋面上的排水沟，位于檐口部位时又称檐沟。设置天沟的目的是汇集屋面雨水，并将屋面雨水有组织地迅速排除。天沟根据屋顶类型的不同有多种做法。如坡屋顶中可用钢筋混凝土、镀锌铁皮、石棉水泥等材料做成槽形或三角形天沟。平屋顶的天沟一般用钢筋混凝土制作，当采用女儿墙外排水方案时，可利用倾斜的屋面与垂直的墙面构成三角形天沟（图 7.6）；当采用檐沟外排水方案时，通常用专用的槽形板做成矩形天沟（图 7.7）。

**138**

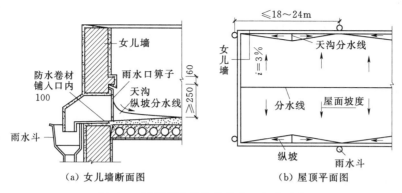

图 7.6 平屋顶女儿墙外排水三角形天沟

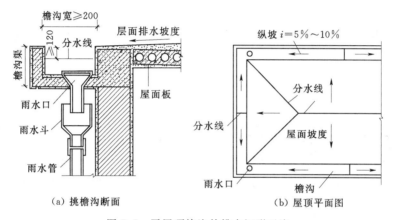

图 7.7 平屋顶檐沟外排水矩形天沟

**4.确定水落管规格及间距**

水落管按材料的不同有铸铁、镀锌铁皮、塑料、石棉水泥和陶土等,目前多采用铸铁和塑料水落管,其直径有 50mm、75mm、100mm、125mm、150mm、200mm 几种规格,一般民用建筑最常用的水落管直径为 100mm,面积较小的露台或阳台可采用 50mm 或 75mm 的水落管。水落管的位置应在实墙面处,其间距一般在 18m 以内,最大间距宜不超过 24m,因为间距过大,则沟底纵坡面越长,会使沟内的垫坡材料增厚,减少了天沟的容水量,造成雨水溢向屋面引起渗漏或从檐沟外侧涌出。

# 任务7.3 平 屋 顶 构 造

**·任务的提出**

(1) 平屋顶的几种防水构造层次及做法是什么?

(2) 平屋顶的保温与隔热的措施有哪些?

**·任务解析**

(1) 卷材防水屋面和刚性防水屋面的区别。

(2) 平屋顶各种防水的优缺点。

**·任务的实施**

平屋顶按屋面防水层的不同有刚性防水、卷材防水、涂料防水及粉剂防水屋面等多种做法。

### 7.3.1 卷材防水屋面

卷材防水屋面，是指以防水卷材和黏结剂分层粘贴而构成防水层的屋面。卷材防水屋面所用卷材有沥青类卷材、高分子类卷材、高聚物改性沥青类卷材等。适用于防水等级为Ⅰ～Ⅳ级的屋面防水。

#### 7.3.1.1 卷材防水屋面的构造层次和做法

卷材防水屋面由多层材料叠合而成，其基本构造层次按构造要求由结构层、找平层、结合层、防水层和保护层组成（图7.8、图7.9）。

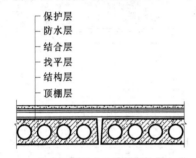

图7.8 卷材防水屋面的构造组成

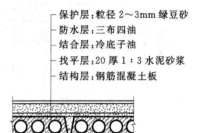

图7.9 油毡防水屋面做法

**1. 结构层**

通常为预制或现浇钢筋混凝土屋面板，要求具有足够的强度和刚度。

**2. 找平层**

柔性防水层要求铺贴在坚固而平整的基层上，因此必须在结构层或找坡层上设置找平层。

**3. 结合层**

结合层的作用是使卷材防水层与基层粘结牢固。结合层所用材料应根据卷材防水层材料的不同来选择，如油毡卷材、聚氯乙烯卷材及自粘型彩色三元乙丙复合卷材用冷底子油在水泥砂浆找平层上喷涂一至二道；三元乙丙橡胶卷材则采用聚氨酯底胶；氯化聚乙烯橡胶卷材需用氯丁胶乳等。冷底子油用沥青加入汽油或煤油等溶剂稀释而成，喷涂时不用加热，在常温下进行，故称冷底子油。

**4. 防水层**

防水层是由胶结材料与卷材粘合而成，卷材连续搭接，形成屋面防水的主要部分。当屋面坡度较小时，卷材一般平行于屋脊铺设，从檐口到屋脊层层向上粘贴，上下搭接不小于70mm，左右搭接不小于100mm。

油毡屋面在我国已有几十年的使用历史，具有较好的防水性能，对屋面基层变形有一定的适应能力，但这种屋面施工麻烦、劳动强度大，且容易出现油毡鼓泡、沥青流淌、油毡老化等方面的问题，使油毡屋面的寿命大大缩短，平均10年左右就要进行大修。

目前所用的新型防水卷材，主要有三元乙丙橡胶防水卷材、自粘型彩色三元乙丙复合防水卷材、聚氯乙烯防水卷材、氯化聚乙烯防水卷材、氯丁橡胶防水卷材及改性沥青油毡防水卷材等，这些材料一般为单层卷材防水构造，防水要求较高时可采用双层卷材防水构造。这些防水材料的共同优点是自重轻，适用温度范围广，耐气候性好，使用寿命长，抗拉强度高，延伸率大，冷作业施工，操作简便，大大改善劳动条件，减少环境污染。

5. 保护层

（1）不上人的屋面保护层的做法。当采用油毡防水层时为粒径 3～6mm 的小石子，称为绿豆砂保护层。绿豆砂要求耐风化、颗粒均匀、色浅；三元乙丙橡胶卷材采用银色着色剂，直接涂刷在防水层上表面；彩色三元乙丙复合卷材防水层直接用 CX.404 胶粘结，不需另加保护层。

（2）上人的屋面保护层的做法。通常可采用水泥砂浆或沥青砂浆铺贴缸砖、大阶砖、混凝土板等；也可现浇 40mm 厚 C20 细石混凝土。

#### 7.3.1.2　柔性防水屋面细部构造

屋顶细部是指屋面上的泛水、天沟、雨水口、檐口、变形缝等部位。

1. 泛水构造

泛水指屋顶上沿所有垂直面所设的防水构造，突出于屋面之上的女儿墙、烟囱、楼梯间、变形缝、检修孔、立管等的壁面与屋顶的交接处是最容易漏水的地方。必须将屋面防水层延伸到这些垂直面上，形成立铺的防水层，称为泛水（图 7.10）。

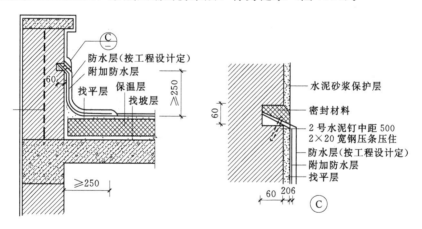

图 7.10　卷材防水屋面泛水构造

2. 檐口构造

柔性防水屋面的檐口构造有无组织排水挑檐、有组织排水挑檐沟及女儿墙檐口等，挑檐和挑檐沟构造都应注意处理好卷材的收头固定、檐口饰面并做好滴水。女儿墙檐口构造的关键是泛水的构造处理，其顶部通常做混凝土压顶，并设有坡度坡向屋面（图 7.11）。

3. 雨水口构造

雨水口的类型有檐沟排水的直管式雨水口和女儿墙外排水的弯管式雨水口两种。雨水口在构造上要求排水通畅、防止渗漏水堵塞。直管式雨水口为防止其周边漏水，应加铺一层卷材并贴入连接管内 100mm，雨水口上用定型铸铁罩或铅丝球盖住，用油膏嵌缝。弯管式雨水口穿过女儿墙预留孔洞内，屋面防水层应铺入雨水口内壁四周不小于 100mm，并安装铸铁算子以防杂物流入造成堵塞（图 7.12）。

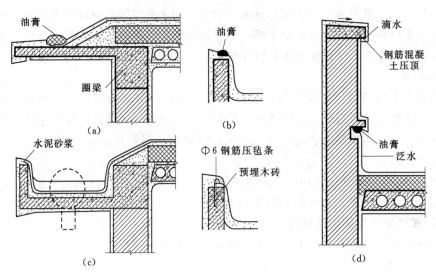

图 7.11　檐口构造

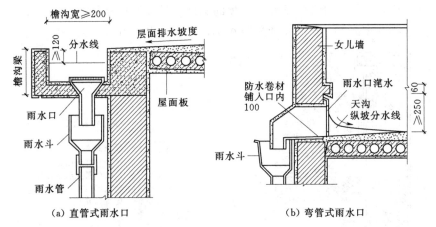

（a）直管式雨水口　　　　　　　（b）弯管式雨水口

图 7.12　雨水口构造

4. 屋面变形缝构造

屋面变形缝的构造处理原则：既不能影响屋面的变形，又要防止雨水从变形缝渗入室内。屋面变形缝按建筑设计可设于同层等高屋面上，也可设在高低屋面的交接处（图 7.13）。

### 7.3.2　刚性防水屋面

刚性防水屋面是指以刚性材料作为防水层的屋面，如防水砂浆、细石混凝土、配筋细石混凝土防水屋面等。这种屋面具有构造简单、施工方便、造价低廉的优点，但对温度变化和结构变形较敏感，容易产生裂缝而渗水，故多用于我国南方地区的建筑。

#### 7.3.2.1　刚性防水屋面的构造层次及做法

刚性防水屋面一般由结构层、找平层、隔离层和防水层组成。

1. 结构层

刚性防水屋面的结构层要求具有足够的强度和刚度，一般应采用现浇或预制装配的钢

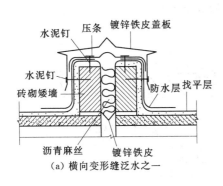

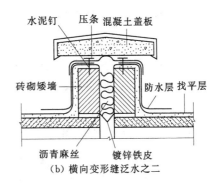

(a) 横向变形缝泛水之一　　　(b) 横向变形缝泛水之二

图 7.13　等高屋面变形缝

筋混凝土屋面板，并在结构层现浇或铺板时形成屋面的排水坡度。

2. 找平层

为保证防水层厚薄均匀，通常应在结构层上用 20mm 厚 1：3 水泥砂浆找平。若采用现浇钢筋混凝土屋面板或设有纸筋灰等材料时，也可不设找平层。

3. 隔离层

为减少结构层变形及温度变化对防水层的不利影响，宜在防水层下设置隔离层。隔离层可在纸筋灰、低强度等级砂浆或薄砂层上干铺一层油毡等。当防水层中加有膨胀剂类材料时，其抗裂性有所改善，也可不做隔离层。

4. 防水层

常用配筋细石混凝土防水屋面的混凝土强度等级应不低于 C20，其厚度宜不小于 40mm，双向配置 Φ4～Φ6.5 钢筋，间距为 100～200mm 的双向钢筋网片。为提高防水层的抗渗性能，可在细石混凝土内掺入适量外加剂（如膨胀剂、减水剂、防水剂等）以提高其密实性能。

### 7.3.2.2　刚性防水屋面细部构造

刚性防水屋面的细部构造包括屋面防水层的分格缝、泛水、檐口、雨水口等部位。

1. 屋面分格缝

屋面分格缝实质上是在屋面防水层上设置的变形缝。其目的在于：防止温度变形引起防水层开裂；防止结构变形将防水层拉坏。因此屋面分格缝的位置应设置在温度变形允许的范围以内和结构变形敏感的部位。一般情况下分格缝间距不宜大于 6m。结构变形敏感的部位主要是指装配式屋面板的支承端、屋面转折处、现浇屋面板与预制屋面板的交接处、泛水与立墙交接处等部位（图 7.14）。

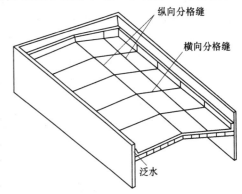

图 7.14　分格缝位置

分格缝的构造要点：

（1）防水层内的钢筋在分格缝处应断开。

（2）屋面板缝用浸过沥青的木丝板等密封材料嵌填，缝口用油膏等嵌填。

（3）缝口表面用防水卷材铺贴盖缝，卷材的宽度为 200～300mm（图 7.15）。

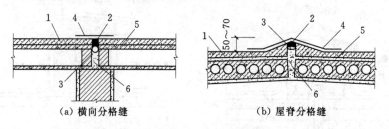

（a）横向分格缝　　　　　　（b）屋脊分格缝

图 7.15 分格缝构造

1—刚性防水层；2—密封材料；3—背衬材料；4—防水材料；5—隔离层；6—细石混凝土

**2. 泛水构造**

刚性防水屋面的泛水构造要点与卷材屋面基本相同。不同的地方是：刚性防水层与屋面突出物（女儿墙、烟囱等）间须留分格缝，另铺贴附加卷材盖缝形成泛水。

**3. 檐口构造**

刚性防水屋面檐口的形式一般有自由落水挑檐口、挑檐沟外排水檐口和女儿墙外排水檐口、坡檐口等。

（1）自由落水挑檐口。根据挑檐挑出的长度，有直接利用混凝土防水层悬挑和在增设的现浇或预制钢筋混凝土挑檐板上做防水层等做法。无论采用哪种做法，都应注意做好滴水。

（2）挑檐沟外排水檐口。檐沟构件一般采用现浇或预制的钢筋混凝土槽形天沟板，在沟底用低强度等级的混凝土或水泥炉渣等材料垫置成纵向排水坡度，铺好隔离层后再浇筑防水层，防水层应挑出屋面并做好滴水。

（3）坡檐口。建筑设计中出于造型方面的考虑，常采用一种平顶坡檐即"平改坡"的处理形式，使较为呆板的平顶建筑具有某种传统的韵味，以丰富城市景观（图 7.16）。

**4. 雨水口构造**

刚性防水屋面的雨水口有直管式和弯管式两种做法，直管式一般用于挑檐沟外排水的雨水口，弯管式用于女儿墙外排水的雨水口。

（1）直管式雨水口。直管式雨水口为防止雨水从雨水口套管与沟底接缝处渗漏，应在雨水口周边加铺柔性防水层并铺至套管内壁，檐口处浇筑的混凝土防水层应覆盖于附加的柔性防水层之上，并于防水层与雨水口之间用油膏嵌实（图 7.17）。

（2）弯管式雨水口。弯管式雨水口一般用铸铁做成弯头。雨水口安装时，在雨水口处的屋面应加铺附加卷材与弯头搭接，其搭接长度不小于 100mm，然后浇筑混凝土防水层，防水层与弯头交接处需用油膏嵌缝（图 7.18）。

### 7.3.3 涂膜防水屋面

涂膜防水屋面又称涂料防水屋面，是指用可塑性和黏结力较强的高分子防水涂料，直接涂刷在屋面基层上形成一层不透水的薄膜层以达到防水目的的一种屋面做法。防水涂料有塑料、橡胶和改性沥青三大类，常用的有塑料油膏、氯丁胶乳沥青涂料和焦油聚氨酯防水涂膜等。这些材料多数具有防水性好、黏结力强、延伸性大、耐腐蚀、不易老化、施工

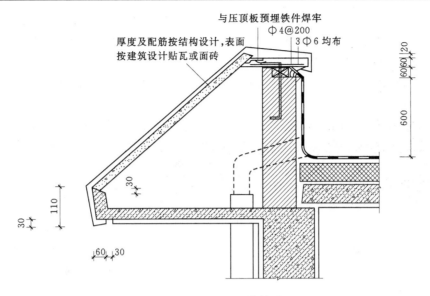

图 7.16　平屋顶坡檐构造

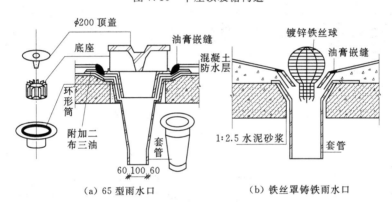

（a）65 型雨水口　　　　（b）铁丝罩铸铁雨水口

图 7.17　直管式雨水口构造

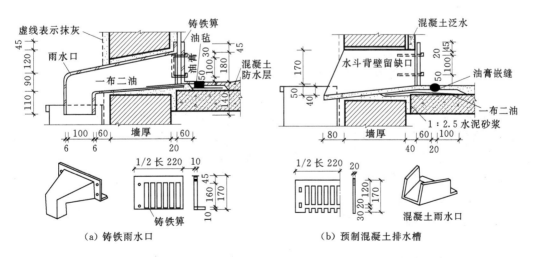

（a）铸铁雨水口　　　　　（b）预制混凝土排水槽

图 7.18　弯管式雨水口构造

方便、容易维修等优点。近年来应用较为广泛。这种屋面通常适用于不设保温层的预制屋面板结构，如单层工业厂房的屋面。在有较大震动的建筑物或寒冷地区则不宜采用。

#### 7.3.3.1　涂膜防水屋面构造层次和做法

涂膜防水屋面的构造层次与柔性防水屋面相同，由结构层、找坡层、找平层、结合层、防水层和保护层组成。

涂膜防水屋面的结构层和找坡层材料做法与柔性防水屋面相同。找平层通常为 25mm 厚 1:2.5 水泥砂浆。为保证防水层与基层黏结牢固，结合层应选用与防水涂料相同的材料经稀释后满刷在找平层上。当屋面不上人时保护层的做法根据防水层材料的不同，可用蛭石或细砂撒面、银粉涂料涂刷；当屋面为上人屋面时，保护层做法与柔性防水上人屋面做法相同。

#### 7.3.3.2　涂膜防水屋面细部构造

1. 分格缝构造

涂膜防水只能提高表面的防水能力，由于温度变形和结构变形会导致基层开裂而使得屋面渗漏，因此对屋面面积较大和结构变形敏感的部位，需设置分格缝。

2. 泛水构造

涂膜防水屋面泛水构造要点与柔性防水屋面基本相同，即泛水高度不小于 250mm；屋面与立墙交接处应做成弧形；泛水上端应有挡雨措施，以防渗漏。

### 7.3.4　平屋顶的保温与隔热

#### 7.3.4.1　平屋顶的保温

1. 保温材料类型

保温材料多为轻质多孔材料，一般可分为以下三种类型：

（1）散料类。常用炉渣、矿渣、膨胀蛭石、膨胀珍珠岩等。

（2）整体类。整体类是指以散料作骨料，掺入一定量的胶结材料，现场浇筑而成。如水泥炉渣、水泥膨胀蛭石、水泥膨胀珍珠岩及沥青膨胀蛭石和沥青膨胀珍珠岩等。

（3）板块类。板块类是指利用骨料和胶结材料由工厂制作而成的板块状材料，如加气混凝土、泡沫混凝土、膨胀蛭石、膨胀珍珠岩、泡沫塑料等块材或板材等。

保温材料的选择应根据建筑物的使用性质、构造方案、材料来源、经济指标等因素综合考虑确定。

2. 保温层的设置

平屋顶因屋面坡度平缓，适合将保温层放在屋面结构层上（刚性防水屋面不适宜设保温层）。

保温层通常设在结构层之上、防水层之下。保温卷材防水屋面与非保温卷材防水屋面的区别是增设了保温层，构造需要相应增加找平层、结合层和隔汽层。设置隔汽层的目的是防止室内水蒸气渗入保温层，使保温层受潮而降低保温效果。隔汽层的一般做法是在 20mm 厚 1:3 水泥砂浆找平层上刷冷底子油两道作为结合层，结合层上做一布二油或两道热沥青隔汽层。

#### 7.3.4.2　平屋顶的隔热

1. 通风隔热屋面

通风隔热屋面是指在屋顶中设置通风间层，使上层表面起着遮挡阳光的作用，利用风压和热压作用把间层中的热空气不断带走，以减少传到室内的热量，从而达到隔热降温的目的。通风隔热屋面一般有架空通风隔热屋面和顶棚通风隔热屋面两种做法。

（1）架空通风隔热屋面。通风层设在防水层之上，其做法很多，图 7.19 为架空通风隔热屋面构造，其中以架空预制板或大阶砖最为常见。架空通风隔热层设计应满足以下要求：架空层应有适当的净高，一般以 180～240mm 为宜；距女儿墙 500mm 范围内不铺架空板；隔热板的支点可做成砖垄墙或砖墩，间距视隔热板的尺寸而定（图 7.19）。

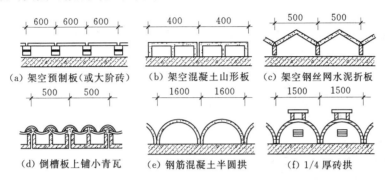

（a）架空预制板（或大阶砖）　（b）架空混凝土山形板　（c）架空钢丝网水泥折板

（d）倒槽板上铺小青瓦　（e）钢筋混凝土半圆拱　（f）1/4 厚砖拱

图 7.19　架空通风隔热构造

（2）顶棚通风隔热屋面。这种做法是利用顶棚与屋顶之间的空间作隔热层，顶棚通风隔热层设计应满足以下要求：顶棚通风层应有足够的净空高度，一般为 500mm 左右；需设置一定数量的通风孔，以利空气对流；通风孔应考虑防飘雨措施。

2. 蓄水隔热屋面

蓄水屋面是指在屋顶蓄积一层水，利用水蒸发时需要大量的汽化热，从而大量消耗晒到屋面的太阳辐射热，以减少屋顶吸收的热能，从而达到降温隔热的目的。蓄水屋面构造与刚性防水屋面基本相同，主要区别是增加了一壁三孔，即蓄水分仓壁、溢水孔、泄水孔和过水孔。蓄水隔热屋面构造应注意以下几点：合适的蓄水深度，一般为 150～200mm；根据屋面面积划分成若干蓄水区，每区的边长一般不大于 10m；足够的泛水高度，至少高出水面 100mm；合理设置溢水孔和泄水孔，并应与排水檐沟或水落管连通，以保证多雨季节不超过蓄水深度和检修屋面时能将蓄水排除；注意做好管道的防水处理。

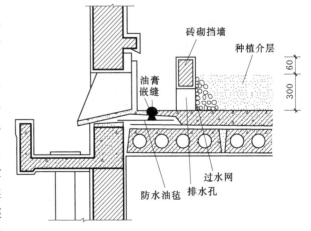

图 7.20　种植隔热屋面构造示意图

3. 种植隔热屋面

种植屋面是在屋顶上种植植物，利用植被的蒸腾和光合作用，吸收太阳辐射热，从而达到降温隔热的目的（图 7.20）。

# 任务 7.4 坡屋顶构造

**·任务的提出**

(1) 坡屋顶的承重结构类型有哪些?

(2) 平屋顶的隔热和构造措施有哪些?

**·任务解析**

(1) 坡屋顶中常用的承重结构有横墙承重、屋架承重和梁架承重。

(2) 理解坡屋顶的架空隔热。

**·任务的实施**

## 7.4.1 坡屋顶的承重结构

1. 承重结构类型

坡屋顶中常用的承重结构有横墙承重、屋架承重和梁架承重 (图 7.21)。

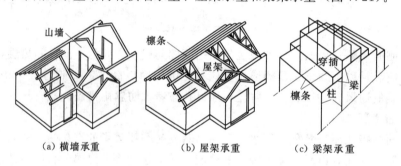

| (a) 横墙承重 | (b) 屋架承重 | (c) 梁架承重 |

图 7.21 坡屋顶的承重结构类型

2. 承重结构构件

(1) 屋架。屋架形式常为三角形,由上弦、下弦及腹杆组成,所用材料有木材、钢材及钢筋混凝土等。木屋架一般用于跨度不超过 12m 的建筑;将木屋架中受拉力的下弦及直腹杆件用钢筋或型钢代替,这种屋架称为钢木屋架。钢木组合屋架一般用于跨度不超过 18m 的建筑;当跨度更大时需采用预应力钢筋混凝土屋架或钢屋架。

(2) 檩条。檩条所用材料可为木材、钢材及钢筋混凝土,檩条材料的选用一般与屋架所用材料相同,使两者的耐久性接近。

3. 承重结构布置

坡屋顶承重结构布置主要是指屋架和檩条的布置,其布置方式视屋顶形式而定 (图 7.22)。

## 7.4.2 平瓦屋面做法

坡屋顶屋面一般是利用各种瓦材,如平瓦、波形瓦、小青瓦等作为屋面防水材料。近些年来还有不少采用金属瓦屋面、彩色压型钢板屋面等。

平瓦屋面根据基层的不同有冷摊瓦屋面、木望板平瓦屋面和钢筋混凝土板瓦屋面三种做法。

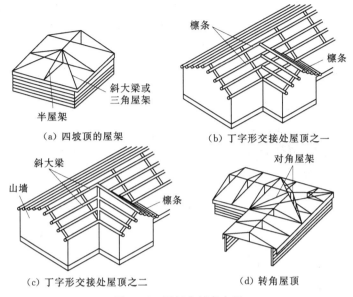

（a）四坡顶的屋架　　　　　　　（b）丁字形交接处屋顶之一

（c）丁字形交接处屋顶之二　　　　　（d）转角屋顶

图 7.22　屋架和檩条布置

**1. 冷摊瓦屋面**

冷摊瓦屋面是在檩条上钉固椽条，然后在椽条上钉挂瓦条并直接挂瓦。这种做法构造简单，但雨雪易从瓦缝中飘入室内，通常用于南方地区质量要求不高的建筑（图 7.23）。

**2. 木望板瓦屋面**

木望板瓦屋面是在檩条上铺钉 15～20mm 厚的木望板（亦称屋面板），望板可采取密铺法（不留缝）或稀铺法（望板间留 20mm 左右宽的缝），在望板上平行于屋脊方向干铺一层油毡，在油毡上顺着屋面水流方向钉 10mm×30mm、中距 500mm 的顺水条，然后在顺水条上面平行于屋脊方向钉挂瓦条并挂瓦，挂瓦条的断面和间距与冷摊瓦屋面相同。这种做法比冷摊瓦屋面的防水、保温隔热效果要好，但耗用木材多、造价高，多用于质量要求较高的建筑物（图 7.24）。

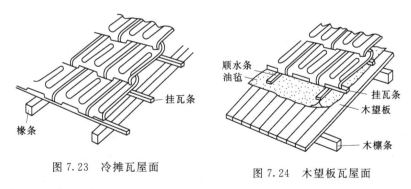

图 7.23　冷摊瓦屋面　　　　　　　图 7.24　木望板瓦屋面

**3. 钢筋混凝土板瓦屋面**

瓦屋面由于保温、防火或造型等的需要，可将钢筋混凝土板作为瓦屋面的基层盖瓦。盖瓦的方式有两种：一种是在找平层上铺油毡一层，用压毡条钉在嵌在板缝内的木楔上，再钉挂瓦条挂瓦；另一种是在屋面板上直接粉刷防水水泥砂浆并贴瓦或陶瓷面砖或平瓦。在仿古建筑中也常常采用钢筋混凝土板瓦屋面（图 7.25）。

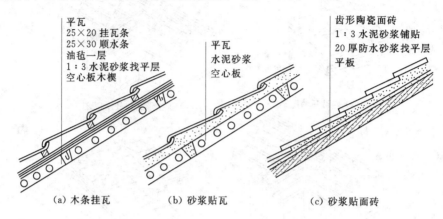

（a）木条挂瓦　　　　（b）砂浆贴瓦　　　　（c）砂浆贴面砖

图 7.25　钢筋混凝土板瓦屋面构造

### 7.4.3　平瓦屋面细部构造

平瓦屋面应做好檐口、天沟、屋脊等部位的细部处理。

**1. 檐口构造**

檐口分为纵墙檐口和山墙檐口。

（1）纵墙檐口。纵墙檐口根据造型要求做成挑檐或封檐（图 7.26）。

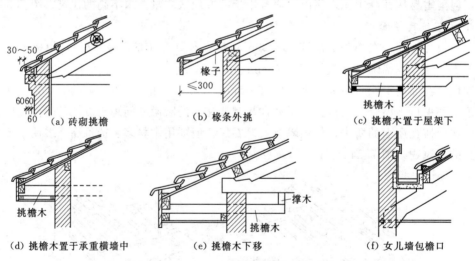

（a）砖砌挑檐　　　（b）椽条外挑　　　（c）挑檐木置于屋架下

（d）挑檐木置于承重横墙中　　　（e）挑檐木下移　　　（f）女儿墙包檐口

图 7.26　平瓦屋面纵墙檐口构造

（2）山墙檐口。山墙檐口按屋顶形式分为硬山与悬山两种。硬山檐口构造，将山墙升起包住檐口，女儿墙与屋面交接处应作泛水处理。女儿墙顶应作压顶板，以保护泛水。

悬山屋顶的山墙檐口构造，先将檩条外挑形成悬山，檩条端部钉木封檐板，沿山墙挑檐的一行瓦，应用 1∶2.5 的水泥砂浆做出披水线，将瓦封固。

**2. 天沟和斜沟构造**

在等高跨或高低跨相交处，常常出现天沟，而两个相互垂直的屋面相交处则形成斜沟。沟应有足够的断面积，上口宽度不宜小于300~500mm，一般用镀锌铁皮铺于木基层上，镀锌铁皮伸入瓦片下面至少150mm。高低跨和包檐天沟若采用镀锌铁皮防水层时，应从天沟内延伸至立墙（女儿墙）上形成泛水（图7.27）。

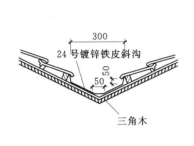
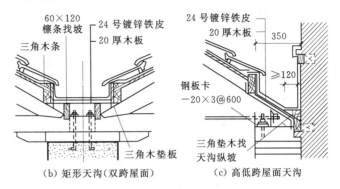

（a）三角形天沟（双跨屋面） （b）矩形天沟（双跨屋面） （c）高低跨屋面天沟

图7.27 天沟、斜沟构造

### 7.4.4 坡屋顶的保温与隔热

1. 坡屋顶保温构造

坡屋顶的保温层一般布置在瓦材与檩条之间或吊顶棚上面。保温材料可根据工程具体要求选用松散材料、块体材料或板状材料。

2. 坡屋顶隔热构造

炎热地区在坡屋顶中设进气口和排气口，利用屋顶内外的热压差和迎风面的压力差，组织空气对流，形成屋顶内的自然通风，以减少由屋顶传入室内的辐射热，从而达到隔热降温的目的。进气口一般设在檐墙上、屋檐部位或室内顶棚上；出气口最好设在屋脊处，以增大高差，有利加速空气流通。

# 任务7.5 其他屋面构造

· **任务的提出**

除了常见的平屋顶和坡屋顶外还有哪些屋顶类型？

· **任务解析**

除了常见的平屋顶和坡屋顶外还有金属瓦屋面、彩色压型钢板屋面等。

· **任务的实施**

### 7.5.1 金属瓦屋面

金属瓦屋面是用镀锌铁皮或铝合金瓦做防水层的一种屋面，金属瓦屋面自重轻、防水性能好、使用年限长，主要用于大跨度建筑的屋面。

金属瓦的厚度很薄（厚度在1mm以内），铺设这样薄的瓦材必须用钉子固定在木望板上，木望板则支撑在檩条上，为防止雨水渗漏，瓦材下应干铺一层油毡。所有的金属瓦必须相互连通导电，并与避雷针或避雷带连接。

### 7.5.2　彩色压型钢板屋面

彩色压型钢板屋面简称彩板屋面，是近十多年来在大跨度建筑中广泛采用的高效能屋面，它不仅自重轻、强度高且施工安装方便。彩板的连接主要采用螺栓连接，不受季节气候影响。彩板色彩绚丽，质感好，大大增强了建筑的艺术效果。彩板除用于平直坡面的屋顶外，还可根据造型与结构的形式需要，在曲面屋顶上使用。

## 课 后 自 测 题

1. 选择题

(1) 下列有关刚性屋面防水层分格缝的叙述中，正确的是（　　）。

A. 分格缝可以减少刚性防水层的伸缩变形，防止和限制裂缝的产生

B. 分格缝的设置是为了把大块现浇混凝土分割为小块，简化施工

C. 刚性防水层与女儿墙之间不应设分格缝，以利于防水

D. 防水层内的钢筋在分格缝处也应连通，保持防水层的整体性

(2) 平屋顶的排水坡度一般不超过（　　），最常用的坡度为（　　）。

A. 10%，5%　　　　　　　　　　　B. 5%，1%

C. 3%，5%　　　　　　　　　　　 D. 5%，2%~3%

(3) 屋顶是建筑物最上面起维护和承重作用的构件，屋顶构造设计的核心是（　　）。

A. 承重　　　　　　　　　　　　　B. 保温隔热

C. 防水和排水　　　　　　　　　　D. 隔声和防火

(4) 屋顶的坡度形成中材料找坡是指（　　）。

A. 利用预制板的搁置　　　　　　　B. 选用轻质材料找坡

C. 利用油毡的厚度　　　　　　　　D. 利用结构层

(5) 混凝土刚性防水屋面中，为减少结构变形对防水层的不利影响，常在防水层与结构层之间设置（　　）。

A. 隔蒸汽层　　　　　　　　　　　B. 隔离层

C. 隔热层　　　　　　　　　　　　D. 隔声层

(6) 利用屋面垫层厚度的变化形成坡度的做法称为（　　）。

A. 搁置找坡　　　B. 结构找坡　　　C. 材料找坡　　　D. 设计找坡

(7) 在工程实践中，雨水管的适用间距是（　　）m。

A. 10~15　　　　B. 15~20　　　　C. 20~25　　　　D. 25~30

(8) 泛水是指屋面（　　）与垂直墙面相交处的构造处理。

A. 结构层　　　B. 找平层　　　C. 防水层　　　D. 面层

(9) 下列（　　）情况的建筑可以采用无组织排水。

A. 年降雨量小于或等于900mm，檐口高度小于或等于10m

B. 年降雨量大于900mm，檐口高度不小于8m

C. 周围建筑少，地势较高

D. 厂房仓库

（10）刚性屋面细石混凝土防水层的构造做法是（　　　）。

A. 浇筑 30～45mm 厚 C 20 细石混凝土

B. 浇筑 30～45mm 厚 C 20 细石混凝土，内配 Φ 4@100mm 双向钢筋网

C. 浇筑 30～45mm 厚 C 20 细石混凝土，内配 Φ 4@200mm 双向钢筋网

D. 浇筑 30～45mm 厚 C 20 细石混凝土，内配 Φ 4@300mm 双向钢筋网

2. 简答题

（1）刚性防水面为什么要设置分格缝？通常在哪些部位设置分格缝？

（2）什么叫有组织排水？简述其优缺点及适用范围。

（3）混凝土刚性防水屋面中，设置隔汽层的目的是什么？隔汽层常用的构造做法是什么？

（4）简述卷材防水屋面的构造层次及特点。

3. 作图题

（1）平屋顶是一种常用的屋顶形式，现要求：

1）画出平屋顶的构造层次，并说明各层的材料和作用。

2）绘出一种平屋顶的有组织排水图。

（2）试画出刚性防水屋面中女儿墙泛水部位的构造作法。（只画出一种即可）

（3）底层现浇水磨石地面构造图，要求详细写出各构造层的做法。

# 项目 8 门 和 窗

## 任务 8.1 门窗的作用、形式与尺度

·任务的提出

门和窗的作用有哪些？常见的门窗的形式有哪些？尺寸如何要求？

·任务解析

门和窗都有通风和采光的作用，两者又有区别，门除了通风和采光的作用外还有内外交通联系的作用。

·任务的实施

### 8.1.1 门窗的作用

门在房屋建筑中的作用主要是交通联系，并兼采光和通风；窗的作用主要是采光、通风及眺望。在不同情况下，门和窗还有分隔、保温、隔声、防火、防辐射、防风沙等作用。

门窗在建筑立面构图中的影响也较大，它的尺度、比例、形状、组合、透光材料的类型等，都影响着建筑的艺术效果。

### 8.1.2 门的形式与尺度

#### 8.1.2.1 门的形式

（1）按门在建筑物中所处的位置。分为内门和外门。

（2）按门的使用功能。分为一般门和特殊门。

（3）按门的框料材质。分为木门、铝合金门、塑钢门、彩板门、玻璃钢门、钢门等。

（4）按门扇的开启方式。分为平开门、弹簧门、推拉门、折叠门、转门、卷帘门、升降门等（图 8.1）。

1. 平开门

门扇与门框用铰链连接，门扇水平开启，有单扇、双扇及向内开、向外开之分。平开门构造简单，开启灵活，安装维修方便。

2. 弹簧门

门扇与门框用弹簧铰链连接，门扇水平开启，分为单向弹簧门和双向弹簧门，其最大优点是门扇能够自动关闭。

3. 推拉门

门扇沿着轨道左右滑行来启闭，有单扇和双扇之分，开启后，门扇可隐藏在墙体的夹层中或贴在墙面上。推拉门开启时不占空间，受力合理，不易变形，但构造较复杂。

4. 折叠门

门扇由一组宽度约为 600mm 的窄门扇组成，窄门扇之间的铰链连接。开启时，窄门

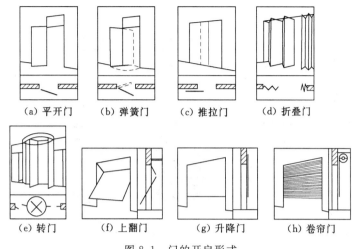

图 8.1　门的开启形式

窗相互折叠推移到侧边，占空间少，但构造复杂。

5. 转门

门扇由三扇或四扇通过中间的竖轴组合起来，在两侧的弧形门套内水平旋转来实现启闭。转门有利于室内的隔视线、保温、隔热和防风沙，并且对建筑立面有较强的装饰性。

6. 卷帘门

门扇由金属页片相互连接而成，在门洞的上方设转轴，通过转轴的转动来控制页片的启闭。特点是开启时不占使用空间，但加工制作复杂，造价较高。

### 8.1.2.2　门的尺度

门的尺度指门洞的高宽尺寸，应满足人流疏散，搬运家具、设备的要求，并应符合 GB J2—1986《建筑模数协调统一标准》的规定。

一般情况下，门保证通行的高度不小于 2000mm，当上方设亮子时，应加高 300～600mm。门的宽度应满足一个人通行，并考虑必要的空隙，一般为 700～1000mm，通常设置为单扇门。对于人流量较大的公共建筑的门，其宽度应满足疏散要求，可设置两扇以上的门。

### 8.1.3　窗的形式与尺度

#### 8.1.3.1　窗的形式

窗的形式一般按开启方式定，而窗的开启方式主要取决于窗扇铰链安装的位置和转动方式。通常窗的开启方式有以下几种（图 8.2）。

1. 固定窗

无窗扇、不能开启的窗为固定窗。固定窗的玻璃直接嵌固在窗框上，可供采光和眺望之用。

2. 平开窗

铰链安装在窗扇一侧与窗框相连，向外或向内水平开启。平开窗有单扇、双扇、多扇，有向内开与向外开之分。其构造简单，开启灵活，制作维修均方便，是民用建筑中采用最广泛的窗。

3. 悬窗

因铰链和转轴的位置不同，悬窗可分为上悬窗、中悬窗和下悬窗。

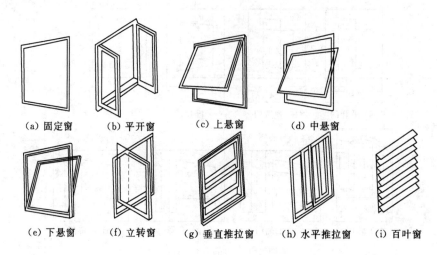

(a) 固定窗　　　(b) 平开窗　　　(c) 上悬窗　　　(d) 中悬窗

(e) 下悬窗　　　(f) 立转窗　　　(g) 垂直推拉窗　　　(h) 水平推拉窗　　　(i) 百叶窗

图 8.2　窗的开启方式

4. 立转窗

立转窗引导风进入室内效果较好，防雨及密封性较差，多用于单层厂房的低侧窗。因密闭性较差，不宜用于寒冷和多风沙的地区。

5. 推拉窗

推拉窗分垂直推拉和水平推拉窗两种。它们不多占使用空间，窗扇受力状态较好，适宜安装较大玻璃，但通风面积受到限制。

6. 百叶窗

百叶窗主要用于遮阳、防雨及通风，但采光差。百叶窗可用金属、木材、钢筋混凝土等制作，有固定式和活动式两种形式。

### 8.1.3.2　窗的尺度

窗的尺度主要取决于房间的采光、通风、构造做法和建筑造型等要求，并要符合现行 GB J2—1986 的规定。为使窗坚固耐久，一般平开木窗的窗扇高度为 800～1200mm，宽度不宜大于 500mm；上、下悬窗的窗扇高度为 300～600mm；中悬窗窗扇高不宜大于 1200mm，宽度不宜大于 1000mm；推拉窗高宽均不宜大于 1500mm。对一般民用建筑用窗，各地均有通用图，各类窗的高度与宽度尺寸通常采用扩大模数 3M 数列作为洞口的标志尺寸，需要时只要按所需类型及尺度大小直接选用。

# 任务 8.2　平开木门窗的构造与细部构造

· **任务的提出**

常见的木门窗的构造如何？

· **任务解析**

木门主要有门框、门扇、亮子、五金零件及其附件组成。窗一般由窗框、窗扇和五金零件组成。

**156**

**·任务的实施**

### 8.2.1  平开木门的构造

#### 8.2.1.1  平开木门的组成

门一般由门框、门扇、亮子、五金零件及其附件组成（图 8.3）。

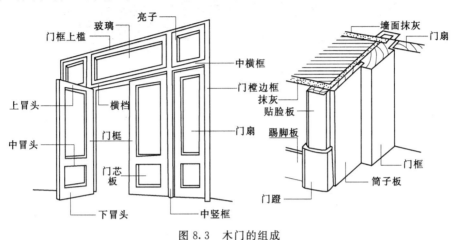

图 8.3  木门的组成

门扇按其构造方式不同，有镶板门、夹板门、拼板门、玻璃门和纱门等类型。亮子又称腰头窗，在门上方，为辅助采光和通风之用，有平开、固定及上悬、中悬、下悬几种。门框是门扇、亮子与墙的联系构件。五金零件一般有铰链、插销、门锁、拉手、门碰头等。附件有贴脸板、筒子板等。

#### 8.2.1.2  平开木门的细部构造

1. 门框

门框一般由两根竖直的边框和上框组成。当门带有亮子时，还有中横框，多扇门则还有中竖框。

（1）门框断面。门框的断面形式与门的类型、层数有关，同时应利于门的安装，并应具有一定的密闭性（图 8.4）。

（2）门框的安装。门框的安装根据施工方式分为后塞口和先立口两种（图 8.5）。后塞口是在墙砌好后再安装门框。采用此法，洞口的宽度应比门框大 20～30mm，高度比门框大 10～20mm。门洞两侧砖墙上每隔 500～600mm 预埋木砖或预留缺口，以便用圆钉或水泥砂浆将门框固定。框与墙的缝隙需用沥青麻丝嵌填。先立口是在砌墙前即用支撑先立门框然后砌墙。框与墙结合紧密，但是立樘与砌墙工序交叉，施工不便。

（3）门框在墙中的位置。门框可在墙的中间或与墙的一边平齐。一般多与开启方向一侧平齐，尽可能使门扇开启时贴近墙面（图 8.6）。

2. 门扇

常用的木门门扇有镶板门、夹板门、拼板门和玻璃门等。

（1）镶板门（图 8.7）。镶板门是广泛使用的一种门，门扇由边挺、上冒头、中冒头（可作数根）和下冒头组成骨架，内装门芯板而构成。构造简单，加工制作方便，适于一

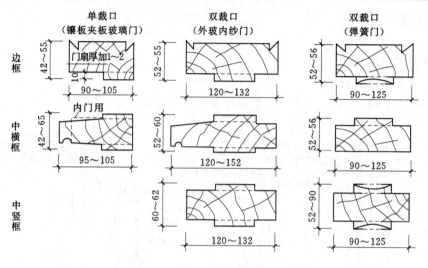

图 8.4 门框的断面形式与尺寸

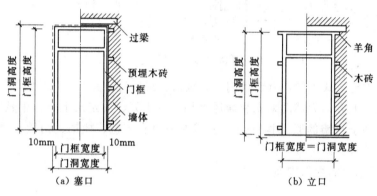

图 8.5 门框的安装方式

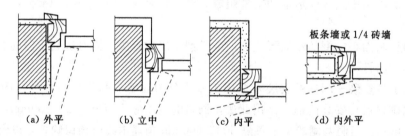

图 8.6 门框在洞口中的位置

般民用建筑作内门和外门。

（2）夹板门（图 8.8）。夹板门是用断面较小的方木做成骨架，两面粘贴面板而成。门扇面板可用胶合板、塑料面板和硬质纤维板，面板不再是骨架的负担，而是和骨架形成一个整体，共同抵抗变形。夹板门的形式可以是全夹板门、带玻璃或带百叶夹板门。

由于夹板门构造简单，可利用小料、短料，自重轻，外形简洁，便于工业化生产，故在一般民用建筑中广泛应用。

（3）拼板门（图 8.9）。构造与镶板门相同，由骨架和拼板组成。只是拼板门的拼板

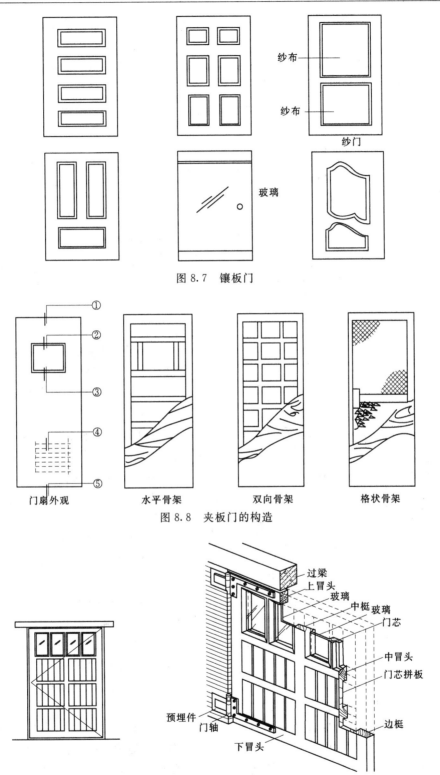

图 8.7　镶板门

图 8.8　夹板门的构造

图 8.9　拼板门的构造

用厚 35～45mm 的木板拼接而成，因而自重较大，但坚固耐久，多用于库房、车间的外门。

（4）玻璃门（图 8.10）。玻璃门门扇构造与镶板门基本相同，只是门芯板用玻璃代替，用在要求采光与透明的出入口处。

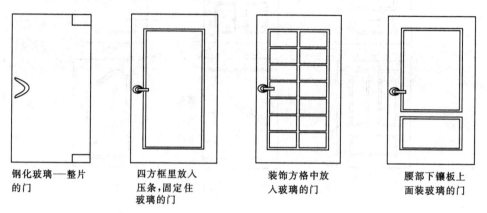

钢化玻璃——整片的门　　四方框里放入压条，固定住玻璃的门　　装饰方格中放入玻璃的门　　腰部下镶板上面装玻璃的门

图 8.10　玻璃门的构造

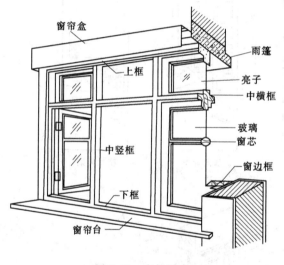

窗帘盒　上框　雨篷　亮子　中横框　玻璃　窗芯　窗边框　中竖框　下框　窗帘台

图 8.11　窗的组成

### 8.2.2　平开木窗的构造

#### 8.2.2.1　平开窗的组成

窗一般由窗框、窗扇和五金零件组成（图 8.11）。窗框是窗与墙体的连接部分，由上框、下框、边框、中横框和中竖框组成。窗扇是窗的主体部分，分为活动扇和固定扇两种，一般由上冒头、下冒头、边梃和窗芯（又称为窗棂）组成骨架，中间固定玻璃、窗纱或百叶。五金零件包括铰链、插销、风钩等。

#### 8.2.2.2　平开木窗的细部构造

1. 窗框

（1）窗框的安装。窗框位于墙和窗扇之间，木窗窗框的安装方式有两种：一是立口法，即先立窗框，后砌墙，为使窗框与墙体连接紧固，应在窗口的上下框各伸出 120mm 左右的端头，俗称"羊角头"；二是先砌筑墙体预留窗洞，然后将窗框塞入洞口内，即塞口法，其特点是不会影响施工进度，但窗框与墙体之间的缝隙较大，应加强固定时的牢固性和对缝隙的密闭处理。

窗框在墙洞中的安装位置（图 8.12）有三种：一是与墙内表面平（内平），这样内开窗扇贴在内墙面，不占室内空间；二是位于墙厚的中部（居中），在北方墙体较厚，窗框的外缘多距外墙外表面 120mm（1/2 砖）；三是与墙外表面平（外平），外平多在板材墙或外墙较薄时采用。

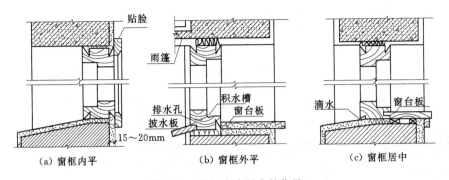

图 8.12　窗框在墙洞中的位置

（2）窗框的断面形状和尺寸（图 8.13）。常用木窗框断面形状和尺寸主要应考虑：横竖框接榫和受力的需要；框与墙、扇结合封闭（防风）的需要；防变形和最小厚度处的劈裂等。

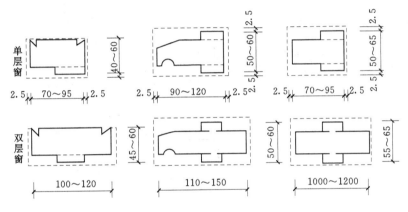

图 8.13　窗框的断面形状和尺寸

（3）墙与窗框的连接（图 8.14）。墙与窗框的连接主要应解决固定（图 8.15）和密封问题。温暖地区墙洞口边缘采用平口，施工简单，如图 8.14（a）～（c）所示；在寒冷地区的有些地方常在窗洞两侧外缘做高低口，以增强密闭效果。

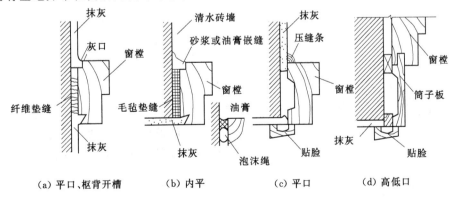

图 8.14　窗洞口、窗框及缝隙处理构造

**161**

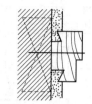 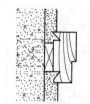 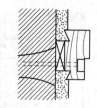

　（a）砖墙预埋木砖，铁钉固定　　　（b）混凝土墙预埋木砖，铁钉固定　　（c）混凝土或石墙预埋螺栓固定

图 8.15　木窗框与墙的固定方法

**2. 窗扇**

（1）玻璃窗扇的断面形式与尺寸（图 8.16）。玻璃窗扇的窗梃和冒头断面约为 40mm×55mm，窗芯断面尺寸约为 40mm×30mm。窗扇也要有裁口以便安装玻璃，裁口宽不小于 14mm，高不小于 8mm。

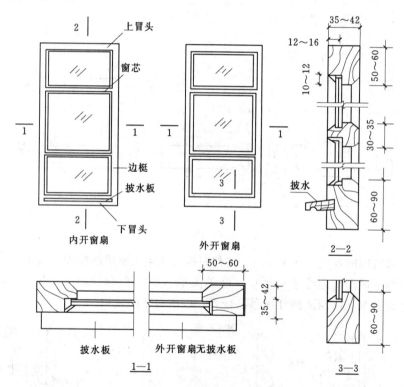

图 8.16　玻璃窗扇的断面形式与尺寸

（2）玻璃的选择及安装。窗可根据不同要求，选择磨砂玻璃、压花玻璃、夹丝玻璃、吸热玻璃、有色玻璃、镜面反射玻璃等各种不同特性的玻璃。玻璃通常用油灰嵌在窗扇的裁口里，要求较高的窗则采用富有弹性的玻璃密封膏效果更好。油灰和密封膏在玻璃外侧密封有利于排除雨水和防止渗漏。

**3. 窗用五金配件**

平开木窗用五金配件有合页（铰链）、插销、撑钩、拉手和铁三角等，采用品种根据窗的大小和装修要求而定。

**4. 木窗的附件**

（1）披水板。为防止雨水流入室内，在内开窗下冒头和外开窗中横框处附加一条披水板，下边框设积水槽和排水孔，有时外开窗下冒头也做披水板和滴水槽。窗的坡水构造如图 8.17 所示。

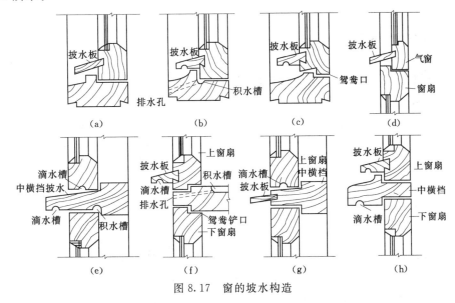

图 8.17   窗的坡水构造

（2）贴脸板。为防止墙面与窗框接缝处渗入雨水并达到美观要求，将 20mm×45mm 木板条内侧开槽，刨成各种断面的线脚以掩盖缝隙。

（3）压缝条。两扇窗接缝处，为防止渗透风雨，除做高低缝盖口外，常在一面或两面加钉压缝条。一般采用 10～15mm 见方的小木条，有时也用于填补窗框与墙体之间的缝隙，以防止热量的散失。

（4）筒子板。室内装修标准较高时，往往在窗洞口的上面和两侧墙面均用木板镶嵌，与窗台板结合使用。

（5）窗台板。在窗的下框内侧设窗台板，木板的两端挑出墙面 30～40mm，板厚 30mm。当窗框位于墙中时，窗台板也可以用预制水磨石板或大理石板。

（6）窗帘盒。在窗的内侧悬挂窗帘时，为遮盖窗帘棍和窗帘上部的拴环而设窗帘盒。窗帘盒三面采用 25mm×（100～150）mm 的木板镶成，窗帘棍一般为开启灵活的金属导轨，采用角钢或钢板支撑并与墙体连接。现在用得最多的是铝合金或塑钢窗帘盒，美观牢固、构造简单。

# 任务 8.3   铝合金和塑钢门窗的基本组成和安装连接构造

**·任务的提出**

　　铝合金门窗和塑钢门窗的特点和构造各有哪些？

**·任务解析**

　　铝合金门窗自重轻、性能好、耐腐蚀、坚固耐用、色泽美观。

塑钢门窗保温节能，空气渗透性（气密性）好，雨水渗透性（水密性）好，隔音性好，耐腐蚀性强，耐候性强，防火性能好，绝缘性能良好。

**·任务的实施**

### 8.3.1 铝合金门窗

#### 8.3.1.1 铝合金门窗的特点

1. 自重轻

铝合金门窗用料省、自重轻，较钢门窗轻 50％左右。

2. 性能好

铝合金门窗密封性好，气密性、水密性、隔声性、隔热性都较钢和木门窗有显著的提高。

3. 耐腐蚀、坚固耐用

铝合金门窗不需要涂涂料，氧化层不褪色、不脱落，表面不需要维修。铝合金门窗强度高，刚性好，坚固耐用，开闭轻便灵活，无噪声，安装速度快。

4. 色泽美观

铝合金门窗框料型材表面经过氧化着色处理后，既可保持铝材的银白色，又可以制成各种柔和的颜色或带色的花纹，如古铜色、暗红色、黑色等。

#### 8.3.1.2 铝合金门窗的设计要求

（1）应根据使用和安全要求确定铝合金门窗的风压强度性能、雨水渗漏性能、空气渗透性能综合指标。

（2）组合门窗设计宜采用定型产品门窗作为组合单元。非定型产品的设计应考虑洞口最大尺寸和开启扇最大尺寸的选择和控制。

（3）外墙门窗的安装高度应有限制。

#### 8.3.1.3 铝合金门窗框料系列

铝合金门窗框料系列名称是以铝合金门窗框的厚度构造尺寸来区别的，如平开门门框厚度构造尺寸为 50mm 宽，即称为 50 系列铝合金平开门；推拉窗窗框厚度构造尺寸 90mm 宽，即称为 90 系列铝合金推拉窗等。实际工程中，通常根据不同地区、不同性质建筑物的使用要求选用相适应的门窗框。

#### 8.3.1.4 铝合金门窗安装

铝合金门窗是表面处理过的铝材经下料、打孔、铣槽、攻丝等加工，制作成门窗框料的构件，然后与连接件、密封件、开闭五金件一起组合装配成门窗。

门窗安装时，将门、窗框在抹灰前立于门窗洞处，与墙内预埋件对正，然后用木楔将三边固定。经检验确定门、窗框水平、垂直、无翘曲后，用连接件将铝合金框固定在墙（柱、梁）上，连接件固定可采用焊接、膨胀螺栓或射钉等方法。

门窗框与墙体等的连接固定点每边不得少于两点，且间距不得大于 0.7m。在基本风压不小于 0.7kPa 的地区，不得大于 0.5m；边框端部的第一固定点距端部的距离不得大于 0.2m。铝合金门窗安装如图 8.18 所示。

### 8.3.2　塑钢门窗

塑钢门窗是继木、钢、铝之后的第四代新型建筑门窗，国外塑钢门窗的发展已有 30 多年的历史，目前西方发达国家的塑钢窗用率已达 40％以上。在我国，塑钢窗虽然起步较晚，但发展迅猛，早在 1992 年，朱镕基总理就签署文件，指示大力发展我国化学建材工业，其中主要包括塑钢门窗；1995 年，由建设部等五部委联合发文，要求到 2000 年之前，我国塑钢窗使用率在东北、西北、华北等采暖地区达到 50％以上，在沿海地区达到 30％以上，全国平均使用率达到 15％。

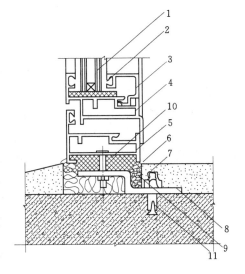

图 8.18　铝合金门窗安装
1—玻璃；2—橡胶条；3—压条；4—内扇；
5—外框；6—密封膏；7—砂浆；8—地脚；
9—软填料；10—塑料；11—膨胀螺栓

近年来，国家正式颁布了一系塑钢门窗方面的国家标准，并相继成立了："中国塑料加工协会异型材及门窗制品专业委员会"和"中国建筑金属结构协会门窗委员会塑钢门窗专业组。"1992 年，建设部推出了 JSJT—216《硬聚氯乙烯塑钢门窗》图集。从而使生产更具标准化、规范化。

塑钢门窗是以聚氯乙烯（PVC）树脂为主要原料，加上一定比例的多种添加剂，经挤出加工成型材，然后切割、熔接制成窗框、扇，再配装上各种附件而制成门窗。为增加型材的刚性，在规定的长度范围内，型材空腔需添加钢衬（加强筋），所以称之为塑钢门窗。

#### 8.3.2.1　塑钢门窗主要特点

（1）保温节能。塑料型材为多腔式结构，具有良好的隔热性，其材料的传热系数甚小，仅为铝材的 1/1250。因而隔热效果显著，尤其对具有空调和暖气设备的现代化建筑更加适用。与铝窗相比可节省能源 25％以上。

（2）空气渗透性（气密性）。在 10Pa 以下，单位缝长渗透量小于 $0.5m^3/(m \cdot h)$。

（3）雨水渗透性（水密性）。保持未发生渗漏时的最高压力为 150Pa。

（4）抗风压性能。在主要受力杆相对挠度为 1/300 时，抗风压强度值为 1400Pa，安全检测结果为 3500Pa。

（5）隔音性。隔音量 $R_w = 33dB$。

（6）耐腐蚀性。由于塑料型材的独特配方，使其具有良好的耐腐蚀性能，可耐任何酸、碱、盐等化学成分的侵蚀。

（7）耐候性。有关部门通过人工加速老化试验表明：塑钢门窗可以长期使用于温差较大（−30～70℃）的环境中。烈日暴晒，潮湿都不会使其出现变质、老化、脆化等现象。专家预测：正常环境条件下其使用寿命可达 30 年以上。

（8）防火性能。塑钢门窗不自然、不助燃、能自熄、安全可靠。经公安部上海科研所检测氧指数为 47％。

（9）绝缘性能。塑钢门窗为优良的电绝缘体，安全系数高。

（10）成品精度高不变形、外观精美、清洗容易、免维修。塑料型材质细密平滑，无需进行表面特殊处理，成品线性尺寸均能控制在±3mm以内。角强度可达3500N以上，不变形。可以用任何清洁剂清洁，方便快速。

由于塑钢门窗良好的物理性能，可广泛地使用于风大、雨大、潮湿的地区。由于其良好的隔热隔音效果，更适用于在闹市区中噪声干扰严重而又特别需要安静的场所，如医院、学校、宾馆、写字楼等。由于其特殊的化学稳定性保证了其可以在有腐蚀性的环境下使用，如食品业、医药业、卫生化工业及沿海地区的广泛使用。

塑钢门窗的保温性、隔音性、密封性、耐腐蚀性比铝合金门窗优越，特别是有利于采暖、空调及沿海地区的使用和减少室内噪声。

在吉林、青岛、上海、大连、北京、武汉、厦门、台湾等地，塑钢门窗已大量使用，青岛新建筑90%以上采用塑钢窗，其优越性已被人们普遍接受，成为木窗、铝合金窗的替代产品。

### 8.3.2.2 塑钢窗框与墙体的连接（图8.19）

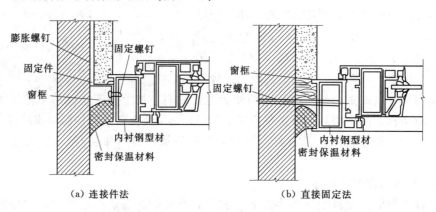

图8.19 塑钢窗框与墙体的连接节点图

# 任务8.4 钢门窗的基本尺度和构造组成

· **任务的提出**

钢门窗的基本尺度和构造组成有哪些？

· **任务解析**

钢门窗的构造组成主要有实腹式和空腹式。

· **任务的实施**

钢门窗是用型钢或薄壁空腹型钢在工厂制作而成。它符合工业化、定型化与标准化的要求。在强度、刚度、防火、密闭等性能方面，均优于木门窗，但在潮湿环境下易锈蚀，耐久性差。

### 8.4.1　钢门窗样式

#### 8.4.1.1　实腹式

实腹式钢门窗料是最常用的一种，有各种断面形状和规格。一般门可选用 32 及 40 料，窗可选用 25 及 32 料（25、32、40 等表示断面高为 25mm、32mm、40mm）。

#### 8.4.1.2　空腹式

空腹式钢门窗与实腹式窗料比较，具有更大的刚度，外形美观，自重轻，可节约钢材 40%左右。但由于壁薄，耐腐蚀性差，不宜用于湿度大、腐蚀性强的环境。

### 8.4.2　基本钢门窗

为了使用、运输方便，通常将钢门窗在工厂制作成标准化的门窗单元。这些标准化的单元即是组成一樘门或窗的最小基本单元。设计者可根据需要，直接选用基本钢门窗，或用这些基本钢门窗组合出所需大小和形式的门窗。

钢门窗框的安装方法常采用塞框法。门窗框与洞口四周的连接方法主要有两种：①在砖墙洞口两侧预留孔洞，将钢门窗的燕尾形铁脚埋入洞中，用砂浆窝牢；②在钢筋混凝土过梁或混凝土墙体内则先预埋铁件，将钢窗的 Z 形铁脚焊在预埋钢板上，如图 8.20 所示。

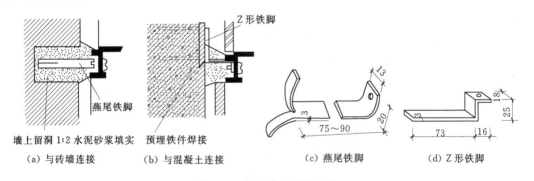

墙上留洞 1:2 水泥砂浆填实　　预埋铁件焊接

（a）与砖墙连接　　（b）与混凝土连接　　（c）燕尾铁脚　　（d）Z 形铁脚

图 8.20　钢门窗与墙的连接

### 8.4.3　组合式钢门窗

当钢门窗的高、宽超过基本钢门窗尺寸时，就要用拼料将门窗进行组合。拼料起横梁与立柱的作用，承受门窗的水平荷载。

拼料与基本门窗之间一般用螺栓或焊接相连。当钢门窗很大时，特别是水平方向很长时，为避免大的伸缩变形引起门窗损坏，必须预留伸缩缝，一般是用两根∟56×36×4 的角钢用螺栓组成拼件，角钢上穿螺栓的孔为椭圆形，使螺栓有伸缩余地。

# 任务 8.5　遮阳板的类型和构造

· **任务的提出**

遮阳的类型和措施是什么？

· **任务解析**

从遮阳板的措施方面了解遮阳板的类型。

**·任务的实施**

遮阳是为了防止阳光直接射入室内，避免夏季室内温度过高和产生眩光而采取的构造措施。

建筑遮阳措施：一是绿化遮阳；二是调整建筑物的构配件；三是在窗洞口周围设置专门的遮阳设施来遮阳。遮阳设施有活动遮阳板和固定遮阳板两种类型。

### 8.5.1　活动遮阳板的形式（图 8.21）

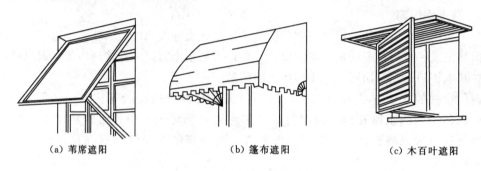

（a）苇席遮阳　　　　　（b）篷布遮阳　　　　　（c）木百叶遮阳

图 8.21　活动遮阳板的形式

### 8.5.2　固定遮阳板的形式

固定遮阳板的基本形式有水平式、垂直式、综合式和挡板式（图 8.22）。

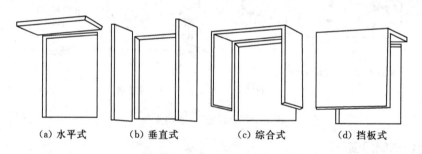

（a）水平式　　　（b）垂直式　　　（c）综合式　　　（d）挡板式

图 8.22　遮阳板的基本形式

（1）水平式遮阳板。主要遮挡太阳高度角较大时从窗口上方照射下来的阳光，适用于朝南的窗洞口。

（2）垂直式遮阳板。主要遮挡太阳高度角较小时从窗口侧面射来的阳光，适用于南偏东、南偏西及其附近朝向的窗洞口。

（3）综合式遮阳板。它是水平式遮阳板和垂直式遮阳板的综合，能遮挡从窗口两侧及前上方射来的阳光。遮阳效果比较均匀，主要适用于南、东南、西南及其附近朝向的窗洞口。

（4）挡板式遮阳板。主要遮挡太阳高度角较小时从窗口正面射来的阳光，适用于东、西及其附近朝向的窗洞口。

在实际工程中，遮阳板可由基本形式演变出造型丰富的其他形式。如为避免单层水平式遮阳板的出挑尺寸过大，可将水平式遮阳板重复设置成双层或多层，如图 8.23（a）所示；当窗间墙较窄时，可将综合式遮阳板连续设置，如图 8.23（b）、（c）所示；挡板式遮阳板结合建筑立面处理，或连续或间断，如图 8.23（d）所示。

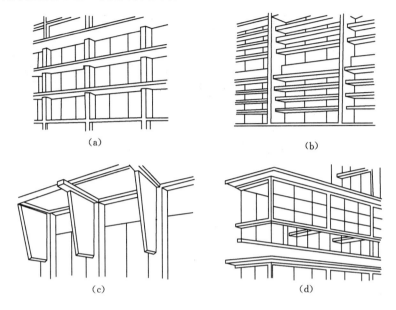

（a）

（b）

（c）

（d）

图 8.23　遮阳板的其他形式

# 课 后 自 测 题

1. 简答题

（1）门和窗在建筑中的作用是什么？门和窗按开启方式可分为哪几类？

（2）门和窗主要有哪些部分组成？

（3）门和窗的尺度如何确定？

（4）门窗框的安装有哪两种方式？各有什么特点？

（5）建筑为何要遮阳？遮阳有哪几种形式？各有何特点？

2. 实训题

参观学校建筑，仔细观察建筑的门与窗的类型、位置、构造、尺寸情况等，结合建筑设计要求，写出建筑门与窗设计的要求。

# 项目9 变　形　缝

## 任务9.1　变形缝的作用和分类

· **任务的提出**

　　（1）找出你所熟悉的建筑物中的变形缝，并确定有哪几种类型的变形缝？

　　（2）为什么要设置变形缝？

· **任务解析**

　　（1）根据变形缝的分类标准确定变形缝的类型。

　　（2）根据变形缝的作用解释为何要设置变形缝。

· **任务的实施**

### 9.1.1　变形缝的作用

　　建筑物由于受温度变化、地基不均匀沉降以及地震的影响，结构内将产生附加的变形和应力，如果不采取措施或措施不当，会使建筑物产生裂缝，甚至倒塌，影响使用与安全。为避免这种状态的发生，可以采取"阻"或"让"两种不同措施。前者是通过加强建筑物的整体性，使其具有足够的强度与刚度，以阻遏这种破坏；后者是在变形敏感部位将结构断开，预留缝隙，使建筑物各部分能自由变形，不受约束，即以退让的方式避免破坏。后种措施比较经济，常被采用，但在构造上必须对缝隙加以处理，满足使用和美观要求。建筑物中这种预留缝隙称为变形缝。

### 9.1.2　变形缝的分类

　　变形缝是为防止建筑物在外界因素（温度变化、地基不均匀沉降及地震）作用下产生变形，导致开裂甚至破坏而人为设置的适当宽度的缝隙。

　　变形缝按功能不同分为伸缩缝、沉降缝和抗震缝三种类型。

　　1. 伸缩缝

　　为防止建筑构件因温度变化而产生热胀冷缩，使房屋出现裂缝，甚至破坏，沿建筑物长度方向每隔一定距离设置的垂直缝隙称为伸缩缝，也称温度缝。

　　2. 沉降缝

　　为防止建筑物由于地基不均匀沉降引起开裂所设置的垂直缝隙称为沉降缝。

　　3. 抗震缝

　　为抵抗因地震作用而造成建筑物开裂所设的缝隙称为抗震缝。

## 任务9.2　变　形　缝　的　设　置

· **任务的提出**

　　在什么情况下应在建筑物中设置变形缝，应如何设置？

·任务解析

根据伸缩缝、沉降缝、抗震缝的设置原则确定。

·任务的实施

### 9.2.1 伸缩缝的设置

建筑物因受温度变化的影响而产生热胀冷缩，在结构内部产生温度应力，当建筑物长度超过一定限度、建筑平面变化较多或结构类型变化较大时，建筑物会因热胀冷缩导致变形较大从而产生开裂。为预防这种情况发生，常常沿建筑物长度方向每隔一定距离或在结构类型变化处预留缝隙，将建筑物断开。要求把建筑物的墙体、楼板层、屋顶等地面以上部分全部断开，基础部分因受温度变化影响较小，故不需断开。伸缩缝的缝宽一般为20～30mm。

伸缩缝的间距与建筑物的材料、结构形式、使用情况、施工条件及当地温度变化情况有关。结构设计规范对砌体建筑和钢筋混凝土结构建筑的伸缩缝最大间距所作的规定见表9.1和表9.2。

表9.1　　　　　　　　　　砌体房屋温度伸缩缝的最大间距　　　　　　　　　单位：m

| 屋顶或楼板类别 | | 间距 |
| --- | --- | --- |
| 整体式或装配整体式钢筋混凝土结构 | 有保温层或隔热层的屋顶、楼板 | 50 |
| | 无保温层或隔热层的屋顶 | 40 |
| 装配式无檩体系钢筋混凝土结构 | 有保温层或隔热层的屋顶、楼板 | 60 |
| | 无保温层或隔热层的屋顶 | 50 |
| 装配式有檩体系钢筋混凝土结构 | 有保温层或隔热层的屋顶、楼板 | 75 |
| | 无保温层或隔热层的屋顶 | 60 |
| 瓦材屋盖、木屋盖、轻钢屋盖 | | 100 |

表9.2　　　　　　　　　　钢筋混凝土结构伸缩缝的最大间距　　　　　　　　单位：m

| 结　构　类　型 | | 室内或土中 | 露天 |
| --- | --- | --- | --- |
| 排架结构 | 装配式 | 100 | 70 |
| 框架结构 | 装配式 | 75 | 50 |
| | 现浇式 | 55 | 35 |
| 剪力墙结构 | 装配式 | 65 | 40 |
| | 现浇式 | 45 | 30 |
| 挡土墙、地下室墙等结构 | 装配式 | 40 | 30 |
| | 现浇式 | 30 | 20 |

### 9.2.2 沉降缝的设置

沉降缝是为了预防建筑物各部分由于不均匀沉降引起的破坏而设置的变形缝。在工程设计时，应尽可能通过合理的选址、地基处理、建筑体型的优化、结构选型和计算方法的调整及施工程序上的配合（如高层建筑与裙房之间采用后浇带的办法）来避免或克服不均匀沉降，从而达到不设或尽量少设沉降缝的目的。

凡属下列情况时均应考虑设置沉降缝。

（1）同一建筑物相邻部分的高度相差较大或荷载大小相差悬殊及结构形式变化之处，易导致地基沉降不均匀时，如图 9.1（a）所示。

（2）当建筑物相邻部分基础的形式、宽度及埋置深度相差较大，造成基础底部压力有很大差异，易形成不均匀沉降时，如图 9.1（a）所示。

（3）当建筑物建造在不同地基上，且难于保证均匀沉降时，如图 9.1（b）所示。

（4）建筑物体形比较复杂，连接部位又比较薄弱时，如图 9.1（b）所示。

（5）新建建筑物与原有建筑物紧相毗连时，如图 9.1（c）所示。

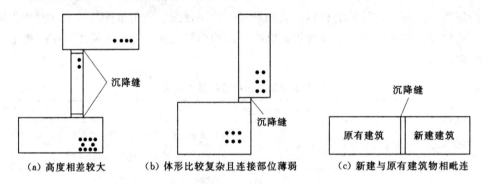

图 9.1　沉降缝的设置部位示意图

沉降缝的宽度与地基情况及建筑高度有关，地基越软的建筑物，沉陷的可能性越高，沉降后所产生的倾斜距离越大。沉降缝的宽度见表 9.3。

表 9.3　　　　　　　　　　　　　沉　降　缝　的　宽　度

| 地基性质 | 建筑物高度或层数 | 缝宽/mm |
|---|---|---|
| 一般地基 | $H<5m$ | 30 |
|  | $H=5\sim10m$ | 50 |
|  | $H=10\sim15m$ | 70 |
| 软弱地基 | 2～3 层 | 50～80 |
|  | 4～5 层 | 80～120 |
|  | 5 层以上 | >120 |
| 湿陷性黄土地基 |  | ≥30～70 |

### 9.2.3　抗震缝的设置

在地震区建造建筑时，必须预先设置抗震缝。抗震缝的设置原则根据抗震设防烈度、房屋结构类型和高度不同而异。对多层砌体房屋来说，在设防烈度为Ⅷ度和Ⅸ度的地区，有下列情况之一时，宜设抗震缝：

（1）房屋立面高差在 6m 以上。

（2）房屋有错层，且楼板高差较大。

（3）房屋相邻各部分结构刚度、质量截然不同。

抗震缝应沿建筑物全高设置，缝的两侧应布置双墙或双柱，使各部分结构有较好的刚度。

抗震缝的宽度与房屋高度和抗震设防烈度有关，抗震缝宽度见表 9.4。设防烈度为Ⅷ度地区的高层建筑按建筑总高度的 1/250 考虑。

表 9.4                               抗 震 缝 的 宽 度

| 建筑物高度/m | 设防烈度 | 抗震缝宽度/mm | |
| --- | --- | --- | --- |
| ≤15 | 按设防烈度的不同 | 多层砖房 | 50～70 |
| | 按设防烈度 | 多层钢筋混凝土房屋 | 70 |
| >15 | Ⅵ | 高度每增高 5m | 在 70 基础上增加 20 |
| | Ⅶ | 高度每增高 4m | |
| | Ⅷ | 高度每增高 3m | |
| | Ⅸ | 高度每增高 2m | |

# 任务 9.3  变 形 缝 的 构 造

## ·任务的提出

如附图所示，建筑物中所设的变形缝应如何处理才能既满足变形需求，又能满足防水、防尘等要求？

## ·任务解析

根据伸缩缝、沉降缝、抗震缝的构造要求来处理变形缝。

## ·任务的实施

### 9.3.1  伸缩缝的构造

1. 墙体伸缩缝构造

根据墙体的材料、厚度及施工条件，墙体伸缩缝可做成平缝、错口缝、企口缝等形式，如图 9.2 所示。

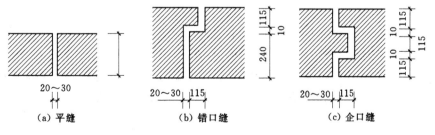

图 9.2  墙体伸缩缝的形式

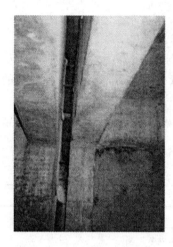

图 9.3　某建筑物墙体伸缩缝

某建筑物墙体伸缩缝的外观如图 9.3 所示。

为防止外界自然条件对墙体及室内环境的影响，外墙伸缩缝内应填塞具有防水、保温和防腐性能的弹性材料，如沥青麻丝、泡沫塑料条、橡胶条、油膏等，如图 9.4（a）所示。内侧缝口通常用具有一定装饰效果的木质盖缝条、金属片或塑料片遮盖，仅一边固定在墙上，如图 9.4（b）所示。

**2. 楼地面伸缩缝构造**

楼地面伸缩缝的位置和宽度应与墙体伸缩缝相对应。伸缩缝一般贯通楼地面各层，缝内采用具有弹性的油膏、沥青麻丝等材料做嵌缝处理，面层应加设不妨碍构件之间变形需要的盖缝板，盖缝板的形式和色彩应与室内装修协调，以满足地面平整、光洁、防水、卫生等使用要求，如图 9.5 所示。

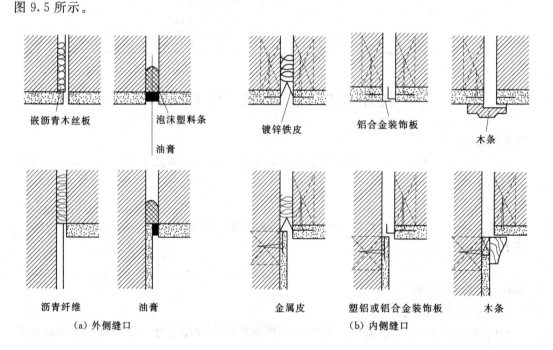

图 9.4　墙身伸缩缝构造

某建筑物楼地面伸缩缝的外观如图 9.6 所示。

**3. 屋顶伸缩缝构造**

屋顶伸缩缝的位置和尺寸大小应与墙体、楼地面伸缩缝相对应，一般设置在同一标高屋顶处或墙与屋顶高低错落处。当屋顶为不上人屋面时，一般在伸缩缝处加砌矮墙，并做好屋面防水和泛水的处理，要求同屋顶泛水构造；当屋顶为上人屋面时，则用防水油膏嵌缝并做好泛水处理。常见屋顶伸缩缝构造如图 9.7 所示。

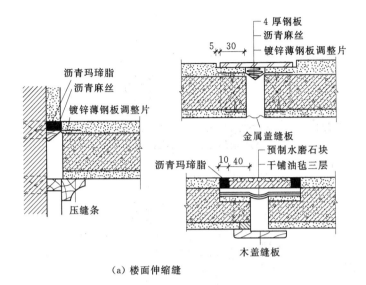

（a）楼面伸缩缝　　　　　　　　　　　　　　（b）地面伸缩缝

图 9.5　楼地面伸缩缝构造

## 9.3.2　沉降缝的构造

### 1. 基础沉降缝构造

沉降缝的基础应断开，以避免因不均匀沉降造成的相互干扰。常见的构造处理方案有双墙式、挑梁式和交叉式三种，如图 9.8 所示。

（1）双墙式处理方案施工简单，造价低，但易出现两墙之间间距较大或基础偏心受压的情况，因此常用于基础荷载较小的房屋。

（2）挑梁式处理方案是将沉降缝一侧的墙和基础按一般构造做法处理，而另一侧则采用挑梁支承基础梁，基础梁上支承轻质墙的做法。

（3）交叉式处理方案是将沉降缝两侧的基础均做成墙下独立基础，交叉设置，在各自的基础上设置基础梁以支承墙体。这种做法受力明确，效果较好，但施工难度大，造价也较高。

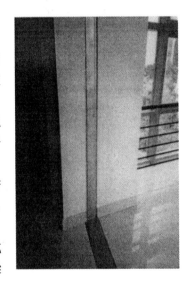

图 9.6　某建筑物楼地面伸缩缝

### 2. 墙体沉降缝构造

墙体沉降缝构造与伸缩缝构造基本相同，只是调节片或盖缝板在构造上应保证两侧墙体在水平方向和垂直方向均能自由变形。一般外侧缝口宜根据缝的宽度不同，采用两种形式的金属调节片盖缝，如图 9.9 所示，内墙沉降缝及外墙内侧缝口的盖缝同伸缩缝。

## 9.3.3　抗震缝的构造

抗震缝构造与伸缩缝、沉降缝构造基本相同。考虑抗震缝宽度较大，构造上更应注意盖缝的牢固、防风、防雨等，寒冷地区的外缝口还须用具有弹性的软质聚氯乙烯泡沫塑料、聚苯乙烯泡沫塑料等保温材料填实，其构造如图 9.10 所示。

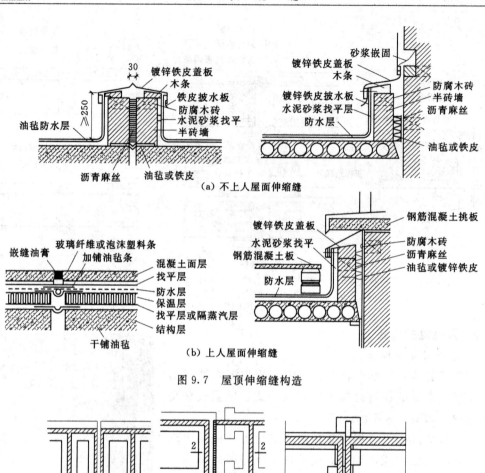

图 9.7 屋顶伸缩缝构造

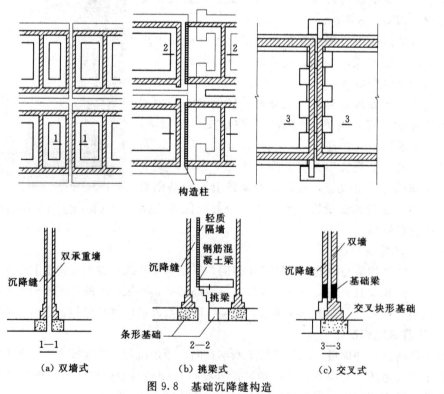

图 9.8 基础沉降缝构造

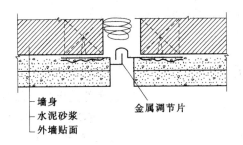

图 9.9　外墙沉降缝构造

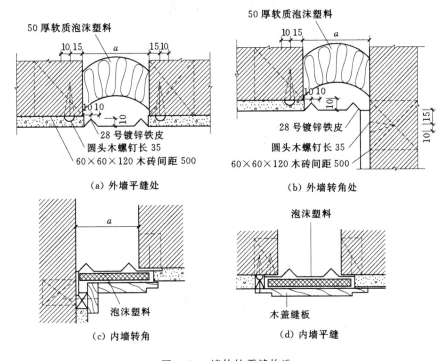

图 9.10　墙体抗震缝构造

# 课 后 自 测 题

1. 选择题

(1) 沉降缝的设置是为了（　　　）。

A. 建筑物过长，防止由于温度变化，致使材料产生变形和开裂

B. 防治整个建筑物荷载大而沉降也大

C. 由于建筑物过高防止由于温度变化致使材料产生变形和开裂

D. 防止建筑物各部分荷载及地基承载力不同而产生的不均匀沉降

(2) 关于变形缝的构造做法，下列（　　　）是不正确的。

A. 当建筑物的长度或宽度超过一定限度时，要设伸缩缝

B. 在沉降缝处应将基础以上的墙体、楼板全部分开，基础可不分开

C. 当建筑物竖向高度相差悬殊时，应设伸缩缝

D. 伸缩缝是因为温度变化使得建筑可能出现裂缝

（3）一般地，沉降缝的宽度随着房屋层数的增加而（　　）。

A. 不变　　　　　　B. 减小　　　　　　C. 不好确定　　　　　D. 增加

（4）在墙身变形缝中，（　　）必须从基础底部到屋顶全部断开。

A. 伸缩缝和沉降缝　　　　　　　　　B. 沉降缝和防震缝

C. 伸缩缝和防震缝　　　　　　　　　D. 伸缩缝

（5）温度缝又称伸缩缝，是将建筑物（　　）断开。

Ⅰ. 地基基础　　Ⅱ. 墙体　　Ⅲ. 楼板　　Ⅳ. 楼梯　　　　Ⅴ. 屋顶

A. ⅠⅡⅢ　　　　　　B. ⅠⅢⅤ　　　　　　C. ⅡⅢⅣ　　　　　　D. ⅡⅢⅤ

2. 作图题

（1）绘图示意不上人平屋顶的伸缩缝构造。

（2）绘出变形缝出楼地面构造图，并附必要文字说明。

# 项目 10　建筑防火与安全疏散

本项目主要介绍建筑物的类别和防火等级、安全疏散距离、防火间距、建筑防火分区和防火分隔物，其中重点是建筑物的类别和防火等级，其他内容作一般了解。主要通过对建筑防火与疏散的一些了解，在进行相关设计和施工任务中综合考虑各方面的相关因素，提出合理的防火和疏散方案，以应对在紧急情况下，保证相关人和财产的安全。

## 任务 10.1　建筑火灾的概念

· **任务的提出**

（1）燃烧的条件与防火措施。

（2）建筑失火的可能性。

· **任务解析**

燃烧条件和灭火方法。

· **任务的实施**

### 10.1.1　燃烧的条件与防火措施

1. 燃烧的条件

燃烧的条件有三个：可燃物、足够量的氧化剂、火源。

2. 防火的措施

（1）避免可燃物与空气接触，如用防火涂料涂刷可燃材料或将可燃物密闭。

（2）消除火源，如控制温度、安装避雷设施、遮挡阳光或禁止烟火等。

（3）采取隔离防止蔓延，如在相邻建筑物之间留出防火间距，在建筑物内部设置防火设施如防火墙等。

3. 灭火的基本方法

（1）分离。将可燃物与火源分离。

（2）隔离。用不燃物将可燃物和氧化剂隔离，如二氧化碳灭火器就是用喷出的二氧化碳包围可燃物，从而隔离氧气和可燃物达到灭火的目的。

（3）冷却。降低周围的温度到燃烧物的燃点之下使燃烧停止。

（4）抑制。如灭火器使燃烧过程中产生的游离基消失，形成稳定分子或低活性的游离基，使燃烧终止，如 1301、1211 等灭火剂采用的均是这种方法。

### 10.1.2　建筑失火的可能性

（1）生活和生产用火不慎。

1）生活用火不慎：①炊事用火；②照明用火；③吸烟；④取暖用火；⑤其他用火。

2）生产用火不慎。

（2）违反生产安全制度。

（3）电气设备设计、安装、使用火维护不当。

1）电线线路起火。

2）大功率电器靠近易燃物和可燃物。

3）不按规定使用电器。

4）人为纵火。

5）自燃现象引起：①物体自燃；②静电；③雷击；④地震的间接作用。

6）建筑布局、材料选用不合理。

# 任务 10.2　火灾的发展与蔓延

·**任务的提出**

（1）室内火灾的发展过程。

（2）火灾的蔓延。

·**任务解析**

分析火灾发展的全过程和火灾蔓延主要方式。

·**任务的实施**

## 10.2.1　室内火灾的发展过程

室内火灾的发展过程如图 10.1 所示。

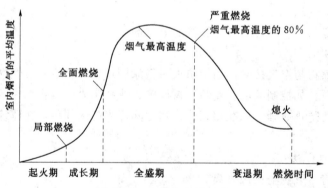

图 10.1　火灾的发展过程

## 10.2.2　火灾的蔓延

1. 火灾蔓延的形式

（1）直接延烧。

（2）热传导。

（3）热辐射。

（4）热对流。

（5）飞星。

2．火灾蔓延的途径

（1）内墙门。是最主要的蔓延途径。

（2）外墙窗口。

（3）楼板上的孔洞和各种竖井管道，这种蔓延速度最快，危害很大。

（4）房间隔墙。

（5）穿越楼板、墙壁的管线和缝隙。

（6）闷顶。

# 任务 10.3 防 火 分 区

· **任务的提出**

（1）概述防火分区。

（2）防火分区类型。

· **任务解析**

（1）防火分区的类型以及主要防火分区分隔物。

（2）耐火等级的划分。

· **任务的实施**

## 10.3.1 概述

1．防火分区

用耐火建筑物构件（如防火墙）将建筑物分隔开的、能在一定时间内将火灾限制于起火区而不向同一建筑的其余部分蔓延的局部区域称作防火分区。设置防火分区是为了将火势限制在起火点局部范围内，减少火灾造成的损失，方便人员疏散和消防灭火。

2．防烟分区

防烟分区是指用挡烟垂壁、挡烟梁、挡烟隔墙等划分的可把烟气限制在一定范围的空间区域。设置防烟分区是为了把火灾的烟气控制在一定范围内，方便通过排烟设施迅速排除。

## 10.3.2 防火分区

### 10.3.2.1 防火分区的类型

防火分区按照防止火灾向防火分区以外蔓延的形式可分为两类：一是水平防火分区，用以防止火灾在水平方向扩大蔓延；二是竖向防火分区，用以防止多层或高层建筑物层与层之间竖向发生火灾蔓延。

1．水平防火分区

水平防火分区是指用防火墙、防火门、防火卷帘等防火分隔物，按照规定的面积标准，将各楼层在水平方向分割出来的防火区域，用以阻止火势在水平方向上的蔓延，如图10.2 所示

2．竖向防火分区

竖向防火分区是指用耐火性能将较好的钢筋混凝土楼板及窗间墙，在建筑物的垂直方

向对每个楼层进行分隔的区域，用以阻止火灾从起火楼层向其他楼层蔓延，如图 10.3 所示。

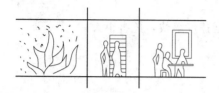

图 10.2　水平防火分区示意图

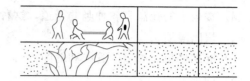

图 10.3　竖向防火分区示意图

#### 10.3.2.2　主要防火分隔物

1. 防火墙

防火墙根据其在建筑物中的位置和构造分为横向防火墙、纵向防火墙、室内防火墙、室外防火墙等。其常见形式如图 10.4 所示。

2. 防火门

防火门除做普通门外，还具有防火隔烟的功能，是一种活动的防火分隔物。

3. 防火卷帘

防火卷帘如图 10.5 所示。

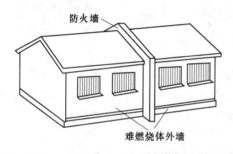

图 10.4　防火墙示意图

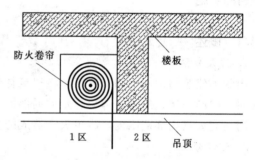

图 10.5　防火卷帘示意图

4. 防火窗

防火窗一般由钢窗框、钢窗扇和防火玻璃组成，常安装在防火墙和防火门上。

5. 防火水幕带

当需要设置防火分区，而无法设置防火墙、防火门等分隔物时，可采用防火水幕带代替防火墙或防火门等。

6. 上下层窗间墙

为防止火势从外墙窗口向上蔓延，可以采取增加窗槛墙的高度或在窗口上方设置防火挑檐等措施。

7. 防火带

当工业厂房内由于工艺生产等要求无法布置防火墙时，可采用防火带代替防火墙。

#### 10.3.3　防火分区的面积

防火分区的面积见表 10.1。

| 表 10.1 | 防 火 分 区 面 积 | |
|---|---|---|
| 耐火等级 | 最多允许层数 | 防火分区最大面积/m² |
| 一、二级 | 不限 | 2500 |
| 三级 | 五层 | 1200 |
| 四级 | 二层 | 600 |
| 地下、半地下建筑 | | 500 |

# 任务 10.4  安 全 疏 散

· **任务的提出**

(1) 安全疏散所需要的时间及标准。

(2) 安全疏散的距离及宽度。

· **任务解析**

(1) 各种类型建筑物的防火指标及疏散方法。

(2) 各种建筑构造设施的具体防火指标。

· **任务的实施**

## 10.4.1  安全疏散允许时间

安全疏散允许时间是指建筑物发生火灾时，人员离开着火建筑物到达安全区域的时间。安全疏散允许时间是确定安全疏散的距离、安全通道的宽度、安全出口数量的重要依据。

如果建筑物为防烟楼梯，则楼梯上的疏散时间不予计算。

安全疏散允许的时间：高层建筑，可按 5.7min 考虑；一般民用建筑，一、二级耐火等级应为 6min，三、四级耐火等级可为 2.4min。人员密集的公共建筑，一、二级耐火等级应为 5min，三级耐火等级的建筑物不应超过 3min，其中疏散出观众厅的时间，一、二级耐火等级的建筑物不应超过 2min，三级耐火等级不应超过 1.5min。

## 10.4.2  安全疏散距离

民用建筑的安全疏散距离指从房间门或住宅户门至最近的外部出口或楼梯间的最大距离；厂房的安全疏散距离指厂房内最远工作点到外部出口或楼梯间的最大距离。

限制安全疏散距离的目的在于缩短疏散时间，使人们尽快从火灾现场疏散到安全区域。

## 10.4.3  建筑物安全疏散宽度指标

为尽快地进行安全疏散，除了设置足够的安全出口和适当限制安全疏散距离以外，安全出口（包括楼梯、走道和门）的宽度必须适当。

1. 高层民用建筑安全疏散指标

(1) 高层民用建筑内走道、疏散楼梯间及其前室的门的最小净宽，以及地下室、半地下室中人员密集的厅、室疏散出口的最小总宽度，应按通过人数 1m/(100 人) 计算。

（2）首层疏散外门的最小总宽度，应按人数最多的一层 1m/（100 人）计算。首层疏散外门和走道的净宽不应小于表 10.2 的要求。

（3）设有固定座位的观众厅、会议厅等人员密集的场所，其厅内疏散走道的最小净宽按 0.8m/（100 人）计算，且不宜小于 1m；其厅内疏散走道为边走道时，不宜小于 0.8m；厅的疏散出口和厅外疏散走道的最小总宽度，平坡地面应分别按通过人数 0.65m/（100人）计算，阶梯地面应分别按通过人数 0.8m/（100 人）计算，且均不应小于 1.4m；观众厅每个疏散出口的平均疏散人数不应超过 250 人。

（4）高层建筑每层疏散楼梯最小总宽度应按其通过人数 1m/（100 人）计算；各层人数不等时，其总宽度可分段计算，下层疏散楼梯总宽度应按上层人数最多的一层计算。疏散楼梯的最小净宽度不应小于表 10.3 的要求。

**表 10.2  首层疏散外门和走道的净宽**

单位：m

| 高层建筑 | 每个外门的净宽 | 走道净宽 | |
|---|---|---|---|
| | | 单面布房 | 双面布房 |
| 医院 | 1.30 | 1.40 | 1.50 |
| 居住建筑 | 1.10 | 1.20 | 1.30 |
| 其他 | 1.20 | 1.30 | 1.40 |

**表 10.3  疏散楼梯的最小净宽度表**

单位：m

| 高层建筑 | 疏散楼梯的最小净宽 |
|---|---|
| 医院病房楼 | 1.30 |
| 居住建筑 | 1.10 |
| 其他建筑 | 1.20 |

**2. 单层、多层民用建筑安全疏散指标**

（1）剧院、电影院、礼堂、体育馆等人员密集的公共场所，其观众厅内的疏散走道最小净宽应按通过人数 0.6m/（100 人）计算，且不应小于 1m。当疏散走道为边走道时，不宜小于 0.8m。观众厅的疏散内门和观众厅外的疏散外门、楼梯和通道的各自最小总宽度，应按表 10.4 的要求计算；有等场需要的入场门不应计入观众厅的疏散门。

**表 10.4  剧院、电影院、礼堂观众厅疏散宽度指标**

单位：m

| 观众厅座位数/个 | | | ≤2500 | ≤1200 |
|---|---|---|---|---|
| 耐火等级 | | | 一、二级 | 三级 |
| 疏散部位 | 门和走道 | 平坡地面 | 0.65 | 0.85 |
| | | 阶梯地面 | 0.75 | 1.00 |
| | 楼 梯 | | 0.75 | 1.00 |

（2）体育馆观众厅的疏散门以及疏散外门、楼梯和走道的各自最小总宽度，应按表 10.5 的要求计算。

（3）学校、商店、办公楼、候车室等民用建筑楼梯、走道，以及每层疏散门和走道的各自最小总宽度，应按表 10.6 的要求计算确定。其中底层疏散外门的总宽度应按该层或该层以上人数最多一层的计算；不供楼上人员疏散的外门，可按本层人数计算。

学校、商店、办公楼候车室等民用建筑每层疏散楼梯的总宽度应按表 10.6 中的指标计算确定。当每层人数不等时，其总宽度可分层计算，下层楼梯的总宽度按其上层人数最多的一层计算。

（4）单层、多层民用建筑中的疏散走道（观众厅内的疏散走道除外）和楼梯的最小净宽度不应小于 1.1m，不超过六层的单元式住宅中一边设有栏杆的疏散楼梯的最小净宽度不应小于 1m。

表 10.5　　　　　　　　　　体育馆观众厅疏散宽度指标　　　　　　　　　　单位：m

| 观众厅座位数/个 | | | 3000～5000 | 5001～10000 | 10001～20000 |
|---|---|---|---|---|---|
| 耐火等级 | | | 一、二级 | 一、二级 | 一、二级 |
| 疏散部位 | 门和走道 | 平坡地面 | 0.43 | 0.37 | 0.32 |
| | | 阶梯地面 | 0.50 | 0.43 | 0.37 |
| | 楼梯 | | 0.50 | 0.43 | 0.73 |

表 10.6　　　　疏散走道、安全出口、疏散楼梯和房间疏散门每 100 人的净宽度　　　　单位：m

| 楼层位置 | 耐火等级 | | |
|---|---|---|---|
| | 一、二级 | 三级 | 四级 |
| 地上一、二层 | 0.65 | 0.75 | 1.00 |
| 地上三层 | 0.75 | 1.00 | — |
| 地上四层及四层以上各层 | 1.00 | 1.25 | — |
| 与地面出入口地面的高差不超过 10m 的地下建筑 | 0.75 | — | — |
| 与地面出入口地面的高差不超过 10m 的地下建筑 | 1.00 | — | — |

**3. 工业建筑安全疏散指标**

（1）厂房每层的疏散楼梯、走道、门的各自总宽度应按要求计算确定。当各层人数不等时，其楼梯总宽度应分层计算，下层楼梯总宽度按上层人数最多的一层人数计算，但最小净宽度不宜小于 1.1m。

底层（即首层）外门的总宽度应按该层或该层以上人数最多的一层人数计算，但疏散门的最小净宽度不宜小于 0.9m；疏散走道的净宽度不宜小于 1.4m。

当使用人数少于 50 人时，厂房疏散楼梯、走道、门的最小净宽度可适当减少，但不应小于 0.8m。

（2）对于飞机停放与维修厂房，其飞机停放与维修区内的安全疏散及辅助建筑的安全疏散可按上述要求确定。飞机停放与维修区的飞机安全疏散应根据飞机实际进出需要设置通道和出口的高度与宽度。

（3）库房由于平时使用时人员较少，且一般都有进出货物的大门，其疏散楼梯、走道、门的最小净宽度只要满足正常人员通过和使用要求即可。但室外疏散楼梯的最小净宽度不应小于 0.6m。

## 10.4.4　安全疏散设施

一般来讲，建筑物的安全疏散设施有疏散楼梯和楼梯间、疏散走道、安全出口、应急照明和疏散指示标志、应急广播及辅助救生设施等。对超高层建筑还需设置避难层和直升机停机坪等。

### 10.4.5  疏散走道

疏散走道是疏散时人员从房间内至房间门，或从房间门至疏散楼梯或外部出口等安全出口的室内走道。

在火灾情况下，人员要从房间等部位向外疏散，首先通过疏散走道，所以，疏散走道是疏散的必经之路，通常为疏散的第一安全地带。

### 10.4.6  安全出口

安全出口是指供人员安全疏散用的房间的门、楼梯或直通室外地平面的门。为了在发生火灾时能够迅速安全地疏散人员和抢救物资，减少人员伤亡、降低火灾损失，在建筑防火设计时，除按要求设置疏散走道、疏散楼梯外，必须设置足够数量的安全出口。安全出口应分散布置，且易于寻找，并应有明显标志。

### 10.4.7  消防电梯

电梯主要用于高层建筑中。消防电梯的用途在于火灾时供消防人员进行扑救高层建筑火灾。因为普通电梯在火灾时由于切断电源而停止使用，如果消防队员只靠攀登楼梯进行扑救，往往因体力不足和运送器材困难而贻误灭火战机，影响扑救火灾及抢救伤员工作，因此，高层建筑必须设有专用或兼用消防电梯。

# 任务 10.5  建筑的防排烟

· **任务的提出**

（1）防烟分区的类型。

（2）防烟分区的面积。

（3）高层建筑的防排烟设计。

· **任务解析**

（1）根据防排烟的面积划分防排烟分区，设置主要防烟的分隔物和高层建筑的火灾的特点。

（2）高层建筑的防排烟设计。

· **任务的实施**

### 10.5.1  防烟分区的类型

**1. 按区域用途划分**

对于建筑物的各个部分，按其不同的用途，如办公室、客房、起居室及厨房来划分防烟分区。

**2. 按区域面积划分**

在建筑物内按面积将其划分为若干个基准防烟分区。

**3. 按区域楼层划分**

在高层建筑中，根据房间功能的不同用途沿垂直方向按楼层划分防烟分区。

### 10.5.2  防烟分区的面积

对净高不超过 6m 的房间，应划分防烟分区，每个防烟分区的面积对一般民用建筑不

宜超过 $500m^2$，对地下建筑，不宜超过 $400m^2$。

### 10.5.3　主要防烟分隔物

1. 挡烟垂壁

挡烟垂壁安装于吊顶下，是能对烟气和热空气的横向流动造成障碍的垂直分隔。

2. 挡烟隔墙

挡烟隔墙是专门为挡烟而设置的隔墙，其效果比挡烟垂壁好。

3. 挡烟梁

挡烟梁是从顶棚下突出高度不小于 $0.5m$ 的用于挡烟钢筋混凝土梁或钢梁。

### 10.5.4　高层建筑的火灾特点

（1）烟气蔓延快。

（2）疏散困难，伤亡惨重。

（3）引起火灾的因素多。

（4）救火难度大。

### 10.5.5　高层建筑的耐火等级

一类高层建筑和各类高层建筑的地下室的耐火等级均应为一级、二类。

高层建筑的和耐火等级不应低于二级，裙房的耐火等级不应低于二级。

### 10.5.6　高层建筑的防火分区

1. 防火分区的面积

高层建筑防火分区的面积见表10.7。

2. 高层建筑防火分区设计中的要求

高层建筑的竖直方向通常每层划分为一个防火分区，以楼板为分隔。对于在两层或多层之间设有各种开口，如设有开敞楼梯、自动扶

**表 10.7　高层建筑防火分区面积**

| 建筑类别 | 每个防火分区的建筑面积/$m^2$ |
| --- | --- |
| 一类建筑 | 1000 |
| 二类建筑 | 1500 |
| 地下室 | 500 |

梯的建筑，应把连通部分作为一个竖向防火分区的整体考虑，且连通部分各层面积之和不应超过允许的水平防火分区的面积。除此之外，高层建筑防火分区设计还有以下要求：

（1）应在疏散走道上设置防火卷帘。

（2）应在每层楼板处以及电缆井、管道井与房间、走道等相连的孔道用防火分隔物进行封堵。

（3）电梯井应独立设置，除井壁开设有电梯门洞和通气孔外，不应开设其他洞口。

（4）电缆井、管道井、排烟道、排气道、垃圾道等竖向管道应分别单独设置，各管道不应穿过防火墙，若必须穿过应将缝隙填实。

（5）垃圾井靠外墙设置，不应设在楼梯间内，排气口应开向外室。

（6）输送可燃气体和危险液体的管道严禁穿越防火墙。

（7）隔墙应砌至梁板底部，不留空隙。

（8）对高层建筑内人员密集的场所，每个厅室的建筑面积不宜超过 $400m^2$，每个厅室至少有两个安全出口，每个厅室必须设置火灾自动报警系统和自动灭火系统。

（9）设置避难层或避难间。

### 10.5.7　高层建筑的防烟分区

火灾发生时，为阻止烟气的蔓延，保证有足够的时间进行人员疏散和消防灭火，需要对建筑进行防烟分区。防烟分区的设置应满足下述要求：

（1）设置排烟设施的走道和净高不超过 6m 的房间，应采用挡烟垂壁、隔墙或从顶棚下突出不小于 0.5m 的挡烟梁来划分防烟分区。

（2）每个防烟分区的面积不宜超过 500m²，且防烟分区的划分不能跨越防火分区。

（3）对于高层建筑中的各种管道，火灾发生时容易成为烟气扩散的通道，尽量不要让各类管道穿越防烟分区。

### 10.5.8　高层建筑的防排烟设计

在高层建筑中，疏散用的楼梯应设计成封闭的或能防烟的楼梯。

此外，高层建筑还应设消防电梯间，方便消防人员救火。防烟电梯和消防楼梯一样，也要设置前室和防排烟设施，如图 10.6 所示。

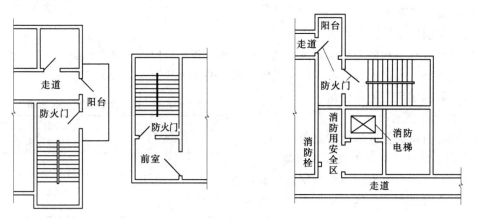

图 10.6　防烟楼梯和消防电梯

## 课 后 自 测 题

1. 建筑物的燃烧条件是什么？

2. 什么是火灾温度曲线（时间—温度曲线）？

3. 室内火灾发展过程分为哪三个阶段？各有什么特点？

4. 如何进行防排烟的设计以及划分建筑物的耐火等级？

5. 建筑物的隔火物以及各种防火疏散楼梯的疏散指标是什么？

# 项目 11   建筑施工图识图

## 任务 11.1   概   述

- **任务的提出**
  (1) 建筑施工图的产生。
  (2) 掌握标准图与标准图集。

- **任务解析**
  (1) 根据建筑施工图产生的方法，掌握建筑施工图的组成。
  (2) 根据相关标准图与标准图集，能熟悉全套施工图的编排顺序。

- **任务的实施**

### 11.1.1   房屋施工图的产生及分类

建造一栋房屋，要经过设计和施工两个主要阶段。在业主报建手续完善之后，进入设计阶段。首先，根据业主建造要求和有关政策性的文件、地质条件进行初步设计，绘制房屋的初步设计图，简称初设（方案图）。方案图报业主征求意见，并报规划、消防等部门审批。根据审批同意后的方案图，进入设计第二阶段，即技术设计阶段。技术设计包括建筑、结构、给水排水、采暖通风、电气、消防报警等各专业的设计、计算与协调过程。在这一阶段，需要设计和选用各种主要构配件、设备和构造做法。在技术设计通过评审后，就进入设计的第三阶段：施工图设计阶段，对各种具体的问题进行详尽的设计与计算，并绘制最终用于施工的施工图纸。施工图纸要完整、详尽、统一，并且图样正确、尺寸齐全，对施工中的各项具体要求都明确地反映到各专业的施工图中。

一套完整的施工图通常有：建筑施工图，简称建施；结构施工图，简称结施；给水排水施工图，简称水施；采暖通风施工图，简称暖施；电气施工图，简称电施。较大的工程和公用建筑还有消防报警施工图等。

一栋房屋的全套施工图的编排顺序是：建施、结施、水施、暖施、电施及其他。各专业施工图的编排顺序是全局性的在前，局部性的在后；先施工的在前，后施工的在后；重要的在前，次要的在后。

### 11.1.2   标准图与标准图集

为了加快设计和施工速度，提高设计与施工质量，把房屋工程中常用的、大量性的构件、配件按统一模数、不同规格设计出系列施工图，供设计部门、施工企业选用。这样的图称为标准图。装订成册后，就称为标准图集。在我国，标准图有以下两种分类方法。

1. 按照使用范围分类

按照使用范围大体分为以下三类：

（1）经国家建设委员会批准，可以在全国范围内使用的标准图集，如 G311、G301 等。

（2）经各省（自治区、直辖市）批准，在本地区范围内使用的标准图集，如渝结 8207、渝建 7904 等。

（3）各设计单位编制的标准图集，在各设计单位内部使用。此类标准图集用得较少。

**2. 按照工种分类**

（1）建筑配件标准图，一般用"建"或"J"表示，如渝建 7904 为阳台、栏杆标准图集；西南地区的建筑配件标准图中的西南 J505 为室内装修标准图。

（2）建筑构件标准图，一般用"结"或"G"表示，如渝结 7905 为用于住宅楼梯的标准图集；西南 G211 为预应力混凝土多孔板标准图集。

除建筑、结构标准图集外，还有给水排水、电气设备、道路桥梁等方面的标准图。

# 任务 11.2　建筑施工图识图

**• 任务的提出**

（1）建筑施工图的内容及特点。

（2）掌握建筑设计总说明。

**• 任务解析**

（1）根据附图，掌握建筑施工图的内容及特点。

（2）根据附图，掌握建筑设计总说明的内容和识图方法。

**• 任务的实施**

## 11.2.1　建筑施工图的内容及特点

**1. 建筑施工图的内容**

房屋建筑施工图是表示建筑物的总体布局、外部造型、内部布置、细部构造做法、内外装饰、满足其他专业对建筑的要求和施工要求的图样，是房屋施工和概预算工作的依据。内容包括总平面图、建筑设计说明、门窗表、各层建筑平面图、各朝向建筑立面图、剖面图和各种详图。根据建筑物的复杂程度，图纸的数量有多有少。本任务以××学院宿舍楼为例，介绍建筑施工图的阅读和绘制方法。

**2. 建筑施工图的图示特点**

（1）应遵守的标准。房屋建筑图一般都遵守下列标准：GB/T 50001—2010《房屋建筑制图统一标准》、GB/T 50103—2010《总图制图标准》和 GB/T 50104—2010《建筑制图标准》。

（2）图线。以上标准中对图线的使用都有明确的规定，总的原则是剖切面的截交线和房屋立面图中的外轮廓线用粗实线，次要的轮廓线用中粗线，其他线一律用细线。再者，可见的用实线，不可见的用虚线。

（3）比例。房屋建筑施工图中一般都用缩小比例来绘制施工图，根据房屋体量的大小和选用的图纸幅面，按 GB/T 50104—2010《建筑制图标准》中的比例选用。

（4）图例。由于建筑的总平面图和平面图、立面图、剖面图的比例较小，图样不可能按实际投影画出，各种专业对其图例都有明确的规定。例如：总平面图常用图例见表 11.1。

表 11.1　　　　　　　　　　　　　**总平面图常用图例**

| 名称 | 图例 | 说明 | 名称 | 图例 | 说明 |
|------|------|------|------|------|------|
| 新建建筑物 | 8 | 1. 需要时，可用▲表示出入口，可在图形内有上角用点数或数字表示层数<br>2. 建筑物外形用粗实线表示 | 分水脊线 | | |
| | | | 合水谷线 | | |
| | | | 雨水井 | | |
| | | | 消火栓井 | | |
| 原有建筑物 | | 用细实线表示 | 室内标高 | 151.00(±0.00) | |
| 计划扩建的预留地或建筑物 | | 用中粗虚线表示 | 室外标高 | ●151.00 ▼151.00 | 室外标高也可以采用等高线表示 |
| 拆除的建筑物 | | 用细实线表示 | 新建的道路 | 0.6<br>101.00<br>R9<br>150.00 | "R9"表示道路转弯半径为 9m，"150.00"为路面中心控制点标高，"0.6"表示 0.6%的纵向坡度，"101.00"表示变坡点间距离 |
| 建筑物下面的通道 | | | | | |
| 散状材料露天堆场 | | 需要时可注明材料名称 | 原有道路 | | |
| 烟囱 | | 实线为烟囱下部直径，虚线为基础，可注写高度及上下口直径 | 计划扩建的道路 | | 用细虚线表示 |
| | | | 拆除的道路 | | |
| 围墙及大门 | | 上图为实体性质的围墙<br>下图为通透性质的围墙<br>若仅表示围墙时不画大门 | 人行道 | | |
| 挡土墙 | | 被挡土在"突出"的一侧 | 植草砖铺地 | | |
| 坐标 | X 105.00<br>Y 425.00<br>A 131.51<br>B 278.25 | 上图表示测量坐标<br>下图表示施工坐标 | 水池、坑槽 | | 也可以不涂黑 |
| | | | 花坛 | | 形状按实绘制 |
| 方格网交叉点标高 | −0.50 \| 77.85<br>78.35 | "78.35"为原地面标高<br>"77.85"为设计标高<br>"−0.50"为施工高度<br>"+"表示挖方，"−"表示填方 | 草坪 | | 形状按实绘制 |
| | | | 填挖边坡 | | 边坡较长时，可在一端或两端局部表示 |
| | | | 护坡 | | |

### 11.2.2　建筑设计总说明

在施工图的编排中，将图纸目录、建筑设计说明、材料及装修一览表、总平面图及门窗表等编排在整套施工图的前面，根据建筑物的复杂程度不同，数量有多有少。数量少的编在一张图上，数量多的则编在几张图上。如附图（一）所示，是某学校住宅楼的图纸首页，将图纸目录、建筑设计说明、材料及装修一览表编排为一张。在这些内容中，图纸目录、门窗表比较简单。下面仅介绍建筑设计总说明的识读方法。

建筑设计总说明的内容根据建筑物的复杂程度有多有少，但无论内容多少，均要说明设计依据、建筑规模、建筑物标高、装修做法和对该建筑的施工要求等。下面，以"建筑设计总说明"为例，介绍识图方法。

1. 设计依据

设计依据包括政府的有关批文，这些批文主要有两个方面的内容：一是立项，二是规划许可证等。

2. 建筑规模

建筑规模主要包括占地面积和建筑面积。这是设计出来的图纸是否满足规划管理部门要求的依据。

（1）占地面积：建筑物底层外墙皮以内所有面积之和。

（2）建筑面积：建筑物外墙皮以内各层面积之和。

3. 标高

在房屋建筑中，规范规定用标高表示建筑物的高度。标高分为相对标高和绝对标高两种。

以建筑物底层室内地面定为零点的标高称为相对标高；把青岛黄海平均海平面的高度定为零点的标高称为绝对标高。建筑设计说明中要说明的是相对标高与绝对标高的关系。例如"建筑室内±0.000m 设计标高相当于绝对标高 218.00m"，这就说明该建筑物底层室内地面设计在比海平面高 218.00m 的水平面上。

4. 装修做法

装修做法方面的内容比较多，包括地面、楼面、墙面等的做法。我们需要读懂说明中的各种数字、符号的含义。例如附图（一）中"4.6.1 外墙：外立面采用外墙砖，外墙砖应符合单块表面积＜0.05m²，厚度＜0.5cm，每平方米＜12kg，颜色详立面标准。所有外墙做法详本页《建筑工程做法表》。选择外墙材料及色彩时均应先选定样品，待规划、设计等有关部门认可后，方可施工。"从以上说明中我们知道了外墙砖单块表面积小于0.05m²，厚度要小于 0.5cm，每平方米外墙质量小于 12kg，见附图（一）的《建筑工程做法表》"，其他类同，不再赘述。

5. 施工要求

施工要求包含两个方面的内容，一是要严格执行施工规范及验收标准；二是严格按照施工总说明及施工组织设计组织施工。

### 11.2.3　总平面图

**1. 总平面图的用途及表示方法**

总平面图有土建总平面图和水电总平面图之分。土建总平面图又分为设计总平面图和施工总平面图。本节介绍的是土建总平面图中的设计总平面图，简称总平面图。

总平面图用来表明一个工程所在位置的总体布置，包括建筑红线，新建建筑物的位置、朝向；新建建筑物与原有建筑物的关系以及新建筑区域的道路、绿化、地形、地貌、标高等方面的内容。

总平面图是新建房屋与其他相关设施定位的依据，是土石方施工以及给排水、电气照明等管线总平面布置图和施工总平面布置图的依据。

由于总平面图包括的区域较大，在 GB/T 50103—2010《总图制图标准》中规定：总平面图的比例一般用 1∶500、1∶1000、1∶2000 绘制。在实际工作中，由于各地方国土管理部门所提供的地形图的比例一般为 1∶500，故常接触到的总平面图中多采用这一比例。由于总平面图采用的比例较小，不能按照建筑物的投影关系如实地反映出来，而只能用图例的形式进行绘制。表 11.1 总平面图常用图例所列内容摘自 GB/T 50103—2010《总图制图标准》（规定的图形画法称为图例）。

**2. 总平面图的主要内容**

总平面图主要包括以下几方面的内容：

（1）建筑红线。各地方国土管理部门提供给建设单位的地形图为蓝图，在蓝图上用红色笔画定的土地使用范围的线称为建筑红线。任何建筑物在设计和施工中均不能超过此线。如图 11.1 所示，总平面图中粗双点画线即为建筑红线。

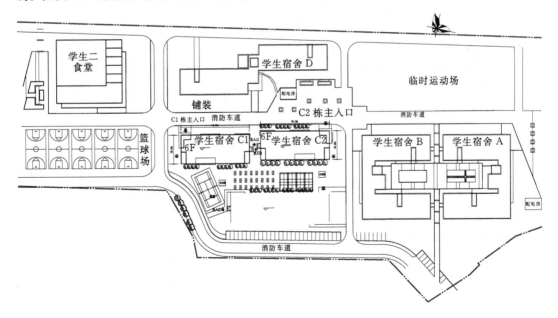

图 11.1　某学生宿舍总平面图

（2）区分新旧建筑物。从表 11.1 可知，在总平面图上将建筑物分成五种情况，即新建的建筑物、原有的建筑物、计划扩建的预留地或建筑物、拆除的建筑物和新建的地下建筑物或构筑物。当阅读总平面图时，要区分哪些是新建的建筑物、哪些是原有的建筑物。在设计中，为了清楚表示建筑物的总体情况，一般还在图形中右上角以点数或数字表示楼房层数。当总图比例小于 1∶500 时，可不画建筑物的出入口。

（3）新建建筑物的定位。新建建筑物的定位一般采用两种方法，一是按原有建筑物或原有道路定位；二是按坐标定位。采用坐标定位又分为采用测量坐标定位和建筑坐标定位两种。

1）根据原有建筑物定位。按原有建筑物或原有道路定位是扩建中常采用的一种方法，在房屋建筑中被经常采用。

2）根据坐标定位。在新建区域内，为了保证在复杂地形中放线准确，总平面图中常用坐标值表示建筑物、道路等的位置。常采用的方法如下：

a. 测量坐标。国土管理部门提供给建设单位的规划红线图是在地形图上用细线画成交叉十字线的坐标网，南北方向的轴线为 X，东西方向的轴线为 Y，这样的坐标称为测量坐标。

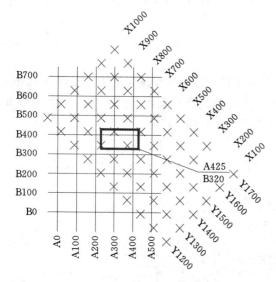

坐标网常采用 100m×100m 或 50m×50m 的方格网。一般建筑物的定位标记有两个墙角点的坐标，如图 11.1 中学生宿舍 C2 栋住宅。其他建筑的定位可依此类推。

b. 施工坐标。施工坐标一般在新开发区，房屋朝向与测量坐标方向不一致时采用。

施工坐标是将建筑区域内某一点定为"0"点，采用 100m×100m 或 50m×50m 的方格网，沿建筑物主墙方向用细实线画成方格网通线。横墙方向（竖向）轴线标为 A，纵墙方向的轴线标为 B。

施工坐标与测量坐标的区别如图 11.2 所示。

图 11.2　施工坐标与测量坐标的区别

（4）标高。标注标高，要用标高符号，标高符号的画法如图 11.3 所示。

（a）个体建筑标高符号　　（b）总平面图标高符号　　（c）一个符号同时标注几个标高

图 11.3　标高符号的画法

标高数字以米为单位，一般图中标注到小数点后第三位。在总平面图中标注到小数点后第二位。零点标高的标注方式是 ±0.000。

正数标高不注写"＋"号，例如正 3m，标注成 $\underset{\triangledown}{\overline{3.000}}$。

负数标高在数值前加一个"—"号，例如—0.6m，标注成 $\overset{-0.600}{\triangledown}$。

（5）等高线。地面上高低起伏的形状称为地形。地形是用等高线来表示的。等高线是预定高度的水平面与所表示地形表面的截交线。

等高线是怎样绘制的呢？假想用间隔相等的若干水平面把山头从某一高度到顶一层一层的剖开，在山头表面上便出现一条一条的截交线，把这些截交线投射到水平投影面上，就得到一圈一圈的封闭曲线，这封闭曲线称为等高线，如图 11.4（a）所示。在等高线上注写相应的高度数值，这就是地形图，如图 11.4（b）所示。

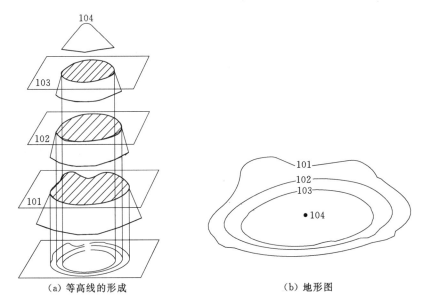

（a）等高线的形成　　　　　　　　　　（b）地形图

图 11.4　等高线与地形图

从地形图上的等高线可以分析出地形的高低起伏状况。等高线的间距越大，说明地面越平缓；相反，等高线的间距越小，说明地面越陡峭。从等高线上标注的数值可以判断出地形是上凸还是下凹。数值由外圈向内圈逐渐增大，说明此处地形是往上凸；相反，数值由外圈向内圈减小，则为下凹。

（6）道路。由于比例较小，总平面图上的道路只能表示出道路与建筑物的关系，不能作为道路施工的依据。一般是标注出道路中心控制点，表明道路的标高及平面位置即可。

（7）风向频率。风由外面吹过建设区域中心的方向称为风向。风向频率是在一定的时间内某一方向出现风向的次数占总观察次数的百分比，用公式表示为

$$风向频率 = \frac{某一风向出现的次数}{总观察次数} \times 100\%$$

风向频率是用风向频率玫瑰图表示的。例如图 11.1 中总平面图的右上角为风向频率玫瑰图。玫瑰图中实线表示全年的风向频率，虚线表示夏季（6—8月）的风向频率。

（8）其他。总平面图除了表示以上的内容外，一般还有挡土墙、围墙、绿化等与工程有关的内容。读图时可结合表 11.1 阅读。

#### 11.2.4　总平面图的阅读

1. 熟悉图例、比例

阅读图例、比例是阅读总平面图应具备的基本知识。如图 11.1 所示，该图中的图例可结合表 11.1 阅读，该图的比例为 1∶500。

2. 了解工程性质及周围环境

工程性质是指建筑物干什么用，是商店、教学楼、办公楼、住宅还是什么厂房等。了解周围环境的目的在于弄清周围环境对该建筑的不利影响。

3. 查看标高、地形

从标高和地形图可知道建造房屋前建筑区域的原始地貌。如图 11.1 所示，该区域前面是一条公路，建筑物建筑在道路与坡地之间，建成后底层地面分别位于 224.50m、223.50m、225.00m 三个标高面上。

4. 查找定位依据

确定新建筑物的位置是总平面图的主要作用。该建筑（C2 栋）的定位注写于建筑的四个角，以此确定建筑的位置和朝向。

5. 道路与绿化

道路与绿化是主体的配套工程。从道路了解建成后的人流方向和交通情况；从绿化可以看出建成后的环境绿化情况。

# 任务 11.3　平　　面　　图

• 任务的提出

（1）建筑施工图平面图的形成。

（2）建筑平面图的内容、绘制和识图方法。

• 任务解析

（1）根据附图，掌握建筑施工图平面图的形成方式。

（2）根据附图，掌握建筑平面图的内容、绘制和识图方法。

• 任务的实施

#### 11.3.1　概述

1. 平面图的形成

假想用一个水平剖切平面，沿门窗洞口将房屋剖切开，移去剖切平面及其以上部分，将余下的部分按正投影的原理，投射在水平投影面上所得到的图称为平面图。

2. 平面图的名称

沿底层门窗洞口剖切开得到的平面图称为底层平面图，又称为首层平面图或一层平面图。沿二层门窗洞口剖切开得到的平面图称为二层平面图。在多层和高层建筑中，往往中间几层剖开后的图形是一样的，就只需要画一个平面图作为代表层，将这一个作为代表层的平面图称为标准层平面图。沿最上一层门窗洞口剖切开得到的平面图称为顶层平面图。将房屋直接从上向下进行投射得到的平面图称为屋顶平面图。为此，在多层和高层建筑中一般有底层平面图、标准层平面图、顶层平面图和屋顶平面图四个。此外，有的建筑还有地下层（±0.000 以下）平面图和设备层平面图等。

### 11.3.2 底层平面图

底层平面图是房屋建筑施工图中最重要的图纸之一。下面分别介绍底层平面图的用途及其主要内容。

1. 用途

建筑平面图在施工过程中是放线、砌墙、安装门窗及编制概、预算的依据。备料、施工组织都要用到平面图。

2. 主要内容

下面以附图（二）底层平面图为例，介绍底层平面图的主要内容。

（1）建筑物朝向。建筑物的朝向在底层平面图中用指北针表示。建筑物主要入口在哪面墙上，就称建筑物朝哪个方向，如附图（二）底层平面图所示，指北针朝后，建筑物的大门在 A 轴线上，说明该建筑朝南，也就是人们常说的"坐北朝南"。

指北针的画法在 GB/T 50001—2010《房屋建筑制图统一标准》中规定用细线绘制，形状如图 11.5 所示。圆的直径为 24mm，指北针尾部为 3mm，指针指向北方，标记为"北"或"N"。若需要放大直径画指北针时，指针尾部依据直径按比例放大。

（2）平面布置。平面布置是平面图的主要内容，着重表达各种用途房间与走道、楼梯、卫生间的关系。房间用墙体分隔，如附图（二）所示。

（3）定位轴线。房间的大小、走廊的宽窄和墙、柱的位置在建筑工程施工图中用轴线来确定。凡是主要的墙、柱、梁的位置都要用轴线来定位。根据 GB/T 50001—2010《房屋建筑制图统一标准》规定，定位轴线用细点画线绘制。编号应写在轴线端部的圆圈内，圆圈直径应为 8mm，详图上用 10mm，如图 11.6（a）所示。定位

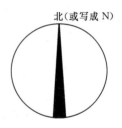

北（或写成 N）

图 11.5 指北针

轴线的圆心应在轴线的延长线上或延长线的折线上。平面图上定位轴线的编号，宜标注在图样的下方及左侧。横向编号应用阿拉伯数字标写，从左至右按顺序编号。竖向编号应用大写拉丁字母，从上到下按顺序编号。拉丁字母中的 I、O、Z 不能用于轴线号，以避免与 1、0、2 混淆。

除了标注主要轴线之外，还可以标注附加轴线。附加轴线编号用分数表示的，如图 11.6（b）所示。两根轴线之间的附加轴线，以分母表示前一根轴线的编号，分子表示附加轴线的编号。如果①号轴线和 A 号轴线之前还需要设附加轴线，分母以 01、0A 分别表示位于①号轴线或 A 号轴线前的附加轴线，如图 11.6（c）所示。一个详图适用于几根轴线时，应同时注明各有关轴线的编号，如图 11.6（d）所示。

通用详图的定位轴线只画圆圈，不标注轴线号。

（4）标高。在房屋建筑工程中，各部位的高度都用标高来表示。除总平面图外，施工图中所标注的标高均为相对标高。在平面图中，因为各种房间的用途不同，房间的高度不都在同一个水平面上，如附图（二）所示，±0.000 表示门厅、前厅和校内商场的标高，－0.450 表示室外地面的标高。

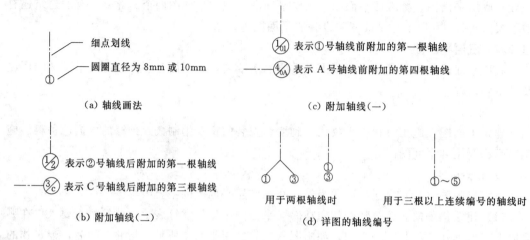

图 11.6　轴线的编号

（5）墙厚（柱的断面）。建筑物中墙、柱是承受建筑物垂直荷载的重要结构，墙体又起着分隔房间和抵抗水平剪力的作用（为抵抗水平剪力而设置的墙，一般称为剪力墙）。为此它的平面位置、尺寸大小都非常重要。从附图（二）中可以看到，所有的外维护墙墙厚为 240mm。柱子在图中标注出了断面尺寸及与轴线的关系。

（6）门和窗。在平面图中，只能反映出门、窗的平面位置、洞口宽度及与轴线的关系。门窗的画法按图 11.6 常用建筑配件图例进行绘制。在施工图中，门用代号"M"表示，窗用代号"C"表示；如"M3"表示编号为 3 的门；FM1 表示 1 号防火门；JLM1 表示 1 号卷帘门；而"C2"则表示编号为 2 的窗。门窗的高度尺寸在立面图、剖面图或门窗表中查找。门窗的制作安装需查找相应的详图。

在平面图中窗洞位置处，若画成虚线，则表示为高窗（高窗是指窗洞下口高度高于 1500mm，一般为 1700mm 以上的窗）。按剖切位置和平面图的形成原理，高窗在剖切平面上方，并不能够投射到本层平面图上，但为了施工时阅读方便，建筑制图标准规定把高窗画在所在楼层并用虚线表示。

（7）楼梯。建筑平面图比例较小，楼梯在平面图中只能示意楼梯的投影情况。楼梯的制作、安装在详图中体现。在平面图中，表示的是楼梯设在建筑中的平面位置、开间和进深大小，楼梯的上下方向及上一层楼的步级数。

（8）附属设施。除以上内容外，根据不同的使用要求，在建筑物的内部还可能设有壁柜、吊柜、厨房设备等。在建筑物外部还设有花池、散水、台阶等附属设施。附属设施只能在平面图中表示出平面位置，具体做法应查阅相应的详图或标准图集。

（9）各种符号。标注在平面图上的符号有剖切符号和索引符号等。剖切符号按"建筑制图标准"规定标注在底层平面图上，表示出剖面图的剖切位置和投射方向及编号。如附图（二）中，编号为 2—2 的剖面图。在平面图中凡需要另画详图的部位用索引符号表示。

（10）平面尺寸。平面图中标注的尺寸分内部尺寸和外部尺寸两种，主要反映建筑物中房间的开间、进深的大小、门窗的平面位置及墙厚等。

内部尺寸，一般用一道尺寸线表示，如附图（二）中的内部尺寸，就表示了墙厚、墙与轴线的关系；柱的断面（此图为薄壁柱，又称墙肢）、柱与轴线的关系以及内墙门、窗与轴线的关系。

外部尺寸一般标注三道尺寸，最里面一道尺寸表示外墙门窗的大小及与轴线的平面关系，中间一道尺寸表示轴线尺寸，即房间的开间与进深尺寸、柱子的柱距等。最外面一道尺寸表示建筑物的总长、总宽，即从一端的外墙皮到另一端的外墙皮的尺寸。

### 11.3.3　其他各层平面图

除底层平面图外，在多层或高层建筑中，一般还有标准层平面图和屋顶平面图等。标准层平面图所表示的内容与底层平面图相比是大同小异，屋顶平面图主要表示屋顶面上的情况和排水情况。下面对标准层平面图和屋顶平面图进行介绍。

1. 标准层平面图

由于该住宅楼的底层为校内商场，标准层平面图与底层平面图的区别较大，主要体现在以下几个方面：

（1）房间布置。底层为空旷的商场，标准层为住宅，标准层房间布置与底层房间布置的平面图不同，必须要表示清楚。

（2）墙体的厚度（柱的断面）。由于建筑材料强度或建筑物的使用功能不同，建筑物墙体厚度有时不一样。因为该住宅楼是墙肢承重，墙体为填充墙，所有各层墙体厚均同墙肢的宽度。墙厚若有变化，变化的高度位置一般在楼板的下皮。

（3）墙体材料。墙体材料的质量要求，材料的质量好坏在图中表示不出来，但是在相应的说明中必须叙述清楚。

（4）门与窗。标准层平面图中门与窗的设置与底层平面图往往不完全一样，在底层建筑物的入口为大门，而在标准层平面图中相同的平面位置一般情况下都改成了窗。

2. 屋顶平面图

屋顶平面图主要表示三个方面的内容，如图 11.7 所示为屋顶平面图。

（1）屋面排水情况。如排水分区、天沟、屋面坡度、雨水口的位置等。

（2）突出屋面的物体。如电梯机房、楼梯间、水箱、天窗、烟囱、检查孔、屋面变形缝等的位置。

（3）细部做法。屋面的细部做法除按照建施详图外，还要参照建筑设计总说明 4.3.1 条。屋面的细部做法包括的内容有高出屋面墙体的泛水、天沟、变形缝、雨水口等。

### 11.3.4　平面图的阅读与绘制

1. 阅读底层平面图的方法及步骤

从平面图的基本内容来看，底层平面图涉及的内容最全面，为此，我们阅读建筑平面图时，首先要读懂底层平面图。当读懂底层平面图后，阅读其他各层平面图就容易多了。读底层平面图的方法步骤如下：

（1）查阅建筑物的朝向、形状、主要房间的布置及相互关系。

（2）复核建筑物各部位的尺寸。复核的方法是将细部尺寸加起来是否等于轴线尺寸。再将轴线尺寸和两端轴线外墙厚的尺寸加起来看是否等于总尺寸。

（3）查阅建筑物墙体（柱）采用的建筑材料，查阅建筑材料要结合建筑设计总说明阅读。

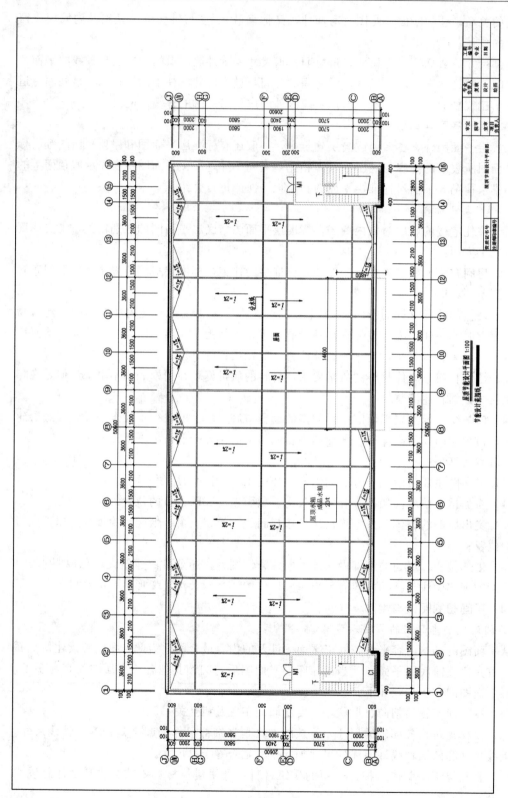

图 11.7　屋顶平面图

（4）查阅各部位的标高。查阅标高时主要查阅房间、卫生间、楼梯间、阳台和室外地面等的标高。

（5）核对门窗尺寸及樘数。核对的方法是根据图中实际需要的数量与门窗表中的数量是否一致。

（6）查阅附属设施的平面位置。如卫生间中的洗涤槽、厕所间的蹲位、小便槽的平面位置等。

（7）阅读文字说明，查阅对施工及材料的要求。对于这个问题要结合建筑设计说明阅读。

**2．阅读其他各层平面图的注意事项**

在熟练阅读底层平面图的基础上，阅读标准层平面图及其他各层平面图要注意以下几点：

（1）查明各房间的布置是否同底层平面图一样。

（2）查明墙身厚度是否同底层平面图一样。该建筑中墙、柱的断面没有变化，但是墙、柱的质量一般有变化，要结合结构施工图阅读。

（3）门窗是否同底层平面图一样。

（4）采用的建筑材料是否同底层平面图一样。在建筑中，房屋的高度不同，对建筑材料的质量要求不一样。例如该建筑中对砖和砂浆的强度要求不一样。

**3．阅读屋顶平面图的要点**

阅读屋顶平面图主要要注意两点：

（1）屋面的排水方向、排水坡度及排水分区。

（2）结合有关详图阅读，弄清分格缝、女儿墙及高出屋面部分的防水、泛水做法。

**4．平面图的绘制**

现在我国建筑施工图的绘制方法有两种：即手工绘图和计算机绘图。本书介绍手工绘图，计算机绘图在 AutoCAD 课程中讲解。

（1）选比例，定图幅，进行图面布置。根据房屋的复杂程度及大小，选定适当的比例，确定幅面的大小。同时留出注写尺寸、符号和有关文字说明的位置。

（2）画铅笔线图。用铅笔在绘图纸上画成的图称为一底图，简称"一底"。一般步骤如下：

1）画图框和标题栏，并画出定位轴线，如图 11.8（a）所示。

2）画出全部墙厚、柱断面和门窗位置。

以上两步用较硬的铅笔（2H 或 3H）轻画。

3）初步校核，检查已画图形是否正确。

4）按线型要求加深图线。一般用 HB 或 B 的铅笔，如图 11.8（b）所示。

5）画细部、标注尺寸、注写符号和文字说明，一般用 HB 的铅笔。

6）复核。图完成后，需仔细校核，及时更正，尽量做到准确无误。

（3）上墨（描图）。用描图纸盖在一底图上，用黑色的墨水（绘图墨水、碳素墨水）按一底图描出的图形称为底图，又称"二底"。

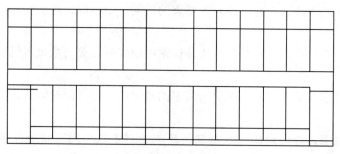

（a）画定位轴线

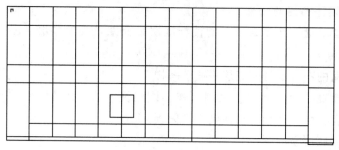

（b）画墙、柱和门窗洞口

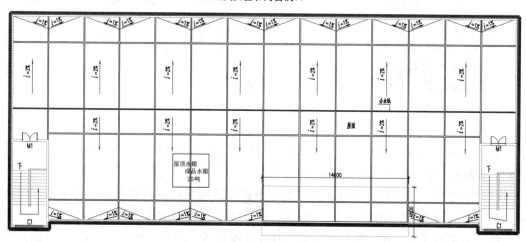

（c）画细部、标注尺寸、注写符号和文字说明

图 11.8 绘制建筑平面图的步骤

# 任务 11.4 立 面 图

- **任务的提出**

（1）建筑施工图立面图的形成。

（2）建筑立面图的内容、绘制和识图方法。

- **任务解析**

（1）根据附图，掌握建筑施工图立面图的形成方式。

（2）根据附图，掌握建筑立面图的内容、绘制和识图方法。

**• 任务的实施**

### 11.4.1 概述

一般建筑物都有前后左右四个面。表示建筑物外墙面特征的正投影图称为立面图。其中，表示建筑物正立面特征的正投影图称为正立面图；表示建筑物背立面特征的正投影图称为背立面图；表示建筑物侧立面特征的正投影图称为侧立面图，侧立面图又分左侧立面和右侧立面图。

在建筑施工图中一般都设有定位轴线，建筑立面图的名称又可以根据两端定位轴线编号来确定，如图 11.9 中的①—⑯立面图，图中①—⑯立面图为正立面图。

立面图是设计工程师表达立面设计效果的重要图纸。在施工中是外墙面造型、外墙面装修、工程概预算、备料等的依据。

下面，以图 11.9 中①—⑨立面图为例，介绍立面图的主要内容、阅读方法与绘制。

### 11.4.2 立面图的主要内容

（1）表明建筑物外部形状，主要有门窗、台阶、雨篷、阳台、烟囱、雨水管等的位置。

（2）用标高表示出各主要部位的相对高度，如室内外地面标高、各层楼面标高及檐口标高。

（3）立面图中的尺寸。立面图中的尺寸是表示建筑物高度方向的尺寸，一般用三道尺寸线表示。最外面一道为建筑物的总高。建筑物的总高是从室外地面到檐口女儿墙的高度。中间一道尺寸线为层高，即下一层楼地面到上一层楼面的高度。最里面一道为门窗洞口的高度及与楼地面的相对位置。

（4）外墙面的分格。如图 11.9 所示，该建筑外墙面的分格线以横线条为主，竖线条为辅的设计思路；在楼层适当的高度位置利用通长的色带进行横向分格。

（5）外墙面的装修。外墙面装修一般用索引符号表示具体做法。

### 11.4.3 立面图的阅读与绘制

1. 立面图的阅读

（1）对应平面图阅读。查阅立面图与平面图的关系，这样，才能建立起立体感，加深对平面图、立面图的理解。

（2）了解建筑物的外部形状。

（3）查阅建筑物各部位的标高及相应的尺寸。

（4）结合材料及装修一览表，查阅外墙面各细部的装修做法，如窗台、窗檐、阳台、雨篷、勒脚等。

（5）其他。结合相关的图，查阅外墙面、门窗、玻璃等的施工要求。

2. 立面图的绘制

一般做法是在绘制好平面图的基础上，对应平面图来绘制立面图。绘制步骤大体同平面图。其步骤如下：

（1）选比例，定图幅，进行图面布置。比例、图幅一般同平面图一致。

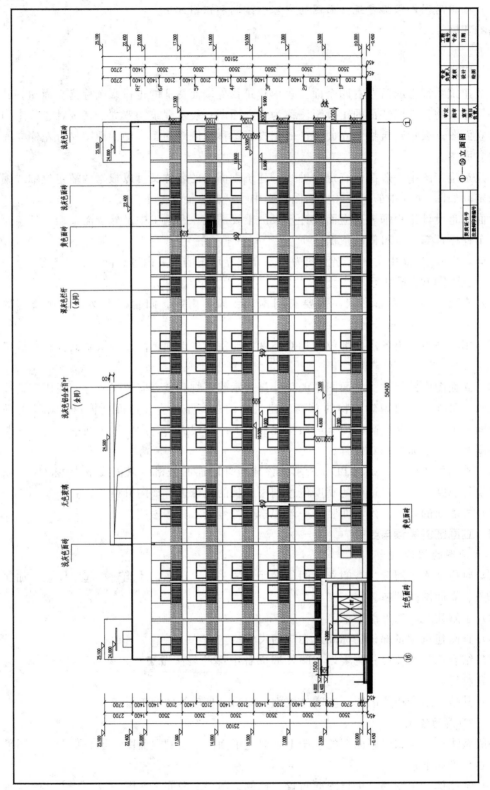

图 11.9　①—⑯立面图

（2）画铅笔线图。

1）画室外地坪线、外墙轮廓线和屋顶或檐口线，并画出首尾轴线和墙面分格，如图11.10（a）所示。

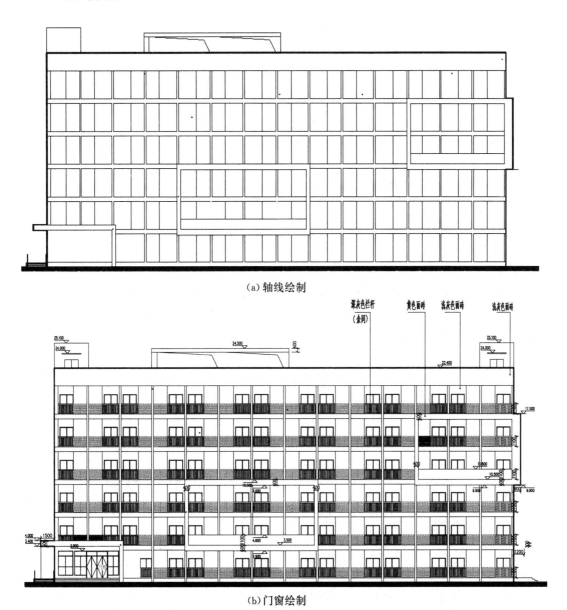

（a）轴线绘制

（b）门窗绘制

图 11.10　立面图的绘制

2）确定细部位置。内容包括门窗洞口位置、窗台、窗檐、屋檐、雨篷等，如图11.10（b）所示。

3）按要求加深图线。

4）标注标高、尺寸，注明各部位的装修做法，注写必要的文字说明，最后完成的图样如图 11.10①—⑨立面图。

　　5）校核。

　　（3）上墨（描图）。

# 任务 11.5 剖 面 图

**· 任务的提出**

　　（1）建筑施工图剖面图的形成。

　　（2）建筑剖面图的内容、绘制和识图方法。

**· 任务解析**

　　（1）根据附图，掌握建筑施工图剖面图的形成方式。

　　（2）根据附图，掌握建筑剖面图的内容、绘制和识图方法。

**· 任务的实施**

## 11.5.1 概述

　　剖面图是指房屋的垂直剖面图。假想用一个正立投影面或侧立投影面的平行面将房屋剖切开，移去剖切平面与观察者之间的部分，将剩下部分按正投影的原理投射到与剖切平面平行的投影面上，得到的图称为剖面图。用侧立投影面的平行面进行剖切，得到的剖面图称为横剖面图；用正立投影面的平行面进行剖切，得到的剖面图称为纵剖面图。

　　剖面图同平面图、立面图一样，是建筑施工图中最重要的图纸之一，表示建筑物的整体情况。剖面图用来表达建筑物的结构形式，分层情况、层高及各部位的相互关系，是施工、概预算及备料的重要依据。

　　下面以背立面图（图 11.11）为例，介绍剖面图的主要内容、阅读方法与绘制。

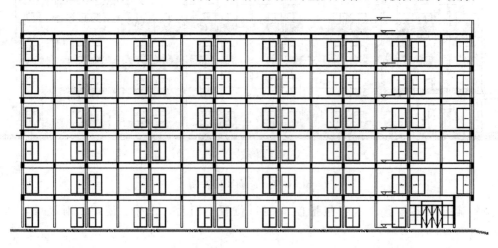

图 11.11　背立面图

## 11.5.2 剖面图的主要内容

（1）表示房屋内部的分层、分隔情况。该建筑高度方向 6 层，均为学生宿舍。

（2）反映屋顶坡度及屋面保温隔热情况。在建筑中屋顶有平屋顶、坡屋顶之分。屋面坡度在 5％ 以内的屋顶称为平屋顶；屋面坡度大于 15％ 的屋顶称为坡屋顶。从图中可以看出该建筑物为平屋顶，建筑找坡。具体做法在相应的详图中表示。

（3）表示房屋高度方向的尺寸及标高。如背立面图中每层楼地面的标高及外墙门窗洞口的高度等。剖面图中高度方向的尺寸和标注方法同立面图一样，也有三道尺寸线。必要时还应标注出内部门窗洞口的尺寸。

（4）其他。在剖面图中还有阳台、台阶、散水、雨篷等。凡是剖切到的或用直接正投影法能看到的都应表示清楚。

（5）索引符号。剖面图中不能详细表示清楚的部位，引出索引符号，另用详图表示。

## 11.5.3 剖面图的阅读与绘制

### 1. 剖面图的阅读

（1）结合底层平面图阅读，对应剖面图与平面图的相互关系，建立起房屋内部的空间概念。

（2）结合建筑设计总说明或材料及装修一览表阅读，查阅地面、楼面、墙面、顶棚的装修做法。

（3）查阅各部位的高度。应注意的是阳台、厨房、厕所与同层楼地面的关系。

（4）结合屋顶平面图和建筑设计总说明或材料及装修一览表阅读，了解屋面坡度、屋面防水、女儿墙泛水、屋面保温、隔热等的做法。

### 2. 剖面图的绘制

一般做法是在绘制好平面图、立面图的基础上绘制剖面图，并采用相同的比例。其步骤如下：

（1）按比例画出定位线和分层线。内容包括室内外地坪线、楼层分格线、墙体轴线，如图 11.12（a）所示。

（2）确定墙厚、楼层、地面厚度及门窗的位置。

（3）画出可见的构配件的轮廓线及相应的图例。

（4）按要求加深图线。如图 11.12（b）所示。

（5）按规定标注尺寸、标高、屋面坡度、散水坡度、定位轴线编号、索引符号及必要的文字说明。最后完成的图样如图 11.12 所示。

（6）复核。

以上各任务介绍的图纸内容都是建筑施工图中的基本图纸，表示全局性的内容，比例较小。为了将某些局部的构造作法、施工要求表示清楚，需要采用较大的比例绘制成详图。

详图的内容很多，表示方法各异。各地方都将一些常用的大量性的内容和常规作法编制成标准图集，供各工程选用。在不能选用到合适的标准图进行施工时，需要重新画出详图，把具体的作法表达清楚。

下面以墙身剖面图（墙身详图）、楼梯详图和木门窗详图为例介绍建筑详图的阅读方法。

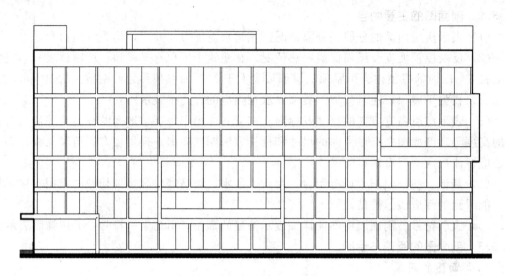

（a）轴线绘制

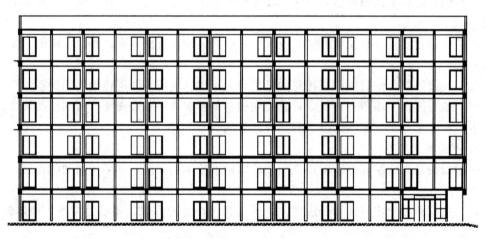

（b）门窗、楼板等的绘制

图 11.12   剖面图的绘制

# 任务 11.6   建 筑 详 图

• **任务的提出**

　　（1）建筑施工图详图的形成。

　　（2）建筑详图的内容、绘制和识图方法。

• **任务解析**

　　（1）根据附图，掌握建筑施工图详图的形成方式。

　　（2）根据附图，掌握建筑详图的内容、绘制和识图方法。

• **任务的实施**

### 11.6.1 概述

房屋建筑平面图、立面图、剖面图是全局性的图纸。因为建筑物体积较大，所以常采用缩小比例绘制。一般性建筑常用 1：100 的比例绘制，对于体积特别大的建筑，也可采用 1：200 的比例。用这样的比例在平面图、立面图、剖面图中无法将细部做法表示清楚，因而，凡是在建筑平面图、立面图、剖面图中无法表示清楚的内容，都需要另绘详图或选用合适的标准图。详图的比例常采用 1：1、1：2、1：5、1：10、1：20、1：50 几种。

详图与平面图、立面图、剖面图的关系是用索引符号联系的。索引符号的圆及直径均应以细实线绘制。圆的直径应为 10mm。索引符号的引出线沿水平直径方向延长，并指向被索引的部位。

索引符号有详图索引符号、局部剖切索引符号和详图符号三种。

**1. 详图索引符号**

详图索引符号如图 11.13 （a）所示，分为以下三种情况：

（1）详图与被索引的图在同一张图纸上。

（2）详图与被索引的图不在同一张图纸上。

（3）详图采用标准图。

**2. 局部剖切索引符号**

局部剖切索引符号如图 11.13 （b）所示，用于索引剖面详图，它与索引号的区别在于增加了剖切位置线，图中用粗短线表示。在剖切的部位绘制剖切位置线，并且以引出线引出索引符号，索引线所在的一侧为剖视方向。

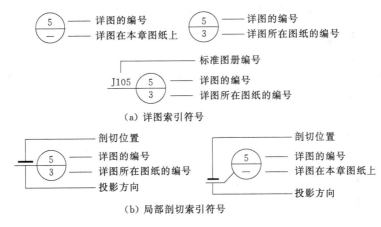

图 11.13 索引符号

**3. 详图符号**

索引出的详图画好之后，应在详图下方编上号，称为详图符号。详图符号应以粗实线绘制，直径为 14mm。详图符号分为两种情况：

（1）详图与被索引的图在同一张图纸上，如图 11.14 （a）所示。

（2）详图与被索引的图不在同一张图纸上，如图 11.14 （b）所示。

### 11.6.2 外墙身详图

外墙身详图的剖切位置一般设在门窗洞口部位。它实际上是建筑剖面图的局部放大图

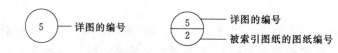

(a) 详图与被索引图在同一章图纸上　(b) 详图与被索引图不在同一章图纸上

图 11.14　详图符号

样，一般按 1∶20 的比例绘制。外墙身详图主要表示地面、楼面、屋面与墙体的关系，同时也表示排水沟、散水、勒脚、窗台、窗檐、女儿墙、天沟、排水口等位置及构造做法。

1. 用途

外墙身详图与平面图、立面图、剖面图配合使用，是施工中砌墙、室内外装修、门窗立口及概算、预算的依据。

2. 外墙身详图的基本内容

(1) 表明墙厚及墙与轴线的关系。墙体为加气混凝土，墙厚为 240mm，墙的中心线与轴线重合。

(2) 表明各层楼中的梁、板的位置及与墙身的关系，该建筑的楼面、屋面采用的是现浇钢筋混凝土梁、板，板与梁现浇成一个整体。

(3) 表明各层地面、楼面、屋面的构造做法。该部分内容一般要与建筑设计总说明和材料及装修一览表共同表示。附图中的工程要结合附图（一）中的《建筑设计总说明》阅读。例如建筑设计总说明中，再结合建筑工程做法，就可以查到内墙做法，并按标准图集"西南 11J515 第 7 页第 N08 项"施工。

(4) 表明各主要部位的标高。在建筑施工图中标注的标高称为建筑标高，标注的高度位置是建筑物某部位装修完成后的上表面或下表面的高度。它与结构施工图的标高不同，结构施工图中的标高称为结构标高，它

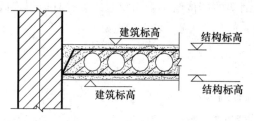

图 11.15　建筑标高和结构标高的区别

标注结构构件未装修前的上表面或下表面的高度。图 11.15 中可以看到建筑标高和结构标高的区别。

(5) 表明门窗立口与墙身的关系。在建筑工程中，门窗框的立口有三种方式，即平内墙面、居墙中、平外墙面。

(6) 表明各部位的细部装修及防水防潮做法。主要内容有排水沟、散水、防潮层、窗台、窗檐、天沟等的细部做法。

3. 读图方法及步骤

(1) 掌握墙身剖面图所表示的范围。读图时结合西南图集阅读。

(2) 掌握图中的分层表示方法，如图中地面的做法是采用分层表示方法，画图时文字注写的顺序是与图形的顺序对应的。这种表示方法常用于地面、楼面、屋面和墙面等装修做法。

(3) 掌握楼板与梁、墙的关系。

(4) 结合建筑设计总说明和材料及装修一览表阅读，掌握细部的构造做法。

4. 注意事项

（1）位于±0.000 或防潮层以下的墙称为基础墙，施工做法应以基础图为准。在±0.000 或防潮层以上的墙施工做法以建筑施工图为准，并注意连接关系及防潮层的做法。

（2）地面、楼面、屋面、散水、勒脚、女儿墙、天沟等的细部做法应结合建筑设计总说明或材料及装修一览表阅读。

注意建筑标高与结构标高的区别。

### 11.6.3　楼梯详图

1. 概述

（1）楼梯的组成。楼梯一般由楼梯段、平台、栏杆（栏板）扶手三部分组成，在图 11.16 中可以清楚地看到这三大组成部分。

1）楼梯段。指两平台之间的倾斜构件。它由斜梁或板及若干踏步组成。踏步分踏面和踢面。

2）平台。指两楼梯段之间的水平构件。根据位置不同又有楼层平台和中间平台之分，中间平台又称为休息平台。

3）栏杆（栏板）和扶手。栏杆、扶手设在楼梯段及平台悬空的一侧，起安全防护作用。栏杆一般用金属材料做成，扶手一般有金属材料、硬杂木或塑料等做成。

（2）楼梯详图的主要内容。要将楼梯在施工图中表示清楚，一般要有三个部分的内容，即楼梯平面图、楼梯剖面图和踏步、栏杆、扶手详图等。

下面以图 11.17 楼梯详图为例，介绍楼梯详图的阅读和绘制。

2. 楼梯平面图

楼梯平面图的形成同建筑平面图一样，假设用一水平剖切平面在该层往上行的第一个楼梯段中剖切开，移去剖切平面及以上部分，将余下的部分按正投影的原理投射在水平投影面上所得到的图，称为楼梯平面图。为此，楼梯平面图是房屋平面图中楼梯间部分的局部放大。如图 11.18 中楼梯平面图是采用 1：50 的比例绘制。

楼梯平面图必须分层绘制，底层平面图一般剖在上行的第一跑上（本例为三跑，除外），因此除表示第一跑的平面外，还能表明楼梯间一层休息平台以下的平面形状。中间相同的几层楼梯，同建筑平面图一样，可用一个图来表示，这个图称为标准层平面图。最上面一层平面图称为顶层平面图，所以，楼梯平面图一般有底层平面图、标准层平面图和顶层平面图三个。

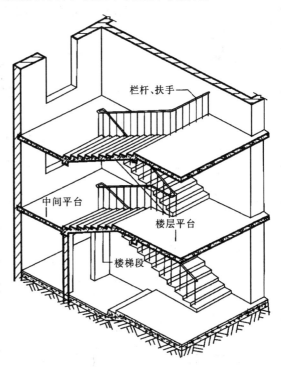

栏杆、扶手

中间平台

楼层平台

楼梯段

图 11.16　楼梯的组成

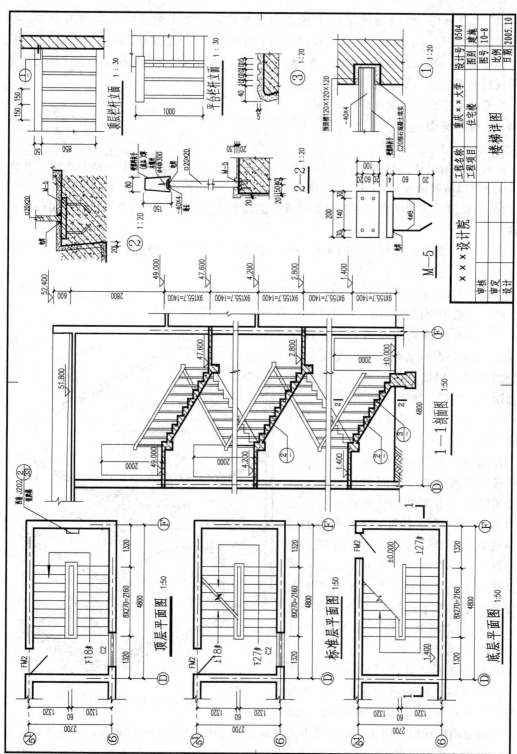

图 11.17　楼梯详图

需要说明的是按假设的剖切面将楼梯剖切开，折断线本应该为平行于踏步的折断线，为了与踏步的投影区别开，GB/T 50104—2010《建筑制图标准》规定画为斜线。

楼梯平面图用轴线编号表明楼梯间在建筑平面图中的位置，注明楼梯间的长宽尺寸、楼梯跑（段）数、每跑的宽度、踏步步数、每一步的宽度、休息平台的平面尺寸及标高等。

**3. 楼梯剖面图**

假想用一铅垂剖切平面，通过各层的一个楼梯段，将楼梯剖切开，向另一未剖切到的楼梯段方向进行投影，所绘制的剖面图称为楼梯剖面图。如图 11.17 所示的 1—1 剖面图。

楼梯剖面图的作用是完整、清楚地表明各层梯段及休息平台的标高，楼梯的踏步步数、踏面的宽度及踢面的高度，各种构件的搭接方法，楼梯栏杆（板）的形式及高度，楼梯间各层门窗洞口的标高及尺寸。

**4. 踏步、栏杆（板）及扶手详图**

踏步、栏杆、扶手这部分内容同楼梯平面图、剖面图相比，采用的比例更大一些，其目的是表明楼梯各部位的细部做法。

（1）踏步。如图 11.17 中楼梯详图，踏面的宽为 270mm，在楼梯平面图中表示；踢面的高为 155.7mm，在楼梯剖面图中表示。楼梯间踏步的装修若无特别说明，一般都是同地面的做法。在图 11.17 中详图③是表示踏步的具体做法。在公共场所，楼梯踏面要设置防滑条。该建筑做的是防滑槽。

（2）栏杆、扶手。图 11.17 详图②和 2—2 栏杆断面，共同表示栏杆、扶手的做法。图中"□20×20"的意思是："□"为方钢的图例，表示该楼梯的栏杆材料用方钢；"20×20"为方钢的断面尺寸。详图②中"M—5"，这里的"M"为预埋铁件的代号，取的是"埋"字的汉语拼音第一个字母。"5"则为预埋件的编号。"电焊"表示楼梯栏杆立柱与踏步的固定采用的是焊接，即"□20×20"的方钢焊接在"M—5"这个预埋件上。2—2 栏杆断面图从另一个方向表示栏杆与踏步的连接和栏杆与扶手的连接。栏杆与踏步的连接同详图②，不再赘述。栏杆与扶手的连接，栏杆为方钢，扶手为硬塑料，其连接方法是在栏杆立柱的顶端沿栏杆扶手方向焊上扁钢，再用木螺丝与硬塑料扶手固定。图中"—40×4"的含义是："—"为扁钢的图例，"40"为扁钢的宽度，"4"为扁钢的厚度。木螺丝"$\phi$4@300"的含义是："$\phi$4"为木螺丝的直径，"@"为相等距离的符号，"300"为两木螺丝之间的中心距（300mm）。

除以上内容外，楼梯详图一般还包括顶层栏杆立面图、平台栏杆立面图和顶层栏杆楼层平台段与墙体的连接。

**5. 阅读楼梯详图的方法与步骤**

（1）查明轴线编号，了解楼梯在建筑中的平面位置和上下方向。

（2）查明楼梯各部位的尺寸。包括楼梯间的大小、楼梯段的大小、踏面的宽度、休息平台的平面尺寸等。

（3）按照平面图上标注的剖切位置及投射方向，结合剖面图阅读楼梯各部位的高度。包括地面、休息平台、楼面的标高及踢面、楼梯间门窗洞口、栏杆、扶手的高度等。

（4）弄清栏杆（板）、扶手所用的建筑材料及连接做法。

（5）结合建筑设计总说明阅读，查明踏步（楼梯间地面）、栏杆、扶手的装修方法。

内容包括踏步的具体做法、栏杆、扶手（金属、木材……）及其油漆颜色和涂刷工艺等。

6. 楼梯图的绘制

在这里只介绍楼梯平面图和楼梯剖面图的绘制。

（1）楼梯平面图的绘制（以标准层为例）。

1）将各层平面图对齐，根据楼梯间的开间、进深尺寸画出墙身轴线、墙厚、门窗洞口的位置，如图 11.18（a）所示。

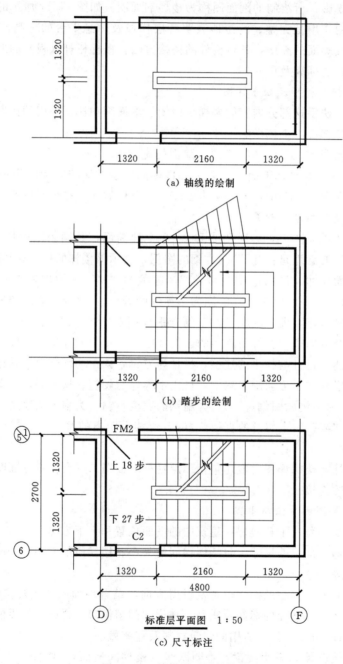

（a）轴线的绘制

（b）踏步的绘制

（c）尺寸标注

图 11.18　楼梯平面图的绘制

2）确定平台宽度、梯段长度及栏杆的位置。楼梯段长度的确定方法：楼梯段长度等于踏面宽度乘踏步数减 1（踏步数减 1 称为踏面数）。

3）用等分平行线间距的方法分楼梯踏步，然后画出踏步面，踏步面简称踏面，如图 11.18（b）所示。

4）加深图线。图线要求与建筑平面图一致。

5）画箭头、标注上下方向。加深图线，注写标高、尺寸、图名、比例及文字说明，如图 11.18（c）所示。

6）检查。

（2）楼梯剖面图的绘制。

1）根据楼梯底层平面图中标注的剖切位置和投射方向，画墙身轴线，楼地面、平台和梯段的位置，如图 11.19（a）所示。

2）画墙身厚度、平台厚度、梯横梁的位置。

3）分梯踏步。水平方向同平面图分法，竖直方向按实际步数绘制。得到的梯段的踏面和踢面轮廓线，如图 11.19（b）所示。

4）画细部。如楼地面、平台地面、斜梁、栏杆、扶手等。

5）加深图线。线型要求同建筑剖面图一致。注写标高、尺寸及文字，如图 11.19（c）所示。

6）检查。

### 11.6.4　木门窗详图

在民用建筑中，制作门窗的材料有木材、铝合金（简称铝材）、钢材、UPVC（硬聚氯乙烯）等。从国内基本建设的情况看，木门窗在民用建筑中运用较为广泛，但会逐渐被铝合金和铝塑等材料的门窗取代。钢门窗则由于重量大、易腐蚀等缺点，目前仅局限在一些特殊场合，如工业厂房中使用。

门窗的技术发展趋势是设计定型化、制作与安装专业化。铝合金、铝塑、钢塑是定型材料，专业制作安装，施工图中一般不绘制。木门窗一般需要施工单位制作安装，所以仍以木门窗为例，介绍门窗详图。

1. 门窗的组成

门窗由框和扇两大部分组成。门窗的单位称樘。各部位的名称如图 11.20 所示。

由于门和窗的基本内容、表示方法大同小异，为此，下面以图 11.21 木窗详图为例，介绍木门窗的基本内容和阅读方法。

2. 基本内容

木窗详图的基本内容包括立面图、节点详图、五金表及文字说明四大部分。

（1）立面图。立面图中表示窗框、窗扇的大小及组成形式，窗扇的开启方向和节点详图的剖切位置。如图 11.21 木窗详图中的 C—1 立面图。

立面图中一般标有三道尺寸线，最外面一道尺寸线上的数字表示洞口的大小，中间一道尺寸线上的数字表示窗框的外包尺寸和灰缝尺寸，最里面一道尺寸线上的数字为窗扇的尺寸。

窗扇的开启方向由 GB/T 50104—2010《建筑制图标准》规定："立面图中的斜线表

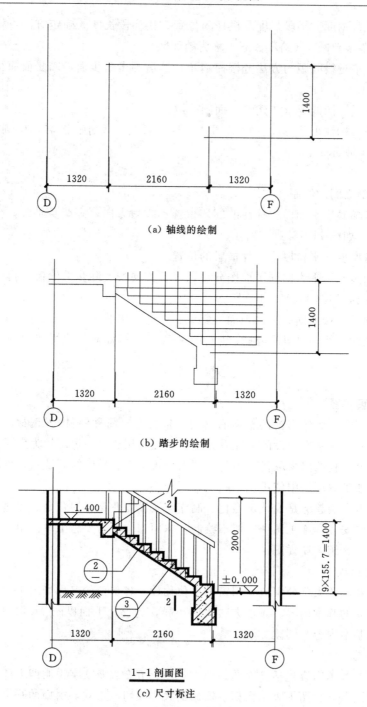

（a）轴线的绘制

（b）踏步的绘制

1—1 剖面图

（c）尺寸标注

图 11.19　楼梯剖面图的绘制

示窗的开启方向，实线为外开，虚线为内开；开启方向线交角的一侧为安装铰链的一侧。"
根据这一规定，C—1 窗中除窗亮（南方称幺窗）468×468 这一扇为上悬窗外，其余一律
为外开平开窗。

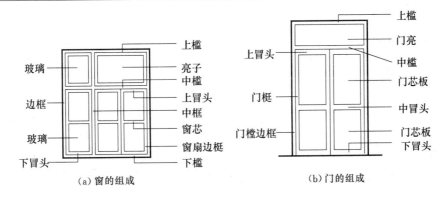

（a）窗的组成　　　　　　　　（b）门的组成

图 11.20　门窗的组成

（2）节点详图。节点详图中表示窗框与窗扇的相互关系、成型后各部位的断面尺寸及形状、玻璃的安装部位及固定方法。下面以节点详图①为例，介绍节点详图的内容。

节点详图①中剖切到两块木料的断面为 95×42 和 75×40（55×40）；断面为 95×42 的这块木料为窗边框，边框与墙连接。由于木材是由原木加工而成，先由原木按需要尺寸加工成木方，称为毛料，然后再将毛料进行刨光后（称为净料）才能刷油漆。为此，要制作成断面为 95×42（净料）的窗框，实际需要断面为 100×45（毛料）这样的木方。所以图 11.22（a）上标注的 95×42 为净料尺寸。

75×40（55×40）是一个图表示两个断面的木料。75×40 为下窗扇边梃净料尺寸，55×40 为窗亮窗扇的边梃净料尺寸，如图 11.22（b）所示。

其他节点类同，不再赘述。

（3）五金表。图 11.21 中的五金表是摘自某标准图集中的五金表，它适用于各种类型的窗户。在五金表中表明每一樘窗户中所需要的各种配件的名称、规格及数量。在查阅五金表时，还要注意各种五金配件的单位。

例如图 11.21 中 C—1 窗是三扇窗扇、两扇ㄠ窗，配件是：铰链 75—3，"75"表示铰链的规格为 75mm，数量为"3"，即 3 付（对）。风钩 150—3，"150"表示风钩的规格为 150mm，数量为 3，表示 3 个。其他类同。

（4）文字说明。我们知道，图只能表示物体的形状，尺寸表示物体的大小，物体的质量好坏需要用文字说明进行阐述。说明的内容主要是材料质量、施工方法、油漆颜色及涂刷工艺等。图 11.21 中说明共有 5 条，从木材的材质、断面、制作、五金及油漆五个方面进行阐述。

**3. 阅读木门窗详图的方法与步骤**

（1）从立面图中查明门窗各部位的尺寸，门窗扇的组成形式。

（2）从立面图中查明门窗扇的开启方向，是外开还是内开，是平开还是旋转窗等。

（3）在节点详图中查明各块材料的断面尺寸、形状、玻璃的固定方法等。

（4）在五金表中查不同规格的门窗所需要的金属配件的名称、规格及数量。

（5）从文字说明中弄清门窗制作、安装要求和油漆的颜色、工艺等。

**217**

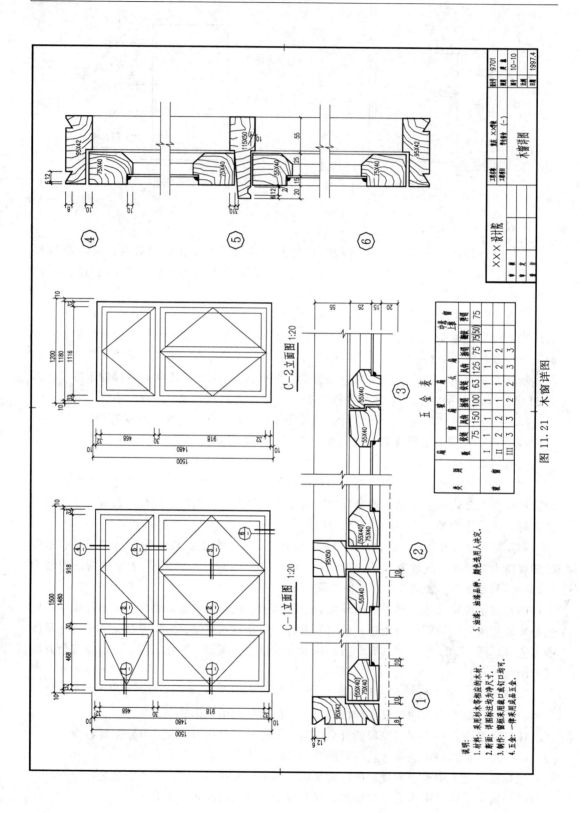

图 11.21 木窗详图

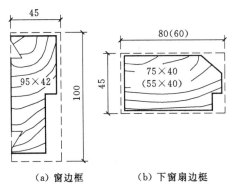

(a) 窗边框　　　　　(b) 下窗扇边框

图 11.22　木材的断面

## 课 后 自 测 题

1. 国标中规定施工图中水平方向定位轴线的编号应是（　　）。

A. 大写拉丁字母　　　B. 英文字母　　　C. 阿拉伯字母　　　D. 罗马字母

2. 有一窗洞口，洞口的下标高为 $-0.800$，上标高为 $2.700$，则洞口高为（　　）。

A. 700　　　　　B. 1.900　　　　　C. 3.500　　　　　D. 0.800

3. 楼梯详图的图纸包括（　　）。

A. 平面图、剖面图、详图　　　　　B. 平面图、剖面图

C. 平面图、立面图、详图　　　　　D. 详图

4. 在建筑识图中一般应遵守的识图原则是（　　）。

A. 由总体到局部　　　B. 由局部到总体　　C. 由详图到总图　　　D. 由设备到建筑

5. 如与被索引的图样不在同一张图纸内，应在索引符号的下半圆中用阿拉伯数字注明该详图所在图纸的（　　）。

A. 位置　　　　　B. 图纸号　　　　　C. 符号　　　　　D. 大小

6. 总平面图中用的风玫瑰图中所画的实线表示（　　）。

A. 常年所剖主导风向　　　　　B. 夏季所剖主导风向

C. 一年所剖主导风向　　　　　D. 春季所剖主导风向

7. 建施图中剖面图的剖切符号应标注在（　　）。

A. 底层平面图中　　　B. 二层平面图中　　C. 顶层平面图中　　　D. 中间层平面图中

8. 用来确定新建房屋的位置和朝向，以及新建房屋与原有房屋周围地形、地物关系等的图样称为（　　）。

A. 建筑平面图　　　B. 剖面图　　　　　C. 立面图　　　　　D. 总平面图

9. 图纸上尺寸线应采用（　　）。

A. 粗实线　　　　　B. 细实线　　　　　C. 点划线　　　　　D. 波浪线

10. 一般用分数表示附加轴线的编号，其中分母表示（　　）。

A. 附加轴线的编号　　　　　B. 后一根轴线的编号

C. 前一根轴线的编号　　　　　D. 图纸的编号

# 项目 12　结构施工图及平法钢筋图识读

结构施工图主要由结构平面图、结构剖面图组成，简称结施。结构施工图包括基础（含桩基础）施工图，梁、板、柱、框架施工图，楼梯结构施工图等内容。

## 任务 12.1　基础施工图

· **任务的提出**

（1）基础施工图的形成。

（2）基础施工图的识图方法。

· **任务解析**

（1）根据基础施工图产生的方法，掌握基础施工图的内容及特点。

（2）根据相关的识图原则，能够熟练的识读基础施工图。

· **任务的实施**

建在地基（支撑建筑物的土层称为地基）以上至房屋首层室内地坪（±0.000）以下的承重部分称为基础。基础的形式、大小与上部结构系统、荷载大小及地基的承载力有关，一般有条形基础，独立基础、桩基础、筏形基础、箱形基础等形式。基础图是表达基础结构布置及详细构造的图样。它包括基础平面图和基础详图。

### 12.1.1　基础图的形成

为了把基础表达更清楚，假想用贴近首层地面并与之平行的剖切平面把整个建筑物切开，移走上半部分，剩下下半部分，再假想把基础周围的回填土挖出，使整个基础裸露出来。基础平面图是将剖切后裸露出的基础向水平投影面作投影而得到的剖面图。基础详图是将基础垂直切开所得到的断面图（对独立基础，有时还附一单个基础的平面详图）。

### 12.1.2　基础平面图

基础平面图主要表达基础的平面布局及位置。因此只需绘出基础墙、柱及基底平面轮廓及尺寸即可。除此之外其他细部（如条形基础的大放脚、独立基础的锥形轮廓线等）都不必反映在基础平面图中。如图 12.1 所示为某宿舍钢筋混凝土条形基础平面图。条形基础用两条平行的粗实线表示剖切到的墙厚，基础墙两侧的中实线表示基础外形轮廓。绘图比例为 1:100，图中构造柱涂黑，如图 12.1 所示。

### 12.1.3　基础详图

基础详图主要表达基础的形状、尺寸、材料、构造及基础的埋置深度等。各种基础的

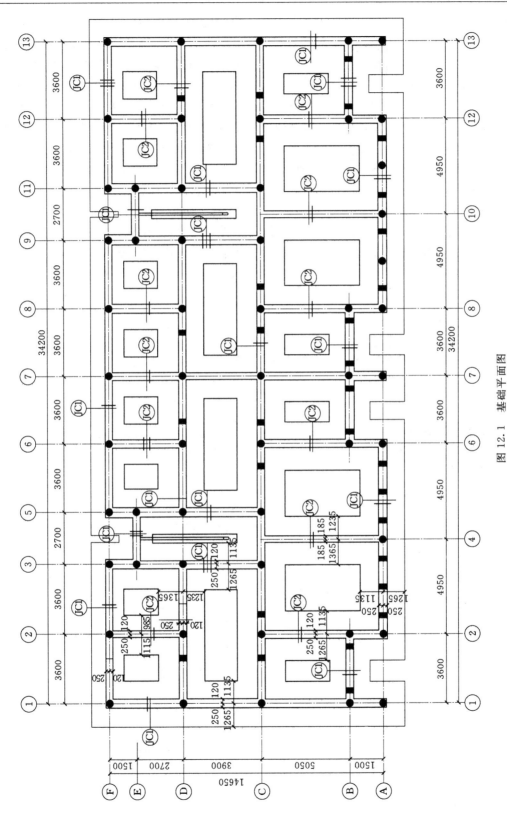

图 12.1 基础平面图

图示方法有所不同，图 12.2 举出了常见的条形基础和独立基础的基础详图。图 12.2（a）为某宿舍基础详图 JC1，此基础为钢筋混凝土条形基础。它包括基础、基础圈梁和基础墙三部分。从地下室室内地坪－2.400 到－3.500 为基础墙体，它是 370mm 厚的砖墙（－3.500 以上 120mm 高墙厚 490mm）。在距室内地坪－2.400 以下 60mm，有一道粗实线表示防潮层。从－3.500 到－4.000 为基础大放脚高度为 500mm，宽度为 2400mm，在基础底板配有双层 Φ10@200 的钢筋。基础圈梁 JQL 与基础大放脚浇筑在一起，顶面标高为－3.500，其截面尺寸为：宽 450mm，高 500mm，配筋为上下各 4Φ14 钢筋，箍筋为 Φ8@200 的双肢箍。基础下有 100mm 厚的 C10 素混凝土垫层。

　　图 12.2（b）所示为一锥形的独立基础。它除了画出垂直剖视图外还画出了平面图。垂直剖视图清晰地反映了基础柱、基础及垫层三部分。基础底部为 2000mm×2200mm 的矩形，基础为高 600mm 的四棱台形基础底部配置了 Φ8@150、Φ8@100 的双向钢筋。基础下面是 C10 素混凝土垫层，高 100mm。基础柱尺寸为 400mm×350mm，预留插筋 8Φ16，钢筋下端直接插入基础内部，上端与柱中的钢筋搭接。

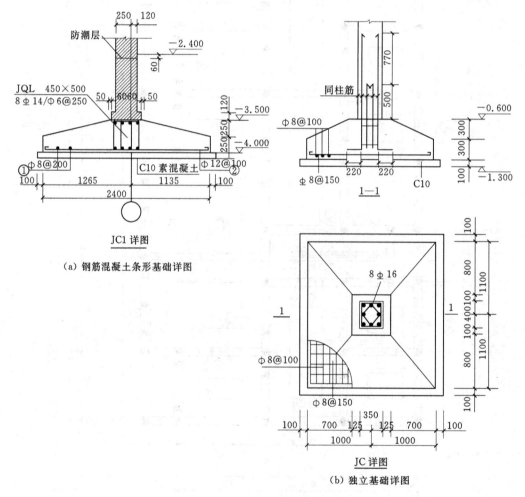

（a）钢筋混凝土条形基础详图

（b）独立基础详图

图 12.2　常见基础详图

# 任务 12.2　钢筋混凝土平法施工图识图

- **任务的提出**

(1) 钢筋混凝土有关知识。

(2) 柱、梁、板平法施工图的识图方法。

- **任务解析**

(1) 根据施工图产生的方法，掌握柱、梁、板平法施工图的内容及特点。

(2) 根据相关的识图原则，能够熟练的识读柱、梁、板平法施工图。

- **任务的实施**

## 12.2.1　钢筋混凝土有关知识

混凝土是将水泥、砂、石子、水按一定比例拌和、凝固养护制成的水泥石。它受压能力好，受拉能力差，易受拉断裂。钢筋的抗拉、抗压能力都很高，如把钢筋放在构件的受拉区中使其受拉，混凝土只承受压力，这将大大地提高构件的承载能力，从而减小构件的断面尺寸，这种配有钢筋的混凝土称为钢筋混凝土。由钢筋混凝土制成的构件称为钢筋混凝土构件。钢筋混凝土构件可分为现浇钢筋混凝土构件和预制钢筋混凝土构件。现浇构件是在施工现场支模板、绑扎钢筋、浇筑混凝土而形成的构件。预制构件是在工厂成批生产，运到现场安装的构件。另外还有预应力混凝土构件，即在构件制作过程中通过张拉钢筋对混凝土预加一定的压力，以提高构件的抗拉和抗裂能力。以上情况均应在钢筋混凝土结构构件图中反映出来。钢筋混凝土结构构件图的重要内容就是表达钢筋。

1. 混凝土的等级和钢筋的品种与代号

混凝土按其抗压强度不同分为不同等级，普通混凝土分 C7.5、C10、C15、C20、C25、C30、C35、C40、C45、C50、C55、C60 等 12 级，等级越高，混凝土抗压强度也越高。

钢筋的品种与代号见表 12.1。

表 12.1　　　　　　　　　　　　　　　钢筋的品种与代号

| 牌号 | 品种 | 代号 | 牌号 | 品种 | 代号 |
|---|---|---|---|---|---|
| HPB300（一级钢） | 热轧光圆钢筋强度级别 300MPa | Φ | RRB400（三级钢） | 余热处理带肋钢筋强度级别 400MPa | $\Phi^R$ |
| HRB335（二级钢） | 热轧带肋钢筋强度级别 335MPa | Φ | HRBF400（三级钢） | 细晶粒热轧带肋钢筋强度级别 400MPa | $\Phi^F$ |
| HRBF335（二级钢） | 细晶粒热轧带肋钢筋强度级别 335MPa | $\Phi^F$ | RB500（四级钢） | 普通热轧带肋钢筋强度级别 500MPa | Φ |
| HRB400（三级钢） | 热轧带肋钢筋强度级别 400MPa | Φ | HRBF500（四级钢） | 细粒热轧带肋钢筋强度级别 500MPa | $\Phi^F$ |

2. 钢筋的分类与作用

如图 12.3 所示，按钢筋在构件中的作用不同，构件中的钢筋分类如下：

(1) 受力筋。承受拉力或压力（其中在近梁端斜向弯起的弯起筋也承受剪力）。钢筋面积根据受力大小由计算决定，并配置在各种钢筋混凝土构件中。

（2）箍筋。用以固定受力筋位置，并承担部分剪力和扭矩。多用于梁和柱。

（3）架力筋。用于固定梁内箍筋位置，构成梁内的钢筋骨架。

（4）分布筋。多配置于板中，与板的受力筋垂直布置，将承受的荷载均匀地传给受力筋并固定受力筋的位置，并承担抵抗各种原因引起的混凝土开裂的任务。

（5）其他。因构造要求或施工安装需要而配置的构造筋，如腰筋、预埋锚固筋、吊环等。

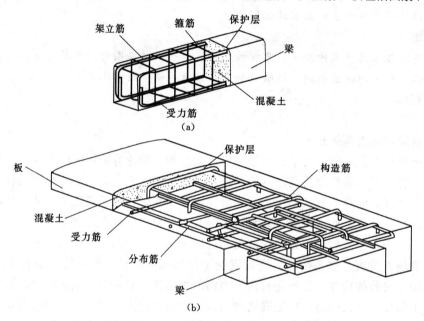

图 12.3 钢筋的分类

3. 钢筋的保护层和弯钩

为了保护钢筋，防蚀、防火及加强钢筋与混凝土黏结力，在构件中的钢筋，外面要留有保护层。各种构件的混凝土保护层的厚度应按表 12.2 采用。

表 12.2 钢筋混凝土保护层的厚度 单位：mm

| 环境条件 | 混凝土强度等级<br>构件类别 | ≤C20 | C25 及 C30 | ≥C35 |
|---|---|---|---|---|
| 室内正常环境 | 板、墙、壳 | 15 | | |
| | 梁和柱 | 25 | | |
| 露天或室内高温度环境 | 板、墙、壳 | 35 | 25 | 15 |
| | 梁和柱 | 45 | 35 | 25 |

如果受力筋用光圆钢筋，则两端须加弯钩，以加强钢筋与混凝土的黏结力。带肋钢筋与混凝土的黏结力强，两端不必加弯钩。常见的几种弯钩形式如图 12.4 所示。

4. 钢筋的表示方法

为了突出钢筋，配筋图中的钢筋用比构件轮廓线粗的单线画出，钢筋横断面用黑圆点表示。为了便于识别，构件内的各种钢筋应编号。编号采用阿拉伯数字，写在引出线端头

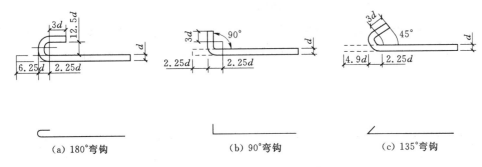

(a) 180°弯钩　　　　　(b) 90°弯钩　　　　　(c) 135°弯钩

图 12.4 常见的几种弯钩形式

的直径为 6mm 的细线圆中。在编号引出线上部，应用代号写该号钢筋的等级品种、直径、根数或间距，如图 12.5 所示。

例如：3Φ18 表示 1 号钢筋是 3 根直径为 18mm 的 Ⅱ 级钢筋；Φ8@100 表示 3 号钢筋为箍筋，直径是 8mm，间距是 100mm；2Φ14 表示 2 号钢筋是 2 根直径为 14mm 的 Ⅱ 级钢筋。

### 12.2.2 平法

建筑结构施工图平面整体设计方法，简称平法，是对我国目前混凝土结构施工图的设计表示方法的重大变革。平法的表达形式，就是把结构构件的尺寸和配筋

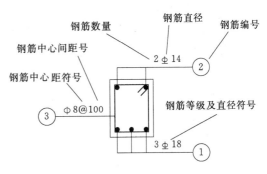

图 12.5 钢筋的表示方法

等，按照平面整体表示方法制图规则，整体直接地表达在各类构件的结构平面布置图上，再与标准构造详图相配合，以简化设计。

各类结构构件按平法的制图规则及构造详图详情可参阅相应图集，如《16G101—1 现浇混凝土框架、剪力墙、框架-剪力墙、框支剪力墙结构》《16G101—2 现浇混凝土板式楼梯》《04G101—4 现浇混凝土楼面与屋面板》《04G101—3 筏形基础平法配筋图集》等。

各图集中的制图规则，既是设计者完成柱、梁、墙平法施工图的依据，也是施工和监理人员准确理解和实施平法施工图的依据。各图集中的构造详图，编入了目前国内常用的且较为成熟的构造作法，是施工人员必须与平法施工较配套使用的正式设计文件。

按平法绘制的施工图出图时，宜按基础、柱、剪力墙、梁、板、楼梯及其他构件的顺序排列。

### 12.2.3 柱平法施工图

柱平法施工图是在柱的结构平面布置图上，采用列表注写方式或截面注写方式表达的柱配筋图；施工人员依据平法施工图及相应的标准构造详图进行施工，故称柱平法施工图。首先，按一定比例绘制柱的平面布置图，分别按照不同结构层（标准层），将全部柱、剪力墙绘制在该图上，并按规定注明各结构层的标高及相应的结构层号。然后，根据设计计算结果，采用列表注写方式或截面注写方式表达柱的截面及配筋。

这里主要介绍截面注写方式，即在柱平面布置图上，分别在不同编号的柱中各选一截

**225**

面，在其原位上以一定比例放大绘制柱截面配筋图，注写柱编号、截面尺寸 $b×h$、角筋或全部纵筋、箍筋的级别、直径及加密区与非加密区的间距。同时，在柱截面配筋图上尚应标注柱截面与轴线关系。在柱的结构平面布置图上，采用列表注写方式或截面注写方式。

### 1. 柱子的编号

柱子的编号见表12.3。

**表 12.3**　　　　　　　　　　　　柱 子 的 编 号

| 柱 类 型 | 代 号 | 序 号 | 柱 类 型 | 代 号 | 序 号 |
|---|---|---|---|---|---|
| 框架柱 | KZ | ×× | 梁上柱 | LZ | ×× |
| 框支柱 | KZZ | ×× | 剪力墙上柱 | QZ | ×× |
| 芯柱 | XZ | ×× | | | |

### 2. 截面注写方式

在柱平面布置图上，分别在不同编号的柱中各选一截面，在其原位上以一定比例放大绘制柱截面配筋图注写柱编号、截面尺寸 $b×h$ 角筋或全部纵筋，如图12.6所示。

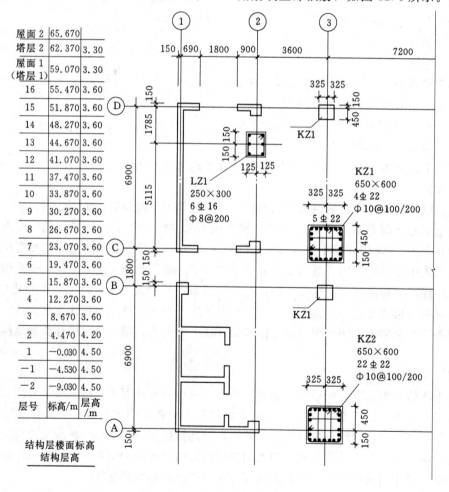

图 12.6　截面注写方式

## 3. 列表注写方式

列表注写方式如图 12.7 所示。

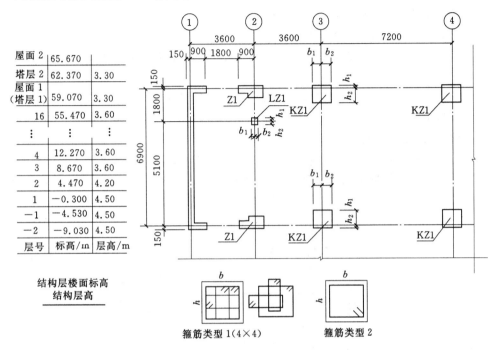

| 屋面2 | 65.670 | |
| 塔层2 | 62.370 | 3.30 |
| 屋面1<br>(塔层1) | 59.070 | 3.30 |
| 16 | 55.470 | 3.60 |
| ⋮ | ⋮ | ⋮ |
| 4 | 12.270 | 3.60 |
| 3 | 8.670 | 3.60 |
| 2 | 4.470 | 4.20 |
| 1 | −0.300 | 4.50 |
| −1 | −4.530 | 4.50 |
| −2 | −9.030 | 4.50 |
| 层号 | 标高/m | 层高/m |

**结构层楼面标高**
**结构层高**

箍筋类型1(4×4)　　　箍筋类型2

柱表

| 桩号 | 标高 | $b×h$<br>(圆柱直径 $D$) | $b_1$ | $b_2$ | $h_1$ | $h_2$ | 全部纵筋 | 角筋 | $b$边一侧<br>中部筋 | $h$边一侧<br>中部筋 | 箍筋<br>类型号 | 箍筋 | 备注 |
|---|---|---|---|---|---|---|---|---|---|---|---|---|---|
| KZ1 | −0.030~19.470 | 750×700 | 375 | 375 | 150 | 550 | 24 $\Phi$ 25 | | , | | 1(5×4) | $\phi$10@100/200 | |
| | 19.740~37.470 | 650×600 | 325 | 325 | 150 | 450 | | 4 $\Phi$ 22 | 5 $\Phi$ 22 | 4 $\Phi$ 20 | 1(4×4) | $\phi$10@100/200 | |
| | 37.470~59.070 | 550×500 | 275 | 275 | 150 | 350 | | 4 $\Phi$ 22 | 5 $\Phi$ 22 | 4 $\Phi$ 20 | 1(4×4) | $\phi$8@100/200 | |
| | | | | | | | | | | | | | |

−0.030~59.070柱平法施工图（局部）

图 12.7　柱子列表注写方式

（1）分别在同一编号的柱中选择一个截面标注几何参数代号。

（2）绘制箍筋类型图。

（3）在列表中注写柱号、柱段起止标高、几何尺寸 $b×h$ 或直径 $D$。

（4）在列表中注写柱的轴线定位尺寸 $b_1$、$b_2$、$h_1$、$h_2$。

（5）当柱纵筋直径和各边根数相同时注写全部纵筋，否则注写角筋、$b$ 边和 $h$ 边一侧的中部筋。

（6）注写箍筋类型号及肢数（$m×n$）、箍筋直径、间距，当圆柱采用螺旋箍时，需在箍筋前面加"L"。

（7）底层柱下端加密区大于等于柱净高的 1/3，二层及以上柱的上下端加密区大于等于柱净高的 1/6 且不小于 500mm，取较大值。

**4. 柱平法施工图的识读要点**

识读原则：先校对平面，后校对构件；先阅读各构件，再查阅节点与连接。

（1）阅读结构设计说明中的有关内容。

（2）检查各柱的平面布置与定位尺寸。

（3）从图中及表中逐一检查柱的编号、起止标高、截面尺寸、纵筋、箍筋、混凝土强度等级。

（4）柱纵筋的搭接位置、搭接方法、搭接长度、搭接长度范围的箍筋要求。

（5）柱与填充墙拉结。

### 12.2.4　梁平法施工图识读

梁平法施工图是在梁的结构平面布置图上，采用平面注写方式或截面注写方式表达的梁配筋图；施工人员依据平法施工图及相应的标准构造详图进行施工，故称梁平法施工图，如图 12.8 所示。

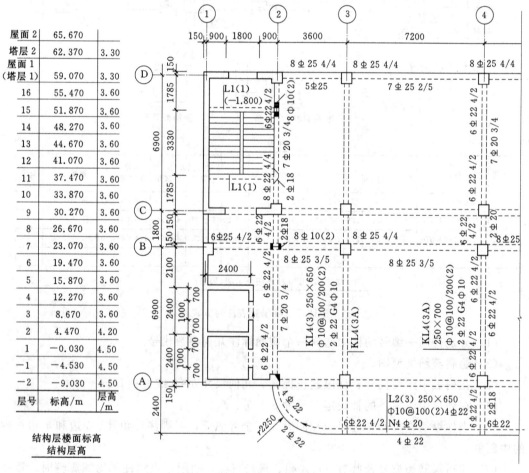

图 12.8　梁平法施工图

首先，按一定比例绘制梁的平面布置图，分别按照梁的不同结构层（标准层），将全部梁及与之相关联的柱、墙绘制在该图上，并按规定注明各结构层的标高及相应的结构层号。对轴线未居中的梁，应标注其偏心定位尺寸，但贴柱边的梁可不注。然后，根据设计计算结果，采用平面注写方式或截面注写方式表达梁的截面及配筋。

这里主要介绍平面注写方式，即在梁平面布置图上，分别在不同编号的梁中各选一根梁，在其上注写截面尺寸和配筋具体数值。

梁平法注写分为集中标注和原位标注。集中标注表达梁的通用数值，原位标注表达梁的特殊数值。当集中标注的某项数值不适用于梁的某部位时，则该项数值原位标注。施工时，原位标注取值优先。

1. 集中标注

集中标注如图 12.9 所示。

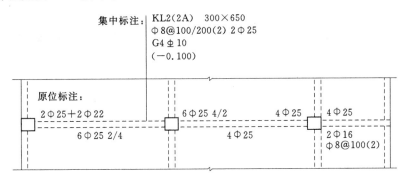

图 12.9　梁平法集中标注

（1）梁编号。由梁的类型代号、序号、跨数及有无悬挑代号几项组成，见表 12.4。例如：KL7（5A）表示第 7 号框架梁，5 跨，一端有悬挑；L9（7B）表示第 9 号非框架梁，7 跨，两端有悬挑。

表 12.4　　　　　　　　　　　　　　梁　编　号

| 梁类型 | 代号 | 序号 | 跨数及是否带有悬臂 |
|---|---|---|---|
| 楼层框架梁 | KL | ×× | （××）、（××A）或（××B） |
| 屋面框架梁 | WKL | ×× | （××）、（××A）或（××B） |
| 框支梁 | KZL | ×× | （××）、（××A）或（××B） |
| 非框架梁 | L | ×× | （××）、（××A）或（××B） |
| 悬挑梁 | XL | ×× | （××）、（××A）或（××B） |
| 井字梁 | JZL | ×× | （××）、（××A）或（××B） |

注　A 为一端有悬挑，B 为两端有悬挑。

（2）梁截面尺寸。等截面梁用 $b \times h$ 表示；当悬臂梁采用变截面设计时，用斜线分隔根部与端部的高度值；当为加腋梁时，用 $b \times h$，$c_1 \times c_2$ 表示，$c_1$ 为腋长，$c_2$ 为腋宽。

（3）梁箍筋。梁箍筋包括钢筋级别、直径、加密区与非加密区间距及肢数。例：Φ10@100/200（2）表示 I 级钢筋、直径 10mm、加密区间距 100mm、非加密区间距 200mm，均为双肢箍；Φ8@100（4）/150（2）表示 I 级钢筋、直径 8mm、加密区间距 100mm 为四肢箍、非加密区间距 150mm 为双肢箍。

（4）梁上部通长筋或架立筋配置。

1）当同排纵筋中既有通长筋又有架立筋时，应用加号"＋"将通长筋和架立筋相连。例如：2Φ22＋（4Φ12）用于6肢箍，其中2Φ22为通长筋，4Φ12为架立筋。

2）当梁的上部纵筋和下部纵筋均为全跨相同，且多数跨配筋相同时，可加注下部纵筋的配筋值，用分号"；"将上部与下部纵筋的配筋值分隔。例如：2Φ14；3Φ18表示梁的上部配置2Φ14的通长筋，下部配置3Φ18的通长筋。

（5）梁侧面纵向构造钢筋或受扭钢筋配置。例如：G4Φ12，表示梁的两个侧面共配置4Φ12的纵向构造钢筋，两侧各配置2Φ12。

例如：N6Φ18，表示梁的两个侧面共配置6Φ18的受扭纵向钢筋，两侧各配置3Φ18。

（6）梁顶面标高高差。此项为选注值，当梁顶面标高不同于结构层楼面标高时，高于楼面为正值，低于楼面为负值。

**2. 原位标注**

原位标注（图12.10）的内容包括：梁支座上部纵筋、梁下部纵筋、附加箍筋或吊筋。

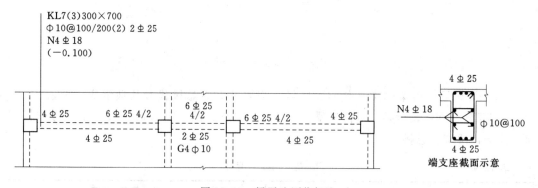

图 12.10　梁平法原位标注

（1）梁支座上部纵筋。

1）原位标注的梁支座上部纵筋应为包括集中标注的通长筋在内的所有钢筋。多于一排时，用斜线"／"将各排纵筋自上而下分开。

2）同排纵筋有两种直径时，用加号"＋"将两种直径的纵筋相连，且角部纵筋写在前面。

例如：6Φ25 4/2表示支座上部纵筋共两排，上排4Φ25，下排2Φ25；2Φ25＋2Φ22表示支座上部纵筋共四根一排放置，其中角部2Φ25，中间2Φ22。

3）当梁中间支座两边的上部纵筋相同时，仅在支座的一边标注配筋值；否则，须在两边分别标注。

（2）梁下部纵筋。

1）多于一排时，用斜线"／"将各排纵筋自上而下分开。

2）同排纵筋有两种不同直径时，用加号"＋"将两种直径的纵筋相连，且角部纵筋写在前面。例如：6Φ25 2/4表示下部纵筋共两排，上排2Φ25，下排4Φ25。

（3）附加箍筋或吊筋。直接画在平面图中的主梁上，用线引注总配筋值，附加箍筋的肢数注在括号内。附加箍筋和吊筋示例图如图 12.11 所示。

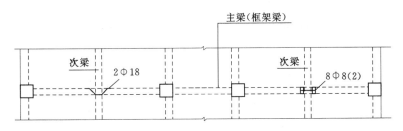

图 12.11　附加箍筋和吊筋示例图

（4）当梁上集中标注的内容（某一项或某几项）不适用于某跨或某悬挑部分时，则将其不同数值原位标注标在该跨或该悬挑部位。

3. 梁平法施工图的识读要点

（1）根据相应建施平面图，校对轴线网、轴线编号、轴线尺寸。

（2）根据相应建施平面图的房间分隔、墙柱布置，检查梁的平面布置是否合理，梁轴线定位尺寸是否齐全、正确。

（3）仔细检查每根梁编号、跨数、截面尺寸、配筋、相对标高。

（4）检查各设备工种的管道、设备安装与梁平法施工图有无矛盾，大型设备的基础下一般均应设置梁。

（5）根据结构设计，施工有无困难，是否保证施工质量，并提出合理化建议。

### 12.2.5　板平法施工图

有梁楼盖的制图规则适用于以梁为支座的楼面与屋面板平法施工图设计。有梁楼盖板平法施工图，系在楼面板和屋面板布置图上采用平面注写的表达方式。板平面注写主要包括板块集中标注和板支座原位标注。为方便设计表达和施工识图，规定结构平面的坐标方向如下。

1. 集中标注

集中标注如图 12.12 所示。

贯通筋前用 B 代表下部，以 T 代表上部，B&T 代表下部与上部；X 向贯通纵筋以 X 打头，Y 向贯通纵筋以 Y 打头，两向贯通纵筋配置相同时以 X&Y 打头。

$$B：X \phi \times \times @ \times \times \times；Y \phi \times \times @ \times \times \times$$
$$T：X \phi \times \times @ \times \times \times；Y \phi \times \times @ \times \times \times$$

当为单向板时，另一向贯通的分布筋可不必注写，而在图中统一注明。

当在某些板内配置有构造钢筋时，则 X 向以 Xc，Y 向以 Yc 打头注写（例如：XB $h=150/100$；B：Xc&Yc $\phi$ 8@200）。

当 Y 向采用放射配筋时，设计者应注明配筋间距的度量位置。

2. 原位标注

原位标注如图 12.13 所示。

板支座原位标注的钢筋，应在配置相同跨的第一跨表达。垂直于板支座绘制一段适宜

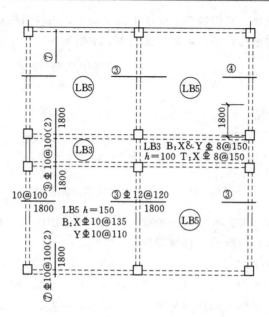

图 12.12　板平法集中标注

长度的中粗实线（当该筋通长设置在悬挑板或短跨板上部时，实线段应画至对边或短跨），以该线段代表支座上部非贯通纵筋；并在线段上方注写钢筋编号、配筋值、横向连续布置的跨数（注写在括号内，一跨时不注）以及是否横向布置到梁的悬挑端。

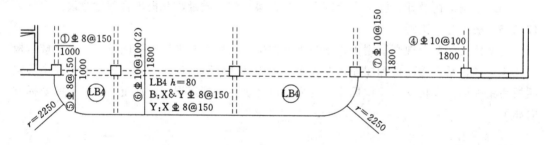

图 12.13　板平法原位标注

## 课 后 自 测 题

1. 梁编号为 WKL 代表的是（　　　　）。

A. 屋面框架梁　　　　B. 框架梁　　　　C. 框支梁　　　　D. 悬挑梁

2. 框架梁平法施工图中集中标注内容的选注值为（　　　　）。

A. 梁编号　　　　　　　　　　　B. 梁顶面标高高差

C. 梁箍筋　　　　　　　　　　　D. 梁截面尺寸

3. 图集 11G101—1 的规定，平法施工图中框架梁的平面注写包括集中标注与原位标注。当梁的某项数值的集中标注与原位标注不一致时，施工时（　　　　）。

A. 原位标注取值优先

B. 集中标注取值优先

C. 根据需要决定按原位标注优先或集中标注取值优先

D. 都不是

4. 框架梁平法施工图中原位标注内容有（　　）。

A. 梁编号　　　　　　　　　　　　B. 梁支座上部钢筋

C. 梁箍筋　　　　　　　　　　　　D. 梁截面尺寸

5. 平法表示中，若某梁箍筋为Φ8@100/200（4），则括号中4表示（　　）。

A. 箍筋为4肢箍　　　　　　　　　　B. 4根箍筋间距200

C. 4根箍筋加密　　　　　　　　　　D. 4根Φ8的箍筋

6. 当图纸标有JZL1（2A）表示（　　）。

A. 1号井字梁，两跨一端带悬挑　　　B. 1号井字梁，两跨两端带悬挑

C. 1号剪支梁，两跨一端带悬挑　　　B. 1号剪支梁，两跨两端带悬挑

7. 当图纸标有KL7（3）300×700 PY500×250表示（　　）。

A. 7号框架梁，3跨，截面尺寸为宽300、高700，第三跨变截面根部高500、端部高250

B. 7号框架梁，3跨，截面尺寸为宽700、高300，第三跨变截面根部高500、端部高250

C. 7号框架梁，3跨，截面尺寸为宽300、高700，第一跨变截面根部高250、端部高500

D. 7号框架梁，3跨，截面尺寸为宽300、高700，框架梁加腋，腋长500、腋高250

8. 基础梁箍筋信息标注为10Φ12@100/200（6）表示（　　）。

A. 直径为12的一级钢，从梁端向跨内，间距100设置5道，其余间距为200，均为6支箍

B. 直径为12的一级钢，从梁端向跨内，间距100设置10道，其余间距为200，均为6支箍

C. 直径为12的一级钢，加密区间距100设置10道，其余间距为200，均为6支箍

D. 直径为12的一级钢，加密区间距100设置5道，其余间距为200，均为6支箍

9. 架立钢筋同支座负筋的搭接长度为（　　）。

A. $15d$　　　　　　B. $12d$　　　　　　C. 150　　　　　　D. 250

10. 梁下部不伸入支座钢筋在（　　）位置断开。

A. 距支座边 $0.05L_n$　　　　　　　B. 距支座边 $0.5L_n$

C. 距支座边 $0.01L_n$　　　　　　　D. 距支座边 $0.1L_n$

# 参 考 文 献

［1］ 袁雪峰. 房屋建筑学［M］. 北京：科学出版社，2007.

［2］ 舒秋华. 房屋建筑学［M］. 武汉：武汉理工大学出版社，2011.

［3］ 赵毅. 房屋建筑学［M］. 重庆：重庆大学出版社，2007.

［4］ GB 50352—2005 民用建筑设计通则［S］. 北京：中国建筑工业出版社，2005.

［5］ 魏琳. 建筑构造与识图［M］. 郑州：黄河水利出版社，2010.

［6］ 杨福云. 建筑构造与识图［M］. 北京：中国建材工业出版社，2012.

［7］ 姜涌. 建筑构造——材料、构法、节点［M］. 北京：中国建筑工业出版社，2011.

［8］ 李少红. 房屋建筑构造［M］. 北京：北京大学出版社，2012.

［9］《中小型民用建筑图集》（第三集）编委会. 中小型民用建筑图集（第三集）［M］. 北京：中国建筑工业出版社，1999.

［10］ 李必瑜. 建筑构造［M］. 北京：中国建筑工业出版社，2008.

［11］ 王福彤. 房屋建筑学［M］. 北京：中国计量出版社，2012.

［12］ 赵毅，姬慧. 房屋建筑学［M］. 重庆：重庆大学出版社，2011.